四川省产教融合示范项目系列教材

智能制造系统实训

张　剑　付建林　王小强 ◎ 编著

西南交通大学出版社
·成　都·

图书在版编目（CIP）数据

智能制造系统实训 / 张剑，付建林，王小强编著
. —成都：西南交通大学出版社，2023.9
四川省产教融合示范项目系列教材
ISBN 978-7-5643-9493-6

Ⅰ. ①智… Ⅱ. ①张… ②付… ③王… Ⅲ. ①智能制造系统－教材 Ⅳ. ①TH166

中国国家版本馆 CIP 数据核字（2023）第 177804 号

四川省产教融合示范项目系列教材

Zhineng Zhizao Xitong Shixun

智能制造系统实训

张　剑　付建林　王小强　编著

责任编辑　李　伟
封面设计　吴　兵

出版发行　西南交通大学出版社
（四川省成都市金牛区二环路北一段 111 号
西南交通大学创新大厦 21 楼）
邮政编码　610031
发行部电话　028-87600564　028-87600533
网址　http://www.xnjdcbs.com
印刷　四川森林印务有限责任公司

成品尺寸　185 mm × 260 mm
印张　13.5
字数　337 千
版次　2023 年 9 月第 1 版
印次　2023 年 9 月第 1 次
书号　ISBN 978-7-5643-9493-6
定价　39.00 元

课件咨询电话：028-81435775
图书如有印装质量问题　本社负责退换

PREFACE 前言

随着先进制造技术、新一代信息技术、工业自动化控制、智能优化技术、大数据分析与决策等技术的发展，智能制造系统领域获得了快速的发展，智能制造系统相关技术也在企业中得到广泛实施，给产业界带来了巨大的变革。智能制造系统具有自动化、数字化、网络化、柔性化、智能化和高度集成化等特点。当前，智能制造系统设计、规划、运营管理、维护维修、培训等人才非常缺乏，高等院校偏重理论研究方面，与产业结合的实践方面偏弱，而高职院校偏重技能实训，专业技术理论方面相对薄弱；同时，由于智能制造系统建设成本高昂，培养人才的投资效能很弱，导致智能制造系统方面的人才培养效果相当有限。如何有效地培养智能制造系统方面的人才，满足国家智能制造战略需求是非常迫切的任务。

西南交通大学依托四川省首批产教融合项目——"交大-九洲电子信息装备产教融合示范"，基于新一代信息技术和先进制造技术，建设了智能制造系统实训平台，形成了数字化车间智能制造实训体系，专为培养适应于"制造 2025""工业 4.0"下的高水平制造工程技术人员。该平台数字化贯通全制造过程，以关键制造环节智能化为核心，以网络互联、智能建模、智能装备为支撑，建设具有智能物流、智能管控、智能决策等集成应用实训体系，并采用模块化的方式，搭建车间底层智能制造系统/单元/模块，利用所研发的数字孪生仿真系统、MES 系统（制造执行系统）、SCADA 系统（数据采集与监视控制系统）、智能管控系统，开展车间数字化建模与生产仿真实训、智能制造执行实训、数据采集与产线控制实训、智能管控实训等，以满足企业和社会对智能制造多层次人才的需求。

智能制造系统实训平台为智能制造生产线的运营与维护搭建了人才培养平台，引领了智能制造紧缺人才培养方向和相关院校专业转型升级。实训平台可以进行智能制造系统方面的多层次人才培养，涵盖基础技能型（高职专科生）、专业技术型（高校本科生）、创新研究型（硕士/博士研究生）人才教育，针对不同类型人才的知识结构特点和需求进行培养。对于研究生学历教育，以成果转化为重要抓手，培养具备超前性思维和产业技术攻关能力的高水平应用型研究人才。对于本科学历教育，以"产业实践"和"技术性"为牵引，培养具有工程应用开发、产业实践能力突出的技术型人才。对于专科生学历教育和其他非学历教育，实现职业教育的本土化，培养技能型人才和创新创业型人才。

本书正是基于智能制造系统实训平台而编写的面向智能制造系统人才培养的实训教材，紧紧围绕智能制造系统专业人才培养模式的要求，遵循教育教学规律，以多层次人才岗位需求为导向，以实训项目对接岗位和技能，重点突出应用技能和实践创新能力，并按受训的知识点类型划分出一系列具体的实训项目，每类实训项目可以进行不同层次的实践能力训练。本书对智能制造人才的实训教学内容与方法等进行了探索与创新，对提高技能型、技术型、研究型人才的素养和能力，促进学校智能制造工程专业教学模式改革，提高教育教学质量将起到积极的推动作用。

本书由西南交通大学张剑、付建林和王小强编著。其中，张剑编写第一章、第三章、第五章、第九章，付建林编写第二章、第七章、第八章，王小强编写第四章、第六章。参加编写的人员还有：谢家翔、胡明珠、周永兵等博士生。全书由丁国富主审。在本书的编写过程中，四川九洲电器集团有限责任公司任清川提供了许多宝贵建议，在此衷心感谢。

限于编者水平和经验，本书难免有疏漏与不妥之处，恳请广大读者批评指正。

作 者

2023 年 3 月

CONTENTS 目 录

第一章　智能制造系统实训概述

第一节　智能制造系统实训背景

一、产教融合项目背景

本书是四川省首批产教融合示范项目——“交大-九洲电子信息装备产教融合示范”实训教材，主要在产教融合背景下开展智能制造系统的实验实训，为国家培养高质量的智能制造方面的技术人才。

质量提升是实现高等教育内涵式发展的核心。面对新一轮科技革命与产业变革，如何进一步深化科教产教融合，持续提升人才培养质量，是新工科背景下人才培养亟须解决的问题。然而，总体看来，目前高等教育目的性较差，需求牵引不足，与产业结合松散，教育资源完整性差、利用率低，对区域经济和行业经济的发展没有形成有效服务能力。相对地，企业存在从业人员技能不足、创新能力差、定向培养人才少等问题，对人才需求十分强烈。即教育与产业脱节的问题十分明显和严重，教育链、人才链、产业链和创新链之间出现断点。究其原因，传统教学存在如下几方面的显著问题：

（1）传统教学存在以“教”为中心、学生被动和浅表学习、工程和科技创新能力不足、跨学科能力和综合素质有待提升的问题，主要体现在传统教学重在“灌输”知识，学生学习停留在“理解+记忆+遗忘”层面，主动学习不够，缺乏创新意识和探究学习的动力，解决真实场景复杂工程问题能力亟待加强。

（2）传统教学存在科研对创新人才培养支撑不足、校企融合育人机制不全的问题，主要体现在科研成果融入教学的机制不完善，科研资源向学生开放有限，产教融合深度和广度不够，合作模式和保障机制有待健全。

（3）传统课堂教学存在模式单一、资源不足，实践教学受场地、安全、投资等多重制约的问题，主要体现在传统课堂以线下教学为主，学生学习的主动性和灵活性不够，同时大型、高危、复杂专业实验受时间、成本、设备数量等影响，实验人数及次数受限，难以满足工程实践能力和创新能力培养的要求。

为深入贯彻习近平新时代中国特色社会主义思想，落实党的十九大报告关于“深化产教融合、校企合作”的重要决策部署，西南交通大学与四川九洲电器集团在电子信息装备制造领域积极开展合作。其中，西南交通大学积极释放高校科技成果并融入产业，主动与企业共同推进科技攻关、人才共培、成果转化，从而推动装备制造业转型升级，助推我国从制造大国向制造强国迈进；四川九洲电器集团主动将产业优质资源融入教育体系，精准培养服务于国家战略、四川省“5+1”产业发展的多层次优秀人才。

依托四川省首批产教融合示范项目——“交大-九洲电子信息装备产教融合示范”，抓好实训基地和实训平台建设这一应用型人才培养的关键环节，意在把产业与教学密切结合，相互支持，相互促进，把学校办成集人才培养、科学研究、科技服务于一体的产业性经营实体，形成学校与企业浑然一体的办学模式。在项目执行期间，根据多层次人才培养特点及毕业要求，基于交大-九洲产教融合的前期基础，项目团队进一步放宽思路，引入中德产教融合的成功理念，以四川九洲电器集团的电子信息装备制造产业和西南交通大学智能制造成果转化等为载体，开展了深度的产教融合研究，建成一系列人才培养体系、实践平台、众创中心、产业研究院和3个人才特区（技能型、技术型、研究型），实现教育链、人才链、创新链、产业链的多链条协调发展。最终，形成了新工科背景下面向未来的可操作、可复制、可推广的工程教育新范式，切实提高了电子信息装备制造技能型、技术型、研究型专业人才的培养质量。

二、智能制造系统实训目标

随着《中国制造 2025》的提出和大力推进，国家制造业发展急需培养适应“工业 4.0”下的高水平制造工程技术人员。智能制造系统实训平台是产教融合示范项目中，根据多层次人才培养特点及需求，重点建设的实训实践平台之一，主要面向智能制造工程、机械设计制造及其自动化、工业工程等专业进行实验、实训与实践。实训实践平台是对教育链的重要支撑，是对技能人才、本科人才、研究生人才进行实训的最重要场地。

智能制造系统实训平台基于新一代信息技术和先进制造技术，以加工系统、生产装配系统、物流系统为实施载体，以数字化贯通全制造过程，以关键制造环节智能化为核心，以网络互联为支撑，建设具有智能装备、智能物流、智能管控、智能建模、智能决策等集成应用实训体系，并采用模块化的方式，搭建车间智能制造模块/单元/系统，利用所研发的数字孪生仿真系统、MES 系统、SCADA 系统、智能管控系统，进行完整的数字化车间智能制造系统实训体系建设，开展车间数字化建模与生产仿真实训、智能制造执行实训、数据采集与产线控制实训、智能管控实训，培养出适应新形势下的高水平多层次的智能制造类学生和企业人员，从而满足企业和社会对智能制造人才的需要。

第二节　智能制造系统实训平台

智能制造系统实训平台为培养适应于“制造 2025”“工业 4.0”下的高水平制造人才，基于新一代信息技术和先进制造技术，建设数字化车间智能制造系统实训平台；采用模块化的方式，组成各种生产单元，选择可配置的工业软件形成可控制、可优化、可展示的智能制造系统，并开展智能制造系列实验实训项目。学生可根据实际设计需求，自由搭建生产自动化工序，通过 AGV（自动导向车）及机器人的协作联动，形成一套完整的柔性自动化加工线。

一、实训平台的体系架构

智能制造系统实训平台采用模块化方式建立，以模块化智能设备单元/系统为基础，以数控加工系统、数字化仓储设备、AGV 物流设备、机器人设备、数据采集与控制设备为实施载体，融合定制化工业软件，将各个系统进行无缝接口与全面集成，以数字化贯通全制造过程，以关键制造环节智能化为核心，以网络互联为支撑，建设具有智能装备、智能物流、智能管控、智能建模、智能决策等集成应用实训体系。

智能制造系统由生产设备层、数据采集与控制层、工业软件层、实训应用层分层构建智能制造系统实训体系，如图 1-1 所示。

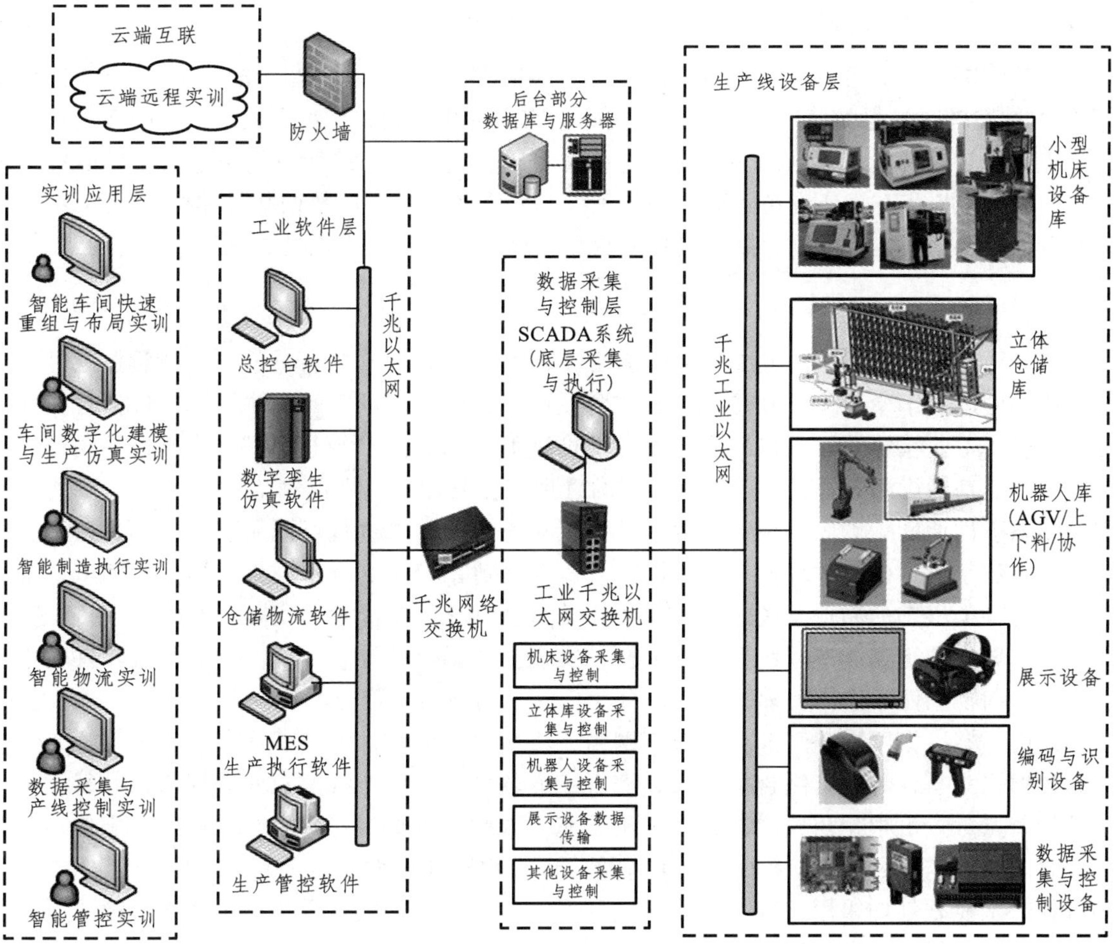

图 1-1　智能制造系统功能结构

（一）生产线设备层

生产线设备层包括如下系列设备：① 加工系统，即小型机床设备库，包括小型立式三轴加工中心、小型五轴数控加工中心等；② 立体仓储库：包括智能立体库（毛坯库/成品库）、堆垛机、出入库缓存线等；③ 机器人设备：包括 AGV 搬运小车、AGV 充电桩、AGV 协作机器人、工业机器人、机器人地轨及其附属设备；④ 展示类设备：包括总控显示屏、电子看板显示屏等；⑤ 编码与识别设备：包括激光打标机、读码器等读写识别设备；⑥ 数据采集与控制设备：包括全面感知与控制所需的设备，如扫描枪、可编程逻辑控制器（PLC）、传感器、工业控制卡、无线传输设备等；⑦ 视觉检测单元系统。

生产线设备层所有设备均基于模块化功能，开放式接口，能支持制造系统的模块化柔性定制功能。

采用工业千兆以太网把生产线各个工位及所有设备连接起来，组建车间千兆工业以太网，同时自动化数控设备可以直接连入网络，人工工位在工位端配置工位终端（工控一体机或触摸屏设备）并连入网络，AGV 小车采用无线通信。各个工位及自动化数控设备均通过千兆工业以太网与中央控制系统交互，上传设备或工位状态信息数据，同时接收中央控制系统的控制指令，以控制设备/工位运行及动作。

（二）数据采集与控制层

数据采集与控制层主要包括SCADA采集与控制软件、工业千兆网络设备、各类数据采集与控制件。SCADA系统是工业软件层与实际生产线的中转接口，负责数据接口的双向解析与分发传递，并进行接口数据的规范化、统一化处理；需对生产线所有设备进行全面的数据采集和控制，包括所有机床设备的数据采集和控制、立体库设备的数据采集和控制、AGV与机器人设备的数据采集和控制、展示设备的数据传输控制及其他方面的数据采集和控制。

（三）工业软件层

工业软件层由若干软件组成，包括总控台软件、MES生产执行软件、生产管控软件、仓储物流软件、数字孪生仿真软件等。总控台软件负责整个实训室的总体管理，包括对实训项目的管理、工业软件的管理和云端远程实训的管理。MES生产执行软件负责制造系统的执行管理，包括基本资源的管理、产品和工艺的管理、任务计划与排程、AGV与机器人的物流调度、动态事件调度处理等。生产管控软件负责对生产线数据进行可视化监控、分析评价与决策管理。数字孪生仿真软件利用三维图形技术和制造系统仿真技术虚拟重构生产制造系统，并可以对各类组态的制造系统进行模拟仿真分析及优化，也能够与实际生产线相连接，实现面向数字孪生的组态制造系统重构与分析，实现虚实融合的混合实训。仓储物流软件负责对立体仓库和物流任务进行管理，并实现自动化的仓储与物流管理。

采用千兆以太网构建工业软件应用网络，将所有工业软件的节点连接起来，并把工业软件和数据采集与控制层网络连接起来，实现工业软件与底层产线的双向数据传输。每类工业软件的节点数量可根据需要增减，并采用千兆以太网把各个节点和后台数据库、服务器连接在一起，往下连接SCADA系统，往上连接实训应用层和远程实训云端。

各个工业软件均采用组件、模块方式开发，具体布置形式可采用集中式或分散式，各个工业软件节点既可以进行整合，也可以进行分解，灵活使用。

（四）实训应用层

基于以上几层的建设，形成了以数字化贯通全制造过程，以关键制造环节智能化为核心，以网络互联为支撑，具有智能装备、智能物流、智能管控、智能建模、智能决策等集成应用实训体系。同时，以模块化智能设备单元/系统为基础，构建加工服务单元、物流服务单元、仓储服务单元、数据采集与控制模块等，集成MES、SCADA、仿真、管控等系统，搭建智能制造系统实训平台，并采用模块化思想实现支持柔性个性定制的开放式实训与研究，由学生自己发挥创新思维，将各个型号数控机床进行快速重组布局，将工艺过程与物流流程进行重组，组成不同类型的制造系统，从中挖掘出丰富的实训项目。另外，基于车间智能制造模块/单元/系统，利用所研发的数字孪生仿真系统、MES系统、SCADA系统、智能管控系统，可开展智能车间快速重组与布局、车间数字化建模与生产仿真、智能制造生产执行、数据采集与产线控制、智能管控等实训，以培养适应新形势下的高水平多层次的智能制造类学生和企业人员，从而满足企业和社会对智能制造人才的需要。

（五）其他附属部分

附属软件包括后台数据库、应用服务器及文件服务器。数据库保存所有实训项目的数据和所有工业软件的数据，分类有序存储。服务器提供对工业软件各个节点的后台应用支撑。若实现云端远程培训，还需要开发支持云端的实训支撑软件。附属硬件设备包括图站、计算机、千兆网络交换机、工业千兆网络、防火墙及其他设备。

二、实训平台的运行功能

基于上述实训系统的各层组成，可以建立一套基于模块化思想的完整数字化车间智能制造系统。智能制造系统融合了新一代信息技术和先进制造技术，以数字化贯通全制造过程，能够涵盖制造系统各个环节，包括实现对生产基本数据管理、生产计划与准备、生产执行过程管控、产线设备的数据采集与控制，并能利用大数据、数字孪生仿真等技术实现对生产的仿真优化与智能管控，实现制造环节的智能化，所建立的智能制造系统具有智能装备、智能物流、智能管控、智能建模、智能决策等集成应用特征。

实训系统的基本运行功能如图 1-2 所示。

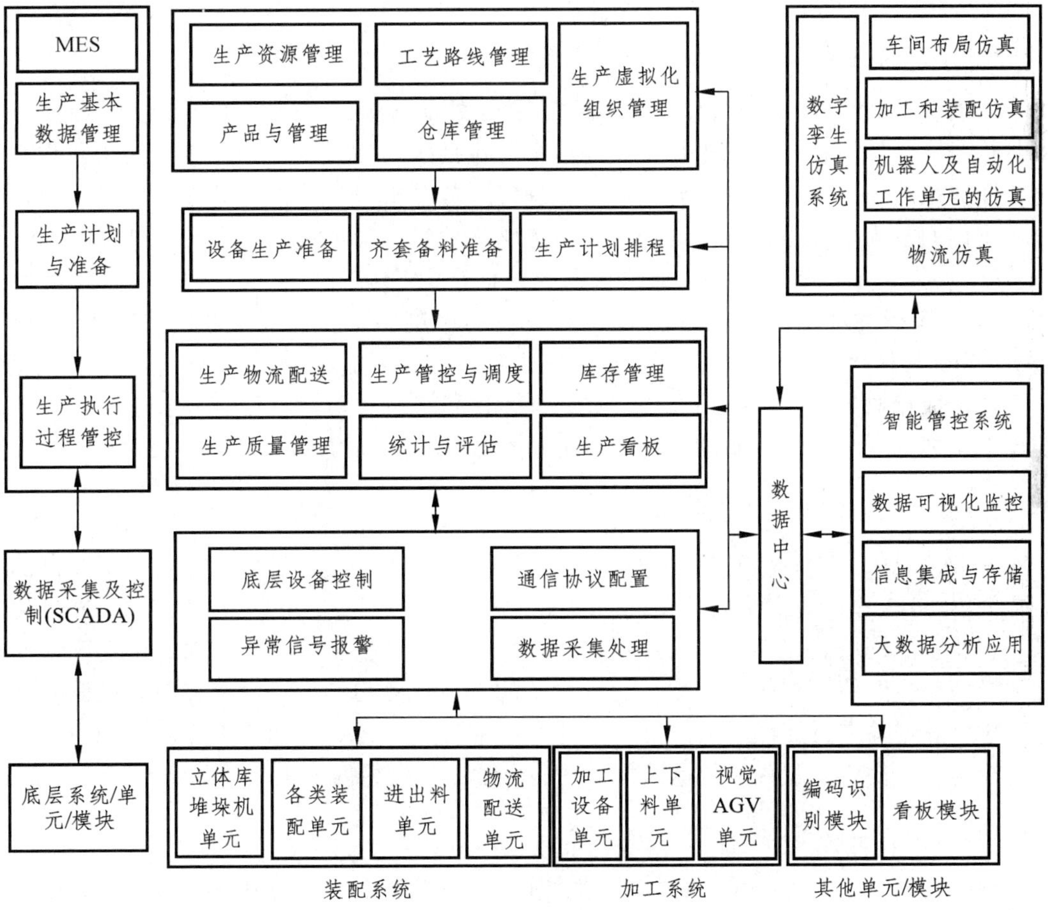

图 1-2 实训系统的基本运行功能

（一）生产基本数据管理功能

对智能制造系统的基本信息进行管理，包括物料基本管理、工序基本管理、工艺路线管理、立体仓库管理、设备配置管理、产线配置管理等。物料基本管理包括毛坯、半成品、成品的归类编号管理，托盘的归类编号管理，各类加工设备、物流设备、检测设备等的归类编号管理。工序基本管理：实现对组成工艺的最小单元的管理，一般结合设备定义每道工序。工艺路线管理：将工序串联起来形成工艺路线，将产品与工艺路线绑定管理。立体仓库管理：实现出入库、盘点、移库、调库等管理，实现实时仓位信息的记录管理。设备配置管理：设备的各类配置参数、初始化参数、联网配置等的管理。产线配置管理：生产线的各类配置参数、初始化参数、联网配置等的管理。

（二）生产计划与准备功能

生产开始前的准备工作，包括生产计划排程的制订、设备的生产准备、产线的生产准备等工作。生产计划排程制订：选定产品、加工数量、加工开始时间、加工批次划分等，生产计划可以安排到天、周、月、季度等实现（也包括对选定产品后的工艺路线、工序、关联设备、物流设备等的确认）。设备与产线的准备包括设备与产线的初始状态、参数、工况等的检验核实，库存毛坯、产品信息的核实与准备。

（三）生产执行过程管理功能

生产执行过程管理是整个智能制造系统最核心的功能组成，连接生产计划与 SCADA 系统，对整个生产具体执行过程进行管控与监视，包括生产物流调度管理、排程动态调度、可视化数据监控、生产指标评价、异常事件处理等。首先根据生产计划排程结果启动生产线执行，在执行的过程中，根据生产计划排程任务顺序对每一任务进行生产执行过程每一步的分解与解析，将每一步的解析结果传递给下层 SCADA 系统具体执行（生产物流调度以及生产物流调度根据解析的物流运输需求进行物流设备的调度，物流设备调度指令也传递给下层 SCADA 系统具体执行）。另外，下层 SCADA 系统采集的各类实时数据传递给生产过程管控进行可视化数据监控、生产指标评价。如果在生产任务的执行过程中有异常情况，生产过程管控也必须进行响应处理，如设备故障、任务插单、AGV 无电等。

（四）SCADA 数据采集与控制功能

SCADA 数据采集与控制主要采用 PLC、采集卡、控制卡、传感器、OPC 等工业自动化设备，建立 SCADA 系统，主要负责生产执行过程管理模块与生产线硬件间的连接，并将整个底层采用工业互联网络，将传感网络连接在一起形成一个通信整体。一方面，将生产管控指令转化为设备与生产线底层执行指令，控制设备的具体任务与动作。另一方面，从设备与生产线底层采集数据并进行处理后上传给生产过程管控软件。SCADA 数据采集与控制可以分为底层设备控制、通信协议配置、数据采集处理、异常信号报警四方面的功能。

（五）数字孪生仿真功能

针对智能制造生产线，基于 OSG 三维图形引擎定制开发数字孪生仿真软件，利用三维图形技术和仿真技术建立面向真实生产线数据的设备仿真模型、物流仿真模型、工艺仿真模型、运动仿真模型，构建与实际生产线一致的虚拟三维生产线模型，构建数字孪生仿真系统。数字孪生虚拟生产线一方面可以对加工方案进行仿真验证及分析，可以得到方案的各类状态及性能数据，实现对加工方案的仿真验证与评估；另一方面，也可以在虚拟生产线上，以可视化直观的方式同步实时再现实际加工过程，对实际生产线加工过程进行实时同步监控。数字孪生仿真可分为车间布局仿真、加工和装配仿真、机器人仿真、物流仿真四方面的仿真功能。

（六）可视化智能管控功能

可视化智能管控对生产全过程实时数据进行采集，并进行数据提取、解析、统计、分析处理，以可视化直观形象方式实时展示生产数据。可视化智能管控可以从不同层面可视化展示生产运行数据，包括设备运行参数、生产执行状况、生产统计数据、关键指标数据、方案评估等内容。它对生产过程进行全方位的数据采集并进行可视化监控，同时进行大数据的分析评估与决策，涉及数据图表可视化监控、生产指标评价模块、异常事件处理及基于大数据的分析决策优化。可视化智能管控可以分为数据可视化监控、信息集成与存储、大数据分析应用三方面的功能。

（七）大数据处理功能

大数据处理功能实现对产线制造数据的全面管理，包括设计并建立数据库及文件库；对智能制造产线的数据进行存储管理，包括产线三维模型文件、产线设备资源数据、工艺文件数据、生产方案数据、排程与调度方法库、生产过程运行记录数据、生产过程统计处理数据，对数据综合管理，并建立良好的数据检索、更新和维护机制。除了对智能制造系统的运行数据进行记录外，还需要利用大数据技术对长期积累的大量历史运行数据进行基于大数据的挖掘、分析处理，以对生产线的运行决策进行优化。

（八）其他辅助功能

其他辅助功能包括各个子系统功能模块的协同管理，控制其他各个子系统的启动、执行和结束，以及多客户端管理、人员角色管理、数据库管理、网络与接口管理、系统管理等。

第三节　智能制造系统实训体系

一、多层次实训理念

智能制造系统实训可以覆盖多层次人才培养，涵盖学历教育（研究生、本科生、专科生）和非学历教育（社会服务人才、技能人才、科技人才、创新创业人才等）。为了实现以上人才培养，需要按照三类层次进行人才培养，支撑多层次产教融合人才培养体系，即基础技能型人才培养、专业技术型人才培养、创新研究型人才培养，如图 1-3 所示。

针对不同类型人才的知识结构特点和需求，设计不同层次特征的实训项目和案例，然后根据项目整体设计，按照不同的培养方针进行，以达到预期的人才培养质量目标。

（一）基础技能型人才培养

学生来源：培养基础技能型人才，包括专科职校生学历教育的培养，主要指智能制造、机械制造行业的中高职职业院校和专科院校学生培养，同时也包含其他非学历教育的培训，如针对九洲集团、彭州地方根据产业需要开设的特定专业的短期培训，学生可以是这些地方已有的员工，也可以是拟到这些地方参加工作的准员工，还可以是有意向从事相关工作的社会人员。

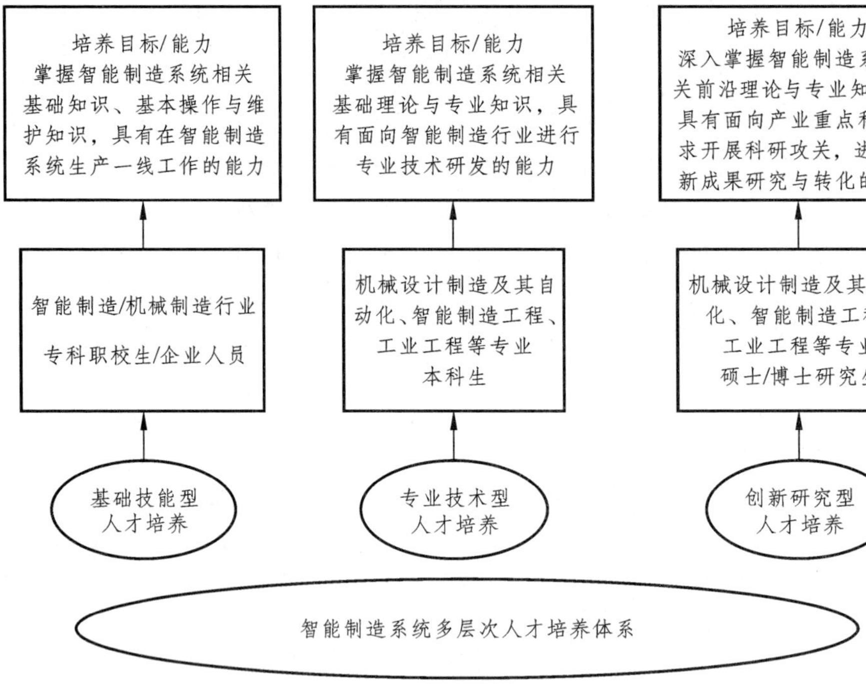

图 1-3 智能制造系统多层次人才培养体系

培养目标：建立一种培训、培养模式，为国家智能制造行业的发展需要提供基础技能型人才；同时这些人才须具有一定的科学文化水平、良好的职业道德和工匠精神、较强的就业创业能力，具有支撑终身发展、适应时代要求的关键能力，并掌握行业所需的专业知识和技术技能，面向操作、安装调试及检修、工艺技术、生产现场管理岗位群/技术领域，能够从事零部件制造与装配、加工工艺编制、设备安装调试及检修、生产现场管理等工作的高素质技术技能人才。

培养能力：掌握智能制造行业设备基本操作技术，能对设备进行维护和保养；动手实践和解决问题能力强，具备进行相关零件的加工等工艺编制、数控程序编制与工艺实施的能力；能够熟练使用行业需要的软件（如机械类的三维设计软件、电子类的电路仿真软件等）；具有对零部件质量进行检测、判断和统计分析的能力；能够依据企业的生产情况，制定和实施合理的管理制度。

（二）专业技术型人才培养

学生来源：本科高等教育院校机械设计制造及其自动化、智能制造工程、工业工程等专业本科生。根据技术型本科人才的培养特点及素质要求，对于本科学历教育，应以“产业实践”和“技术性”为牵引，借鉴德国应用科学大学模式，培养具有国际化视野、工程应用开发、产业实践能力突出的专业技术型人才。

培养目标：掌握自然科学基础、机械工程、电子信息、新一代信息技术及其交叉融合等相关专业知识，具有良好的人文素养、职业素质、国际视野、创新精神和社会责任感，具备面向工程实践，发现、分析和解决高端装备制造领域的复杂工程实际问题的能力，以及素质拓展和持续发展所需要的自我学习能力。毕业生能够在相关企业和研究机构从事高端装备制造，相关产品及系统的设计制造、技术开发、科学研究等工作，成为本领域的专业技术型人才。

培养能力：与传统本科人才培养模式相比，专业技术型本科人才的毕业要求还应突出以下 3 个特点：具有更强的理论结合实践及专业技术应用能力，用以解决工程实际中的技术核心问题；具有更强的实践能力和动手操作能力；具有一定的超前性，理解企业市场的发展战略。

（三）创新研究型人才培养

学生来源：高等教育院校智能制造工程、机械设计制造及其自动化、工业工程等专业的硕士研究生和博士研究生。对于研究生学历教育，借鉴德国精英工业大学教学模式，以成果转化为重要抓手，培养具备超前性思维和产业技术攻关能力的高水平应用型研究人才。

培养目标：在“产、教、研、创”结合的基础上，培养掌握坚实的基础理论、宽广的专业知识，全面了解高端装备制造领域的先进技术和发展动态，具有较强的科研开发能力和解决与高端装备制造领域相关的重要工程技术问题的能力，具有创新精神、创业素质及领军、领导潜质的高层次、应用型、复合型工程和管理人才。

培养能力：与传统研究生毕业要求相比，研究生人才培养特区的毕业要求还应突出以下 3 个特点：吸收科学技术和社会发展的最新成果，能够瞄准产业先进技术进行转移和创新，开展产业技术攻关研究；能够开展应用型科研，实现应用性与研究性的结合；具有较好的超前性思维，助力企业市场的发展战略。

二、实训项目的规划设计

（一）实训项目的设计与规范

智能制造系统实训室是面向智能制造的、采用先进的制造装备与新一代信息技术建立的实训平台，其特点是采用模块化思想，实现支持柔性个性化定制的开放式实训与研究，由学生自己发挥创新思维将各类设备资源进行快速重组布局，对工艺过程与物流流程进行重组，构建不同类型的制造系统，可以从中挖掘出丰富的实训项目；采用层次式构建方法，基于车间底层设备模块构建智能制造单元，并基于智能制造单元再构建智能制造系统。利用所研发的数字孪生仿真系统、MES 系统、SCADA 系统、智能管控系统，可以开展车间数字化建模与生产仿真实训、智能制造执行实训、数据采集与产线控制实训、智能管控等系列实训，以培养适应新形势下高水平多层次的智能制造类学生和企业人员，满足企业和社会对智能制造人才的需要。

由于采用模块化思想，学生在智能制造系统实训室进行实训活动时，可以将各个型号的数控机床进行快速重组，组成柔性加工线体，根据需要，在总控区快速、方便地对柔性加工线的机床布局、设备状态、加工工艺等实现控制、监控，实现加工制造的信息化、数字化管理，也让学生可以发挥自己的创新思维，对原有的生产流程进行创新改造，在掌握基础知识的前提下，进一步提高学生的积极性、动手能力和创新思维。

实训项目的设计如图 1-4 和图 1-5 所示。

实训的组织过程以完成发布任务为主线，按需选择与组合实训模块，分组分角色配合完成实训过程。实训具体执行过程如下：

（1）实训开始，前置条件设置：包括人数角色定义、实训的能力知识点、选择组合实训的模块。

（2）生产任务发布：发布若干产品和加工数量，各自具有不同的工艺，需要提前设计与验证产品的工艺性。

（3）生产任务/生产订单计划与排程：根据生产任务进行订单计划的输入与制作，对生产任务进行排程与验证。此处包含生产计划与排程实训模块。

（4）生产过程仿真验证：对排程的结果进行生产过程仿真、预测与验证。此处包含产线布局与建模实训模块、生产过程仿真实训模块。

（5）生产过程执行：实际生产线的执行过程控制与管理，包括出入库、上下料、AGV 转运、机床加工、检测打标等。此处包含 MES 生产执行实训模块、车间数据采集实训模块、车间可视化管控模块、动态事件调度实训模块等。

（6）实训完成，数据分析与处理，实训报告撰写。

（7）实训能力获得的评估与评价。

每个实训项目均按照如下规范设计：包括实训项目模块名称、实训模块案例描述、实训模块设备与工具、实训模块实训过程与方法、实训过程记录与数据管理、实训总结与报告、实训能力评估报告。

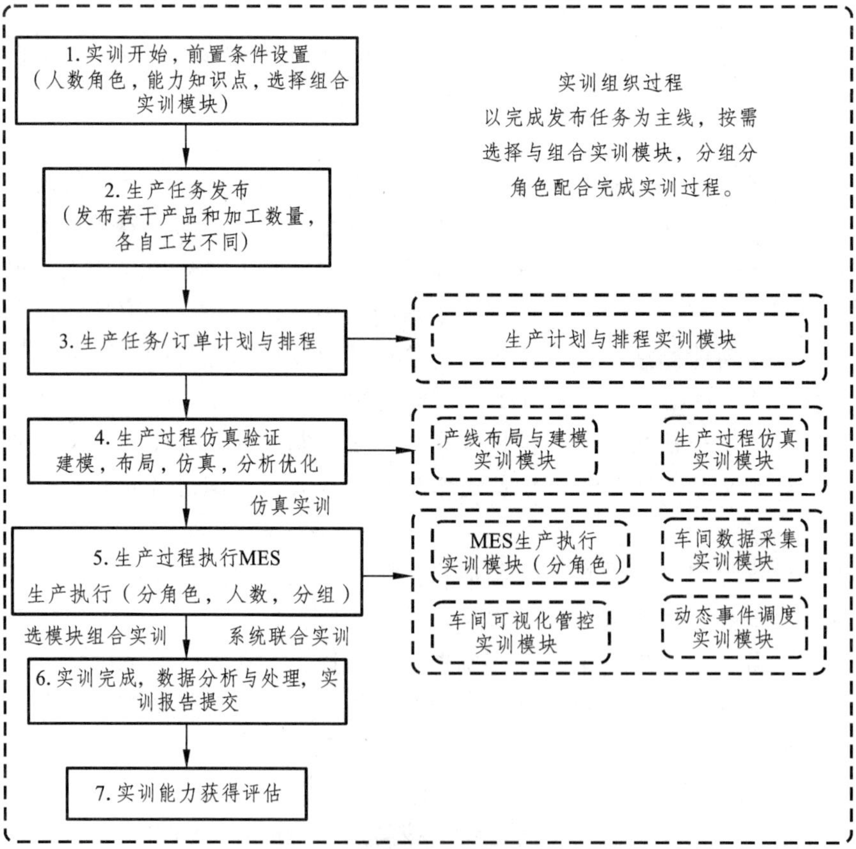

图 1-4　智能制造系统运行过程与项目对应关系

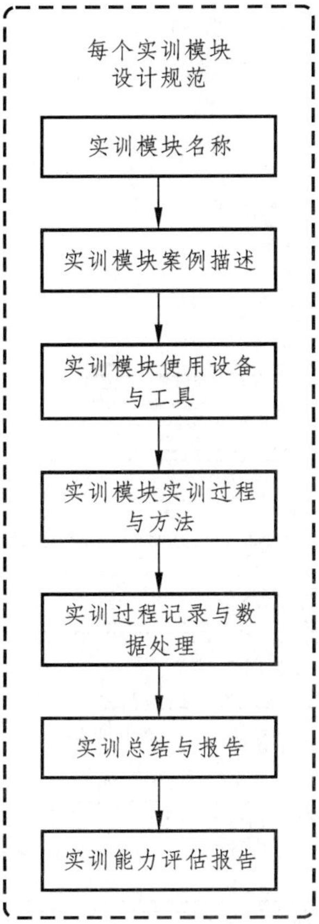

图 1-5　实训项目规范

通过对实训项目设计形成 8 项实训项目，如表 1-1 所示。

表 1-1　实训项目

编号	实验实训项目名称	实训设备
ZNZZ01	智能制造系统认知实训	小型三轴数控机床、小型五轴数控机床、毛坯立体库、成品立体库、出入库堆垛机、AGV 小车、AGV 协作机器人、上下料工业机器人、激光打标机、视觉检测台，车间工业软件（MES 生产执行软件、SCADA 软件、车间建模仿真软件、车间数字孪生管控软件、仓储管理与控制软件、AGV 物流调度软件等）
ZNZZ02	产线布局与建模实训	
ZNZZ03	生产过程仿真实训	
ZNZZ04	生产计划与排程实训	
ZNZZ05	MES 生产执行系统实训	
ZNZZ06	车间数据采集实训	
ZNZZ07	车间可视化管控实训	
ZNZZ08	车间动态事件调度实训	

（二）实训项目对应能力知识点

智能制造系统的系列实训项目对培养学生的能力能起到支撑作用，支撑的课程有：制造系统及自动化、自动化制造系统、现代制造系统、智能制造导论、机床数控及加工技术、系统建模与仿真、工业总线与物联网、生产计划与控制等；同时，也可以支持与机械制造、智能制造、工业工程相关的科创实践活动，如 SRTP（大学生科研训练计划）项目、个性化实验、大学生科创实践、实验竞赛等。每个项目对应培养学生的能力和知识点如图 1-6 所示。

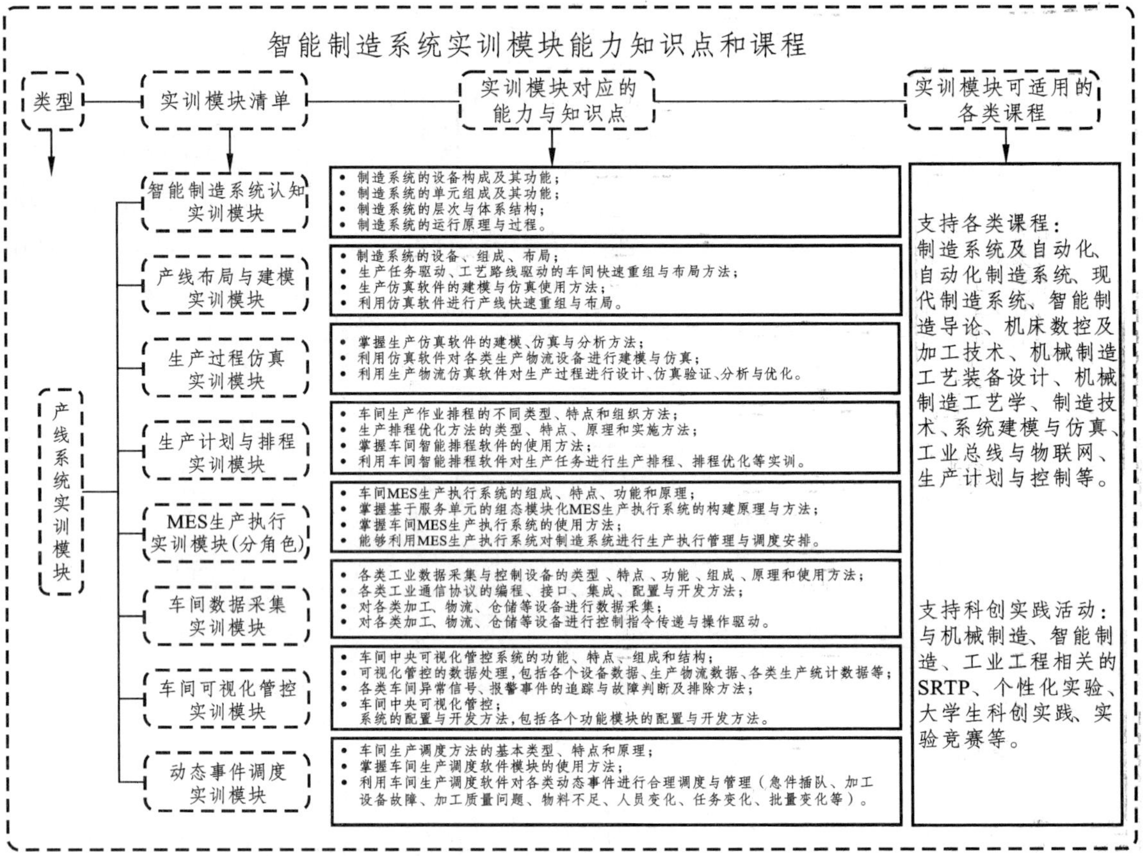

图 1-6　实训项目支撑的知识点与课程

各个实训项目对应的知识点：

1. 智能制造系统认知实训

对智能制造系统的结构、组成、功能、原理等基础知识进行认知，包括加工系统、AGV 物流系统、立体仓储系统、机器人设备、检测打标设备、MES 系统等。熟悉智能制造系统的运行过程，在生产任务驱动、工艺路线驱动下实现完整的制造过程，包括出入库、机器人上下料、AGV 物流转运、数控加工、检测打标等过程。知识点包括：

- 掌握智能制造系统的设备构成及其功能；
- 掌握制造系统的单元组成及其功能；
- 熟悉制造系统的层次与体系结构；
- 掌握制造系统的运行原理与过程。

2. 产线布局与建模实训

将车间各类设备进行模块化组态重构，对车间进行快速重组与布局，建立实验车间各类设备的 3D 模型和仿真模型，在生产任务驱动、工艺路线驱动下对虚拟设备进行车间快速重组与布局；培养学生进行制造系统快速设计与布局规划的能力。知识点包括：

- 掌握制造系统布局的类型、原则、方法和特点；
- 掌握生产任务驱动、工艺路线驱动的车间快速重组与布局方法；
- 利用建模仿真软件进行模块化车间快速重组与布局验证；
- 掌握模块化车间快速重组与布局的实物部署及实践验证。

3. 生产过程仿真实训

通过生产物流仿真软件，创建制造系统的数字化模型，对生产过程及其物流过程进行仿真，并对多个生产方案比较，进行产能的评估与分析，检查和消除物流瓶颈，提高资源的利用率，进而优化生产线性能，在生产规划的早期阶段做出快速而可靠的决策，培养学生利用仿真手段进行制造系统生产优化的能力。知识点包括：

- 掌握各类生产物流设备的特点、功能、组成和使用方法；
- 掌握生产物流系统不同设备的建模与仿真方法；
- 掌握智能制造系统的生产过程仿真原理与方法；
- 利用生产物流仿真软件对制造系统进行设计、验证与优化。

4. 生产计划与排程实训

利用车间智能排程软件对生产任务进行生产排程、排程优化等实训，在车间作业计划资源无限排程问题建模的基础上，将资源扩展为有限资源。分析资源柔性时作业调度的目标和约束条件，并对问题进行数学抽象与简化，建立柔性资源下作业计划排程问题数学模型，培养学生采用启发式方法或人工智能方法进行模型求解的实训。知识点包括：

- 掌握制造系统生产作业排程的不同类型、特点和组织方法；
- 掌握生产排程优化方法的类型、特点、原理和实施方法；
- 掌握车间智能排程软件的使用方法；
- 利用车间智能排程软件对生产任务进行生产排程、排程优化等实训。

5. MES 生产执行实训

基于模块化可重构思想，建立基于服务单元的组态模块化 MES 生产执行系统，能够利用 MES 生产执行系统对制造系统进行生产执行管理与调度安排，培养学生车间 MES 生产执行系统的使用能力。知识点包括：

- 掌握车间 MES 生产执行系统的组成、特点、功能和原理；
- 掌握基于服务单元的组态模块化 MES 生产执行系统的构建原理与方法；
- 掌握车间 MES 生产执行系统的使用方法；
- 能够利用 MES 生产执行系统对制造系统进行生产执行管理与调度安排。

6. 车间数据采集实训

采用多种通信协议（如 OPC、WebService、UDP 等）对智能车间设备数据进行采集，同时解析 MES 系统指令，生成底层执行指令，并驱动底层设备按照指令执行任务，培养学生车间物联网数据采集与控制的实验能力。知识点包括：

- 掌握各类工业数据采集与控制设备的类型、特点、功能、组成、原理和使用方法；
- 掌握各类工业通信协议的类型、特点、功能和原理；
- 了解各类工业通信协议的编程、接口、集成、数据处理等使用方法；

• 了解车间各类设备数据采集与控制使用的通信协议配置与开发；

• 对各类加工、物流、仓储等设备进行数据采集，如机床运行状态、运行参数、AGV 位置、速度、负载信息、立体仓储库各仓位物料信息、堆垛机状态信息等；

• 对各类加工、物流、仓储等设备进行控制管理，能够解析 MES 系统指令生成底层执行指令，驱动各类底层设备执行任务。

7. 车间可视化管控实训

建设一套车间中央控制系统，终端界面能监控、显示整个实验车间的生产台位信息及物流系统信息，能实时显示智能制造系统的工作状态、生产计划及其完成情况，并能对车间信号报警及时处理，以培养学生车间生产可视化管控能力。知识点包括：

• 掌握车间中央可视化管控系统的功能、特点、组成和系统构成；

• 掌握车间中央可视化管控系统的使用方法，包括各个设备信息监控、生产物流监控、各类物料监控、生产计划可视化监控等；

• 掌握各类车间异常信号、报警事件的追踪与故障排除方法；

• 掌握车间中央可视化管控系统的配置与开发方法，包括各个功能模块的配置与开发方法。

8. 动态事件调度实训

通过车间智能动态调度实训模块，培养学生对车间的急件插队、加工设备故障、加工质量问题、物料不足、人员变化、任务变化、批量变化等现场扰动因素时的实时动态调度分析，能够利用车间生产调度软件对各类动态事件进行合理调度与管控，以培养学生车间动态事件影响下的调度反应能力。知识点包括：

• 掌握车间生产调度方法的基本类型、特点和原理；

• 掌握车间生产调度软件模块的使用方法；

• 能够利用车间生产调度软件对各类动态事件进行合理调度与管控；

• 掌握车间急件插队、加工设备故障、加工质量问题、物料不足、人员变化、任务变化、批量变化等现场扰动时的实时动态调度与管控。

支撑的课程示例：目前智能制造系统的系列实训项目已经应用到了学校的本科课程的实践环节中，已经实施支撑的课程如表 1-2 所示。

表 1-2　实训项目支撑的课程

序号	支撑的课程	支撑的教学实验
1	制造系统及自动化	智能制造系统认知实训
2		车间数据采集实训
3		车间可视化管控实训
4	智能制造导论	智能制造系统认知实训
5		产线布局与建模实训
6	现代制造系统	智能制造系统认知实训
7		车间可视化管控实训
8		车间数据采集实训

续表

序号	支撑的课程	支撑的教学实验
9	系统建模与仿真	产线布局与建模实训
10		生产过程仿真实训
11		智能制造系统认知实训
12	生产计划与控制	MES 生产执行实训
13		生产计划与排程实训
14		车间动态事件调度实训
15	制造技术 A	智能制造系统认知实训
16	制造工程	智能制造系统认知实训

以上系列实训项目共同支撑课程的课程目标和毕业要求指标，如“智能制造系统认知实训”能够支撑机械设计制造及其自动化专业的专业课程——智能制造导论、制造系统及自动化的教学内容；支持智能制造导论的课程目标（掌握智能工厂和智能制造系统的相关知识，并培养学生应用相关知识分析典型智能制造系统或智慧工厂的能力），支持毕业要求指标（理解机械工程相关交叉学科的知识和方法，能够用于解决机械工程领域的复杂工程问题），支持制造系统及自动化的课程目标（掌握简单自动化制造系统结构功能和设备选型能力），支持毕业要求指标（了解机械工程相关的技术标准与规范，能够运用机械工程相关背景知识评价专业工程实践和复杂工程问题的解决方案）。

（三）实训项目开展方式

在人才培养方面，智能制造系统实训室围绕本科实践实训的教学体系要求，建立了实训项目清单，设计了相关实训项目，形成了完整的实训知识体系，既服务于传统理论课的实践教学，又能以独立的实训体系，对校内全面开放，对校外企业提供服务。通过项目制的实训方式，满足学生 SRTP 科研创新训练、个性化实验项目、实验实训竞赛、毕业设计、课程实践等多方面的实验教学与创新实践需求。并且，实训室可以不断开发和丰富各类实训项目，实训方式分为现场实训和云端远程实训，目前云端远程实训尚在建设中。

（1）支撑传统理论课的实验教学：能够支撑传统理论课的实验教学需求，理论课老师点选清单，学生按照老师清单要求完成实验课。

（2）形成独立的实训体系：设置独立的实验课程并设立学分，开展智能制造系统化实训，让学生全面系统地深入学习，掌握智能制造系统的专业知识。

（3）支持 SRTP、个性化实验、重点实验室实验、大学生竞赛、课外科创、众创创客等学生科研实践。

（4）对校外企业、职校等提供职业技能提升实训，充分利用好云端远程实训。

（5）支撑智能制造相关的科研项目，服务教师的科研工作。

三、智能制造系统实训平台特色

本实训室基于新一代信息技术和先进制造技术，以加工系统、仓储系统、物流系统为实施载体，进行完整的数字化车间智能制造系统实训体系建设；除了具备一般职校和高校智能制造系统实训的功能外，还具有区别于一般职校和高校实训平台的显著特点，体现在：

（1）智能制造系统实训体系的全环节要素全面覆盖，体系完整，技术领先。

由于智能制造系统涉及要素环节多且投资昂贵，一般职校和高校很难利用先进技术建立十分完整的智能制造系统实训平台。本实训室以数字化贯通全制造过程，以关键制造环节智能化为核心，以网络互联为支撑，建设具有智能装备、智能物流、智能管控、智能建模、智能决策等集成应用实训体系，建立的智能制造系统对生产环节要素全面覆盖，包含了加工服务单元、物流服务单元、仓储服务单元、数据采集与控制模块等，同时又集成了 MES、数字孪生、生产建模仿真、SCADA 系统、生产管控等系统，因此可以支撑智能制造系统各环节要素全覆盖的实践训练。

（2）智能制造系统实训平台采用模块化思想打造，具有高度柔性定制、灵活开放、个性自适应等特点。

一般高校和职校建立的智能制造系统实训平台利用市面上成熟的软硬件设备简单集成，功能和使用均较为固化，平台利用效果有限，投资与效能很难平衡。

本实训平台与这些平台具有显著的区别，在于完全按照系统模块化思想，从实训平台的布局、设备选型、集成要求、接口技术、软件配置等全方位支撑模块化理念，系统中各个要素均模块化、积木化，可自由灵活按需组配，因而具备高度的柔性定制、灵活开放、个性自适应等特点，能够动态自适应支撑多角色、多层次、多维度的多样化实训需求，最大化地扩展与延伸了平台的效能。

（3）多样化、自适应、多层次链的产/教/研/学多维度融合人才培养需求。

实训平台建立的实训体系能够根据不同层次类型的角色动态开发丰富的实训项目，将人才培养的链条延伸到多层次，能够自适应支撑多层次的产、教、学、研人才培养需求，能够支撑从企业技训、职校教育、高校本科到硕博研究生的人才培养服务，支持培养适应新形势下的高水平、多层次的智能制造类学生和企业人员，满足企业和社会对智能制造人才的需求。

（4）支撑科研的开放式、模块化智能制造系统研究平台。

实训平台不仅能够进行智能制造系统的示教、实训和科创，还是一个能够支撑科研的开放式智能制造系统研究平台，可以深入支撑智能制造系统领域内前沿的科研理论与实证研究工作，包括模块化驱动的可重构制造系统，虚实融合映射的数字孪生制造系统，基于数字孪生的排程与调度，基于智能优化的车间建模仿真，模块化重构的智能 MES 系统，基于智能算法的 AGV 与仓储物流研究等一系列研究工作。

第二章　智能制造系统认知实训项目

第一节　智能制造系统组成基本知识

一、智能制造系统实训平台的布局

智能制造系统实训室占地面积约 300 m^2，由七大功能区域组成：实训实施区 1、实训实施区 2、机床设备库、物流设备库、智能立体库、智能制造控制区、电气控制区，如图 2-1 所示。机床设备库包含 8 台小型立式三轴加工中心和 2 台小型五轴数控加工中心。物流设备库包含 8 台 AGV 搬运小车、2 台 AGV 协作机器人、3 套 AGV 充电桩。智能物料立体仓库包含 1 座立体库货架（毛坯材料库和成品库）、2 台堆垛机、2 套出入库缓存线和智能仓储管理系统。实训实施区 1 包括由 3 台机床、1 个上下料地轨机器人、9 m 地轨组成的 1 套柔性制造单元。实训实施区 2 根据需要利用桌面型机床、AGV 小车、协作机器人、二维码自行动态组建智能制造系统。智能制造控制区包含 MES 生产执行软件、WMS 立体库管理软件、AGV 调度管理软件等工业软件，是系统运行管理的控制中心。电气控制区包含各类电器柜设备，对整套系统进行电源总控制。

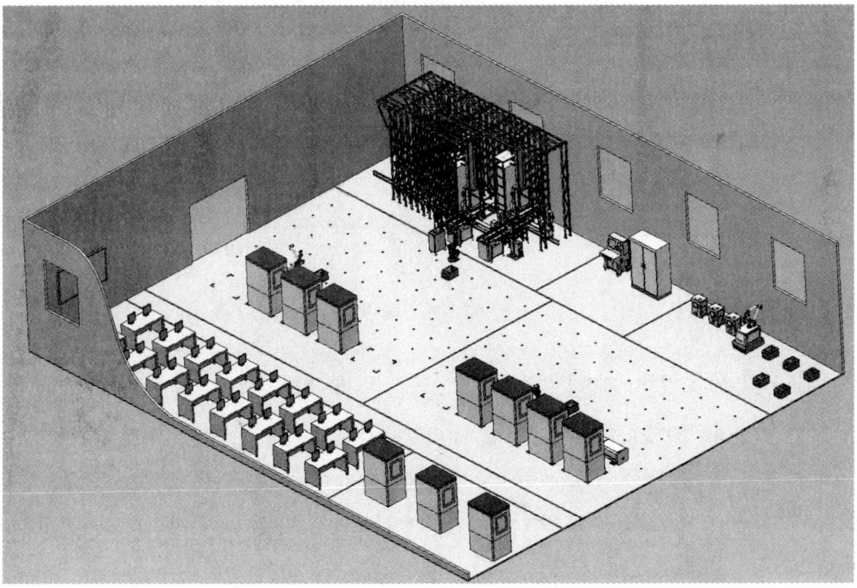

图 2-1　智能制造系统布局

二、智能制造系统实训平台的组成

（一）小型立式加工中心

小型立式加工中心，可完成铣削、钻孔、镗孔、铰孔、攻丝等多种工序的加工，尤其适合汽车零部件、模具等行业复杂零件的精加工，加工材料广泛（铜、铝、塑料、有机玻璃等材料）。

1. 小型三轴立式加工中心 GREE-VMC31-3（见图 2-2）

行程：*X* 轴 300 mm，*Y* 轴 175 mm，*Z* 轴 270 mm。

进给：*X* 轴快速进给速度为 60 m/min，*Y* 轴快速进给速度为 60 m/min，*Z* 轴快速进给速度为 60 m/min，切削进给速度为 8 000 mm/min。

工作台：面积 450 mm×160 mm，最大承重 50 kg，T 形槽尺寸 5 mm×16 mm×50 mm。

主轴：转速 24 000 r/min，主轴锥孔规格 ISO20，冷却泵功率 40 W，主电机功率 1.5 kW（电主轴）。

刀具：规格 BT30，最大刀具直径 ϕ60，最大刀具长度 200 mm，最大刀具质量 6 kg。

其他：质量 1 500 kg，外形尺寸 1 360 mm×990 mm×1 800 mm，水箱容量 25 L。

图 2-2　三轴立加中心 GREE-VMC31-3

2. 小型五轴立式加工中心 GREE-VMC31-5（见图 2-3）

行程：*X* 轴 300 mm，*Y* 轴 175 mm，*Z* 轴 270 mm，*A* 轴 120°，*C* 轴 360°。

进给：*X* 轴快速进给速度为 60 m/min，*Y* 轴快速进给速度为 60 m/min，*Z* 轴快速进给速度为 60 m/min，*A* 轴快速进给速度为 30 r/min，*C* 轴快速进给速度为 60 r/min，切削进给速度为 8 000 mm/min。

工作台：面积 450 mm×160 mm，最大承重 20 kg，T 形槽尺寸 5 mm×16 mm×50 mm。

主轴：转速 24 000 r/min，主轴锥孔规格 ISO20，冷却泵功率 40 W，主电机功率 1.5 kW（电主轴）。

刀具：规格 BT30，最大刀具直径 ϕ60，最大刀具长度 200 mm，最大刀具质量 6 kg。

其他：质量 1 500 kg，外形尺寸 1 360 mm×990 mm×1 800 mm，水箱容量 25 L。

图 2-3　五轴立加中心 GREE-VMC31-5

（二）立体仓储系统

智能立体仓储系统，可实现工件种类自动识别和自动储料、自动出料等智能化功能，同时对每个仓位进行数字化管理，结合智能制造生产线信息集控中心，可实现智能仓储单元的无人化运行和自动化管理。

1. 系统组成

立体仓库由毛坯货架、成品货架、毛坯码垛机、成品码垛机、毛坯出库输送线及成品入库输送线组成，整体外形尺寸（长×宽×高）为 7 700 mm×3 620 mm×2 750 mm（包含出入库输送线），如图 2-4 所示。

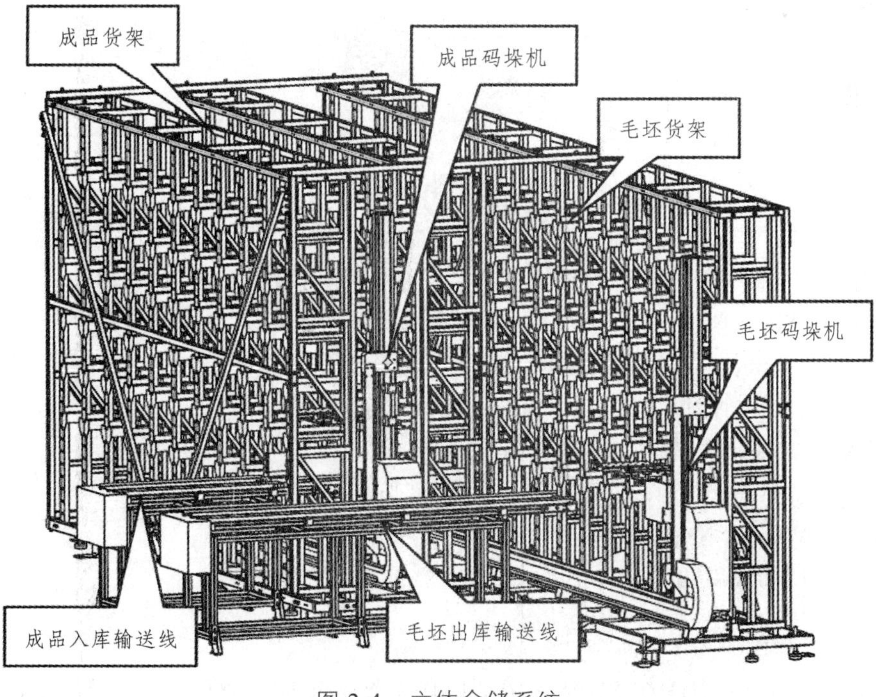

图 2-4　立体仓储系统

2. 主要指标

堆垛机：形式为单伸位；高度尺寸≥2 600 mm；额定载荷≥20 kg；行走速度为 0 ~ 100 m/min（可调）；升降速度为 0 ~ 25 m/min（可调）；伸叉速度为 0 ~ 25 m/min（可调）；定位精度≤±10 mm；安全防护为机械防护+安全限位开关。

货架：库位数≥220 个；结构由立柱、横梁、背拉、护栏组成；货架形式为牛腿式。

货物单元尺寸≥300 mm×290 mm×250 mm（长×宽×高）；单个货物质量≥10 kg；巷道数≥2；排数量≥3；层数量≥6；列数≥10（成品）/17（毛坯）；货架总高度≥2 600 mm；货架总长度≥7 700 mm（含拉力梁）。

工装托盘：尺寸≥235 mm×150 mm×24 mm（长×宽×高）；材质为红色电木板；数量≥120 件。

（三）AGV 自动导航小车

AGV 用于搬运工件与物料，能够在系统物流区域自动导航与行走，在控制下能够实现物料的准确搬运，同时工件成品的运输全过程可实现无人化、自动化和智能化。

AGV 小车采用二维码+惯性导航方式，具备前进/后退双向行驶功能、无线通信功能、左右转弯/分叉功能，并且可以选择由计算机远程控制或者通过小车手动触摸屏设置参数，如图 2-5 所示。

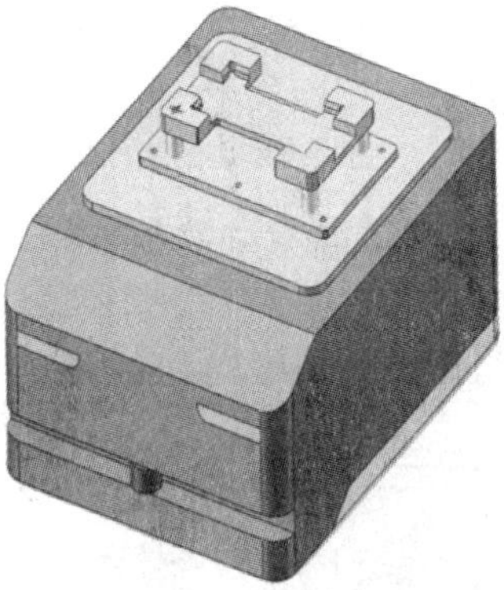

图 2-5　AGV 小车

导航方式：二维码+惯性导航；负载质量≥50 kg；控制方式：单片机控制器。

行走功能：前进后退、原地旋转、左右转弯；驱动方式：双轮差速驱动；通信方式：无线通信，2.4G 或 5G 频段。

最大速度≥0.8 m/s；最大爬坡度≥2%；停车精度≤±10 mm。

充电时间≤2 h；续航能力为 4 ~ 6 h（正常使用）。

避障方式：激光避障+超声波避障+机械防撞。

防跌落装置：具备；物料工装：根据需求定制。

车体尺寸≥600 mm×420 mm×300 mm（长×宽×高）。

充电方式：自动充电。

（四）AGV 协作机器人

AGV 协作机器人由 AGV 底盘和多关节协作机器人组成，如图 2-6 所示。AGV 协作机器人与 AGV 搬运小车协同作用，协作机器人负责加工设备和 AGV 小车物料的上料、下料对接工作。

图 2-6　AGV 协作机器人

1. AGV 底盘

AGV 导航方式：二维码+惯性导航；AGV 负载质量≥50 kg；AGV 控制方式：单片机控制器。

AGV 行走功能：前进后退、原地旋转、左右旋转；AGV 驱动方式：双轮差速驱动。

AGV 通信方式：无线通信，2.4G 或 5G 频段。

AGV 最大速度≥0.8 m/s；AGV 最大爬坡度≥2%；AGV 停车精度≤±10 mm。

AGV 充电时间≤2 h；AGV 续航能力为 4 ~ 6 h（正常使用）。

AGV 避障方式：激光避障+超声波避障+机械防撞。

车体尺寸≥1 150 mm×750 mm×250 mm（长×宽×高）。

AGV 充电方式：自动充电。

2. 协作机器人

自由度≥6；最大负载≥10 kg；工作半径≥1 350 mm；机械臂质量≤38.5 kg。

重复定位精度≤±0.03 mm；额定功率≤500 W。

配置要求：配有控制器及控制系统、配视觉定位系统及夹取工件的工装。

工具端线速度≥4.0 m/s；供电电源：DC 48 V；功耗≤500 W。

本体通信接口 CAN BUS；工具端数字量输入/输出≥4 路；模拟量输入≥2 路。

工作环境：温度为 0 ~ 50 °C，湿度为 25% ~ 85%（无冷凝）；防护等级为 IP54。

关节运动参数：J2 ~ J6 轴运动范围≥±175°。

关节运动参数：J1/J2/J4/J5/J6 最大速度≥180°/s，J3 最大速度≥147°/s。

通信方式：以太网、ModBus-RS485/TCP、USB。

数字量输入、输出≥16 路；模拟量输入≥3 路、输出≥4 路。

（五）工业机器人

一台工业机器人负责立体库物料出、入库上下料工作，根据物料尺寸定制夹具，夹具上安装光电感应开关，用以物料夹取到位检测和数据采集；另一台工业机器人安装在机器人地轨上，负责对接 AGV 小车和小型加工设备物料的上下料工作，如图 2-7 所示。

图 2-7　工业机器人

工作范围：J1 为±170°；J2 为±85°；J3 为−85° ~ 80°；J4 为±165°；J5 为±115°；J6 为±360°。

转速：J1≥219°/s；J2≥217°/s；J3≥252°/s；J4≥294°/s；J5≥444°/s；J6≥450°/s。

电机总功率≤4.45 kW。

整体要求：自由度≥6；额定负载≥8 kg；工作半径≥1 370 mm；重复定位精度≤±0.03 mm。

通用的机械手臂：大、中、小型多关节；控制轴数：6 轴；控制方式：PTP（点位操控）、直线、圆弧。

程序控制指令：跳转命令、调用命令、定时功能指令、机器人停止和机器人动作可执行指令。

驱动方式：EtherCAT 总线控制/模拟 AC 伺服控制。

示教器：配备 TFT-LCD 触摸屏、电缆 8 m、3 位启动开关、3 挡模式切换开关、1 个 USB 插槽。

外部信号：16 入 16 出（系统占用输入 3 个，输出 4 个），可扩展（最大输入 1 024，输出 1 024）。

外部通信：EtherCAT、TCP/IP、CAN。

自我诊断功能：超限、伺服异常、存储器异常、输入错误等。

拖地线≥5 m；储存容量≥256 MB；气压≥0.5 MPa；防护等级为 IP54 或以上。

（六）激光打标机

激光打标机能够在工件的表面做永久性标记，如图 2-8 所示。它基于 Windows 系统的打标控制软件，便于采集数据和连接 MES 系统。

光纤激光器：激光功率≥20 W；工作电压≥DC 24 V；激光波长≥（1 064±10）nm（MOPA 激光）。

光束质量 M^2≥1.3；冷却方式为风冷；平均输出功率≥（20±0.5）W；脉冲宽度为 2 ~ 200 ns（多脉宽可调）。

扫描振镜：标记速度≥2 m/s；定位速度≥10 m/s；重复定位精度＜20 urad。

扫描场镜：标刻范围≥175 mm×175 mm；雕刻深度≥0.5 mm。

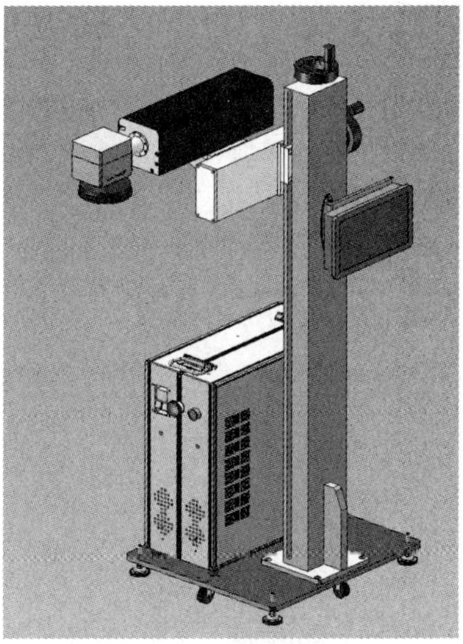

图 2-8　激光打标机

（七）视觉检测台

视觉检测台具备自动扫码功能，如图 2-9 所示。

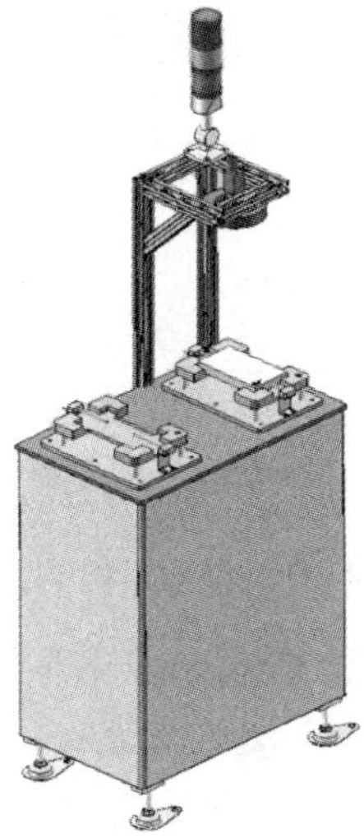

图 2-9　视觉检测台

分辨率：1D 分辨率≥5 mil；2D 分辨率≥6.7 mil。

扫描方式：二维影像≥838 像素×640 像素；运动容差＞270 cm/s。

扫描角度：水平为 42.4°，垂直为 33°；焦点≥127 mm；印刷对比度：最低 20%反射差。

解码能力：标准一维、PDF、2D、邮政和 OCR 字符。

输入电压：≤DC（5±0.25）V；操作功率≤2.3 W；待机功率≤0.45 W。

主机系统接口：USB、RS-232 和键盘口；端接：15-POS D-Sub 连接器；体积≤73 mm×51 mm×26 mm。

（八）工业软件：WMS+WCS 调度系统

仓储物流软件负责对立体仓库和物流任务进行管理，实现自动化的仓储与物流管理。

仓库管理软件（WMS）功能：基础设置模块、物料管理模块、仓库管理功能模块、出入库管理模块、出入库订单管理等功能模块。

仓储物流控制软件（WCS）功能：设备的启用功能、禁用功能、PLC 地址管理功能、PLC 状态监控功能、库位状态监控功能、线体报警重置功能。

（九）工业软件：信息化集控系统（含整体系统集成）

信息化集控系统包括生产数字化模块、数控机床模块、AGV 数字化模块、立库数字化模块、质量数字化模块、PLC 总控监控模块，如图 2-10 所示。

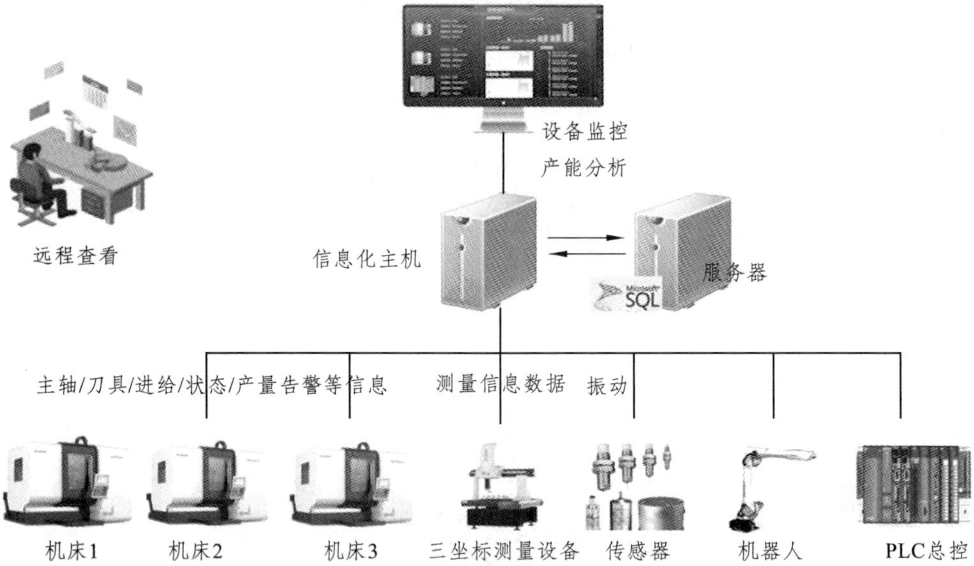

图 2-10 信息集控构架图

设备 MDC 系统平台包含软件系统、设备通信采集服务、设备管理配置、设备数据处理等功能，兼容数控系统机床、工业机器人、视觉系统的设备物联及系统互联。

数据采集与控制系统主要采用 PLC、采集卡、控制卡、传感器、OPC 等工业自动化设备，建立 SCADA 系统，负责生产执行过程管理模块与生产线硬件间的连接，并将整个底层设备采用工业互联网络，将传感网络连接在一起形成一个通信整体，如图 2-11 所示。一方面将生产管控指令转化为设备与生产线底层执行指令，控制设备的具体任务与动作；另一方面从设备与生产线底层采集数据，并进行处理后上传给生产过程管控软件。数据采集与控制系统可以分为底层设备控制、通信协议配置、数据采集处理、异常信号报警四方面的功能。

采集数据包括机器人：笛卡儿坐标、轴位置、速度、加速度、扭矩、转速、使能指示、运行状态、告警状态、计数器；五轴机床：主轴电流、主轴转速、倍率、电机温度、进给倍率、五轴坐标、门开状态、工作台位置、程序名、程序行、刀具数量、刀具长度、告警信息；普通机床：各轴坐标、程序名、程序行、主轴速度、进给倍率、主轴倍率、加工件数、运行状态、告警信息；AGV：健康电量、危险电量、电量、集成级别、执行状态、任务名称、当前点位；三坐标测量仪：测量值、时间、结果；视觉检测单元：测量值、时间、结果。

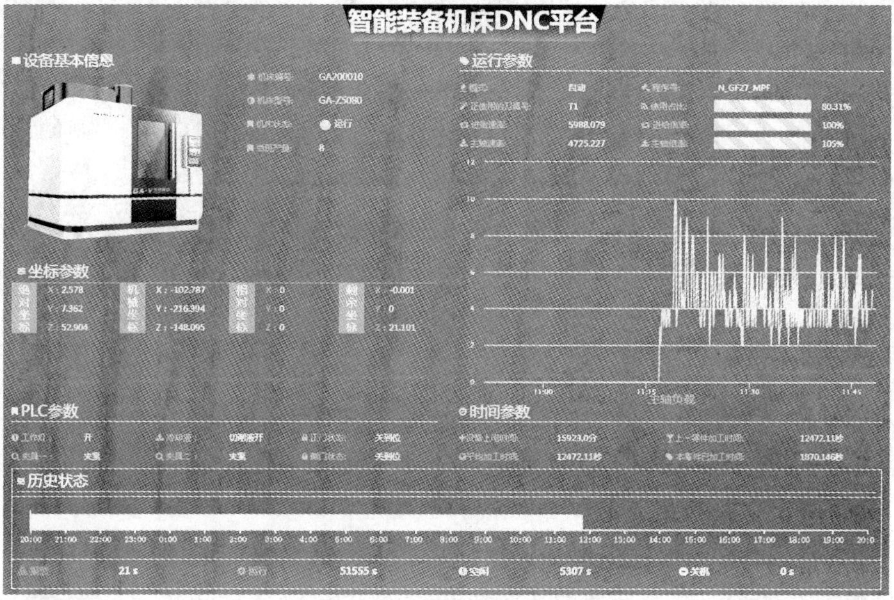

图 2-11　数据采集监控

（十）工业软件：MES 系统

生产执行系统（MES）：包含 MES 生产执行软件，负责制造系统的执行管理，包括生产基本数据管理、生产计划排程与准备、生产执行过程管理等，还包含虚拟车间组织管理、生产计划管理、库房管理、生产管控、质量管理及追溯、物流管理等模块，驱动整个生产的运转，如图 2-12 ~ 图 2-14 所示。生产基本数据管理：包括物料基本管理、工序基本管理、工艺路线管理、立体仓库管理、设备配置管理、产线配置管理等。生产计划排程与准备：包括生产计划排程的制订、设备的生产准备、产线的生产准备等工作。生产执行过程管理：包括生产物流调度管理、排程动态调度、可视化数据监控、生产指标评价、异常事件处理等。

图 2-12　MES 系统

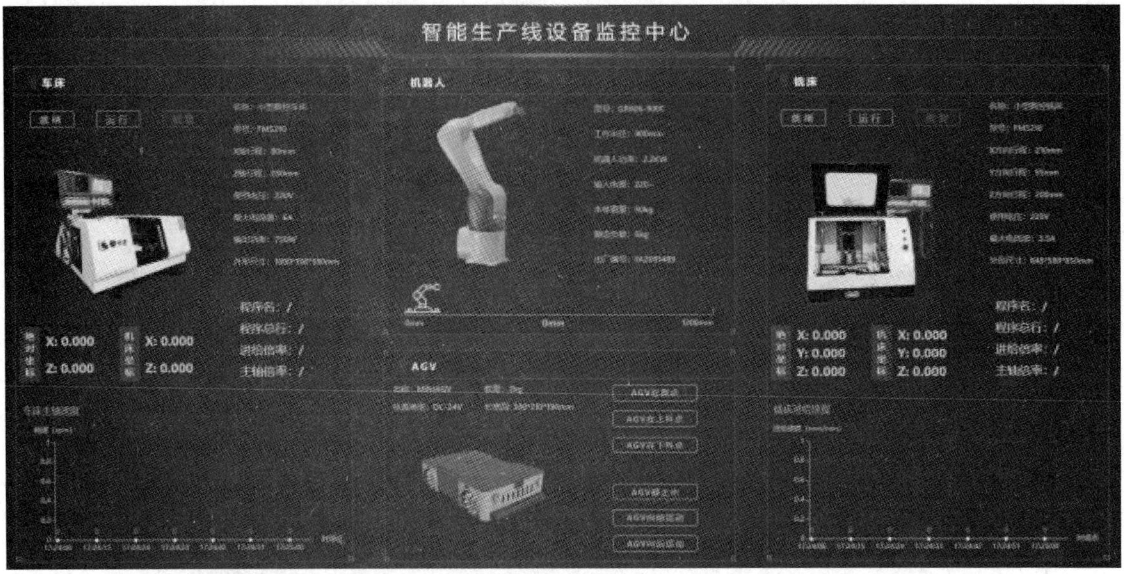

图 2-13　生产线监控中心

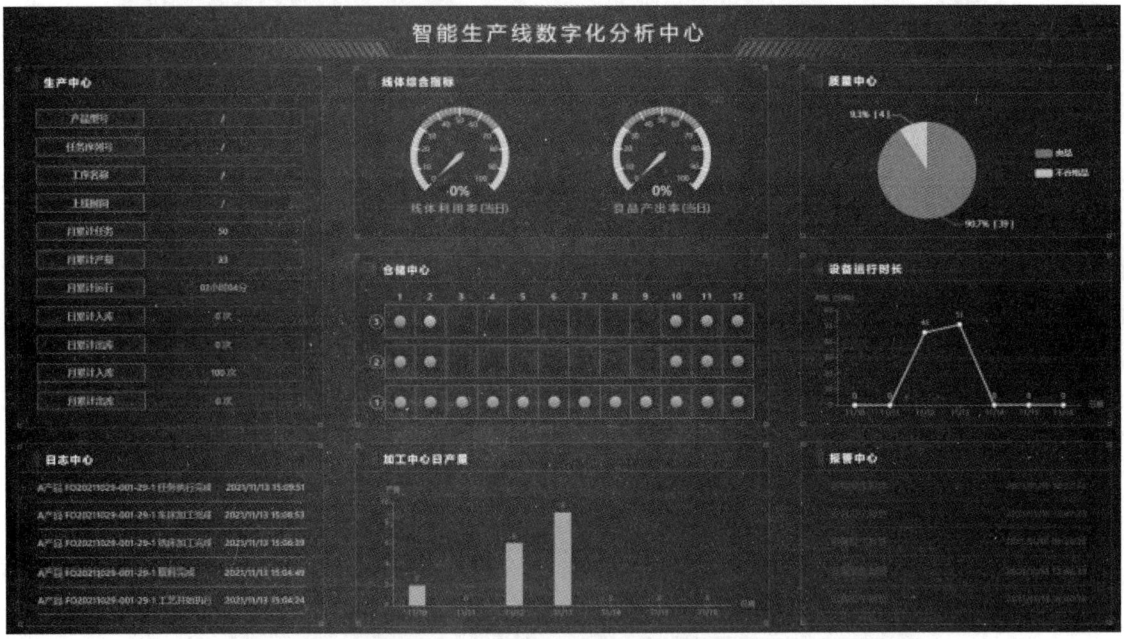

图 2-14　生产线数字化分析中心

第二节　智能制造系统认知实训项目设计

智能制造系统认知实训项目，主要针对基础技能型人才培养、专业技术型人才培养、创新研究型人才培养，进行基础知识、基础操作技能的培训，设计了一种通用层次类型实训（适用于基础技能型、专业技术型、创新研究型三层次的实训），如表 2-1 所示。

表 2-1　智能制造系统认知实训项目

实训项目名称	智能制造系统认知实训项目
实训层次类型	■基础技能型　■专业技术型　■创新研究型
实训目标	
（1）掌握制造系统的类型、组成、功能、特点和原理； （2）掌握制造系统的操作与使用方法； （3）能够对智能制造系统进行简单的维护保养； （4）理论联系实际，培养学生的专业实践能力	
实训时长	6 课时
实训基础	
先修课程：现代制造系统、物流设施与规划、先进制造系统、计算机集成制造系统等	
实训内容	
（1）掌握智能制造系统的设备构成及其功能； （2）掌握制造系统的单元组成及其功能； （3）熟悉制造系统的层次与体系结构； （4）掌握制造系统的运行原理与过程	
评分标准	
根据学生实训中的操作规范程度、实训过程情况、实训任务完成情况和实训报告进行综合评分	
实训设备及工具	
小型数控机床、智能立体库、堆垛机、AGV 小车、AGV 协作机器人、上下料工业机器人、二维码设备等	

第三节　智能制造系统认知实训项目过程

一、实训案例描述

某高校智能制造工程专业大四学生 150 人参与本实训项目。学生分批次参与实验，每批次 15 人，按照批次顺序轮流参加实训，每批次实训时长 2 小时。每批次的 15 人按照 3 人一组进行分组，分为 5 组，每组负责智能制造系统的一个单元，包括立体仓储运行操作、AGV 物流调度操作、机器人上下料及转移操作、柔性生产单元加工操作和 MES 生产执行系统操作。首先，各个小组分角色独立完成各个单元的编程、验证与准备；然后，各个小组配合起来完成一个完整的智能制造系统全自动化流程；最后，完成智能制造系统认知实训报告。

实训过程中，首先采用幻灯片、图片与视频等方式向学生介绍智能制造系统的布局、组成和功能方面的知识，对各个单元及整体的运行原理和操作方法进行详细介绍，使学生对智能制造系统的组成、功能和操作方法有比较完整的认识。然后，在现场实际智能制造系统中，以某一零件从毛坯到成品的全自动化制造流程为例，分小组和角色，演练一个完整的智能制造系统全自动化流程，包括采购毛坯入库，毛坯工件出库，机器人上、下料，AGV 物流调度，柔性制造单元与机床数控加工，工件回库，图像检测与打标，成品入库。通过这些实验过程，学生将理论与实验相互印证，以达到巩固智能制造系统知识，掌握智能制造系统操作等目的。

本实训中，各个实训小组所负责的制造单元和设备各不相同，扮演角色各不相同，知识点也不相同，可以交换不同角色进行反复演练，使学生掌握智能制造系统的不同知识点，丰富学生对智能制造系统相关知识点的掌握。

二、实训过程与方法

（一）总体流程

结合现场智能制造系统，讲解与示范智能制造系统的基本操作与使用方法（以某零件加工为实例演示完整的制造工艺加工与物流过程，见图 2-15 和图 2-16）。

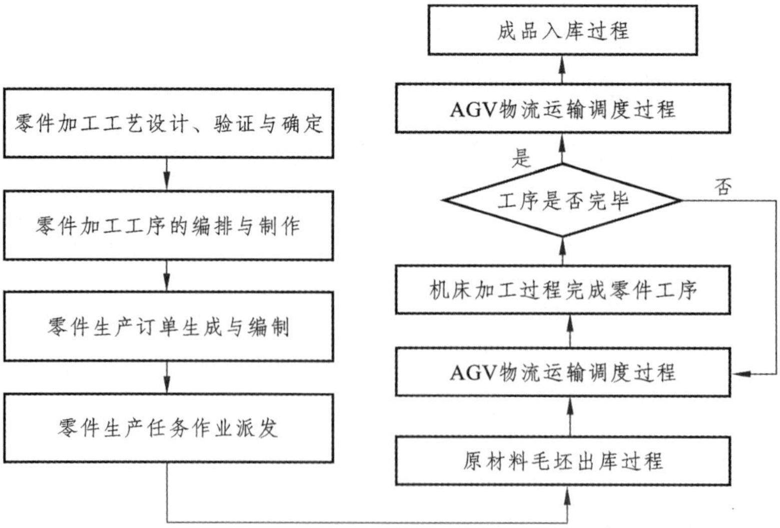

图 2-15　零件在制造系统中的完整过程

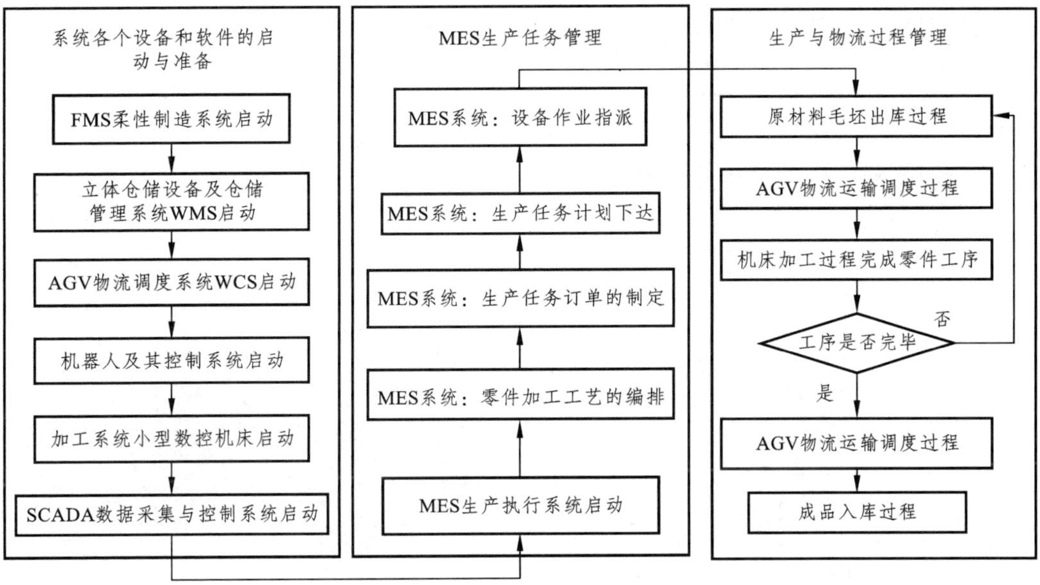

图 2-16　智能制造系统的总流程

智能制造系统运行总流程，以零件的流转过程为中心，包括利用 UG 三维 CAD 软件进行零件加工工艺设计、验证与确定，并进行机床的试切加工验证。对验证完毕的零件工艺利用 MES 系统进行零件加工工序的编排与制作。然后进行制造系统各个设备和软件系统的启动与准备，包括立体仓储设备与管理系统、AGV 设备及物流调度管理系统、机器人及控制系统、加工系统数控机床设备、SCADA 数据采集与控制系统等软硬件的启动与准备。之后进入 MES 系统进行零件生产订单的生产与编制、零件生产任务设置、任务的作业派发。对于原材料毛坯出库，由 AGV 进行物流运输至机床，机床对零件进行加工，完成相关工序，判断零件工序是否完毕，若未完毕，则由 AGV 物流运输至下一工序，如此循环直到所有工序加工完毕，最后由 AGV 物流运输回库，成品入库，总流程完毕。

（二）设计零件加工工艺与流程

根据给定的零件图纸，在 UG 三维 CAD 软件中完成零件的三维建模，再利用 UG 的加工仿真模块，创建刀具，建立毛坯，分析工件的加工方法，依次按照第一步型腔粗铣，第二步型腔精铣，第三步孔铣等步骤，设置加工参数，得到刀路轨迹，然后仿真验证刀路轨迹是否正确，仿真确认无误后，进行后处理，导出数控加工程序，加工程序导入机床进行试加工验证无误。在此基础上，可利用 MES 系统进行零件的加工顺序和加工工序编排，形成零件的工艺规程数据和文件，如图 2-17 所示。

（三）制造系统的启动与准备

打开总电源，为仓储设备加电、AGV 设备加电、机器人设备加电、数控机床加电。开机时按下电源开关，启动电源，旋扭急停按钮，再启动各个软件系统：MES 生产执行系统、立体仓储管理系统、物流调度管理系统、SCADA 数据采集与控制系统等。其中，MES 生产执行系统、物流调度系统等 WEB 形式的软件需要输入指定的网址、账号和密码才能启动。立体仓储管理系统直接利用西门子 SIMATIC HMI 屏幕操控，可在成品库和毛坯库之间进行切换。

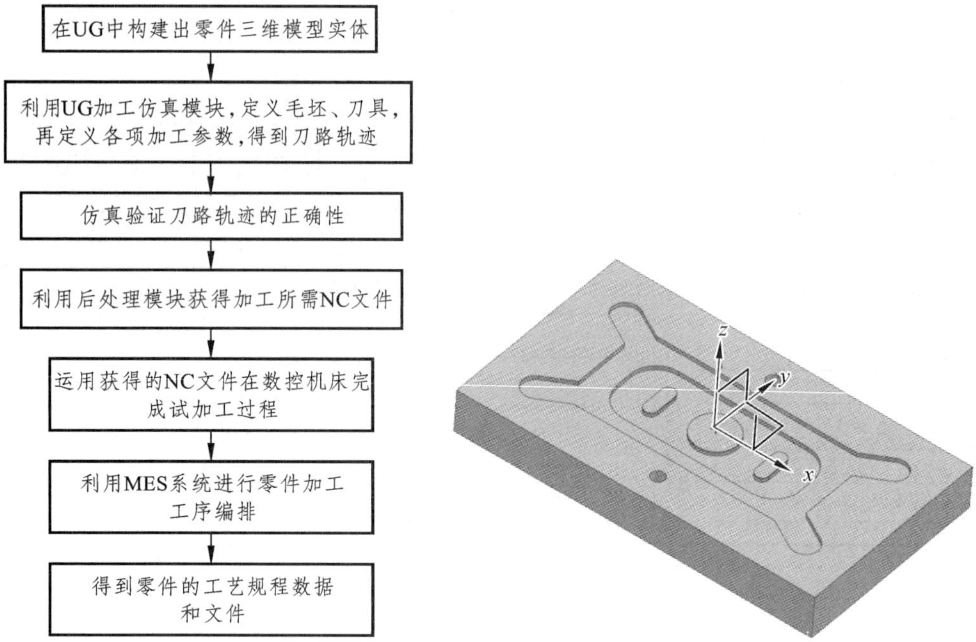

图 2-17　零件加工工艺与流程设计

（四）MES 生产任务管理

MES 系统是智能制造实训体系中工业软件的核心，它全面整合生产现场制造资源，能够通过信息传递对从订单下达到产品完成的整个生产过程进行数字化管理，利用 MES 系统生成零件订单和生产任务，如图 2-18 所示。系统主要功能包括系统管理中心、生产数据中心、工艺派工中心、任务生产中心、设备管理中心、信息监控中心、文件管理工具、报表配置工具等功能模块。

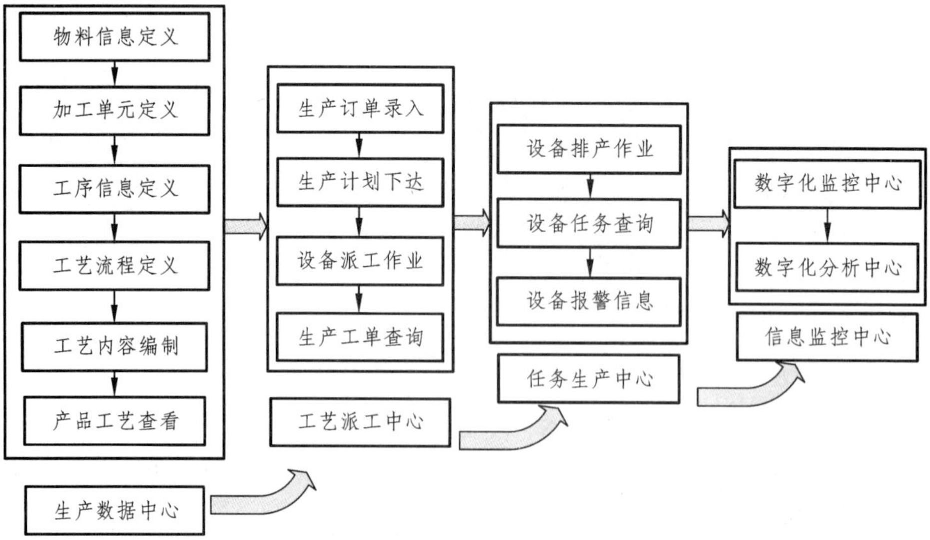

图 2-18　生产订单与任务生成流程

1. 生产数据中心

生产数据中心包括物料信息定义、加工单元定义、工序信息定义、工艺内容编制、产品工艺查看。

物料信息定义，包括物料信息的新增、修改、查询、删除、禁用、导入等功能。物料基础信息包括物料编码、物料名称、物料类型、计量单位、规格/型号、材质、状态等信息。物料编码是系统中唯一标识物料的代码，由系统自动生成。物料编码必须是唯一的，一个物料编码不能对应多种不同规格的物料。物料类型定义工厂内部的物料类别，如零件、组装件、原材料、产品等。

加工单元定义，包括加工单元基础信息的新增、修改、查询、删除、禁用等功能，用于车间计划下发的具体接收对象。

工序信息定义，组成产品生产过程的基本单元，如新增、编辑、删除、查询工序信息。其中，工序编号是系统中工序的唯一标识，由“GX”+6位流水号组成；工序名称是制造产品或零件的部分工作内容概括；加工单元是指工序在生产作业中的具体作业平台，以及生产计划下发的接收对象；工序工时是指该工序作业完成可供作业员工分配的工时；制造周期是指该工序从开始作业至工序完工的所需时间。

工艺流程定义，描述生产产品所用工序顺序。它将为每道工序分配工序编号和后续工序，根据工序串、并行结构，结合各工序制造周期和生产订单的交付日期或者开始生产日期，计算出车间工序级作业计划的时间依据。

工艺内容编制是作业者进行标准作业正确指导的基准，作业者按照指导书进行作业，能快速、准确、安全地完成作业内容。编制内容分为7个方面，分别为工序主信息、作业内容、质量要求、注意事项、工装设备、技术文档、物料清单。工艺内容编制未完成的情况下，不允许对订单进行运算生成生产计划。

产品工艺查看，查看工艺编制内容，点击“产品工艺查询”菜单可默认查询到所有产品的工艺编制信息，左表为产品信息，右表为产品工序编制内容。

2. 工艺派工中心

工艺派工中心包括生产订单录入、生产计划下发、设备派工作业、生产工单查询。

生产订单录入，包括订单信息的查询、新增、排产运算。订单排产运算生成生产计划信息，排产方式为正向排产，则代表以订单录入日期开始进行排产；排产方式为逆向排产，则代表以订单录入日期结束进行排产。

生产计划下发，包括生产计划信息的查询、下发、撤销操作，已派工的计划不能进行撤销操作。

设备派工作业，包括车间计划信息的查询、派工、撤销派工操作。已开工或已完工的车间计划不能执行撤销派工操作。

生产工单查询，以产品的维度，查看生产计划的详细执行情况。

3. 任务生产中心

任务生产中心包括设备排产作业、设备任务查询、设备报警信息。

设备排产作业，包括设备作业任务的查询、执行操作。

设备任务查询，可查看设备执行任务的过程，对无法正常进行的任务手动进行关闭。

设备报警信息，可查看设备报警记录。

4. 信息监控中心

信息监控中心包括数字化监控中心、数字化分析中心。

数字化监控中心，可对设备参数实时监控，包括机器人坐标位置、AGV 位置、AGV 运动状态、车床/铣床的绝对坐标、机床坐标、主轴速度、进给速度等参数。

数字化分析中心，可对生产信息统计汇总，包括当前生产任务信息、设备作业执行记录信息、线体综合指标、运行时长、仓储中心、报警记录等。

（五）立体仓库出入库流程

立体仓库出入库流程主要包括原材料的出库流程和加工完后的成品入库流程，如图 2-19 所示。

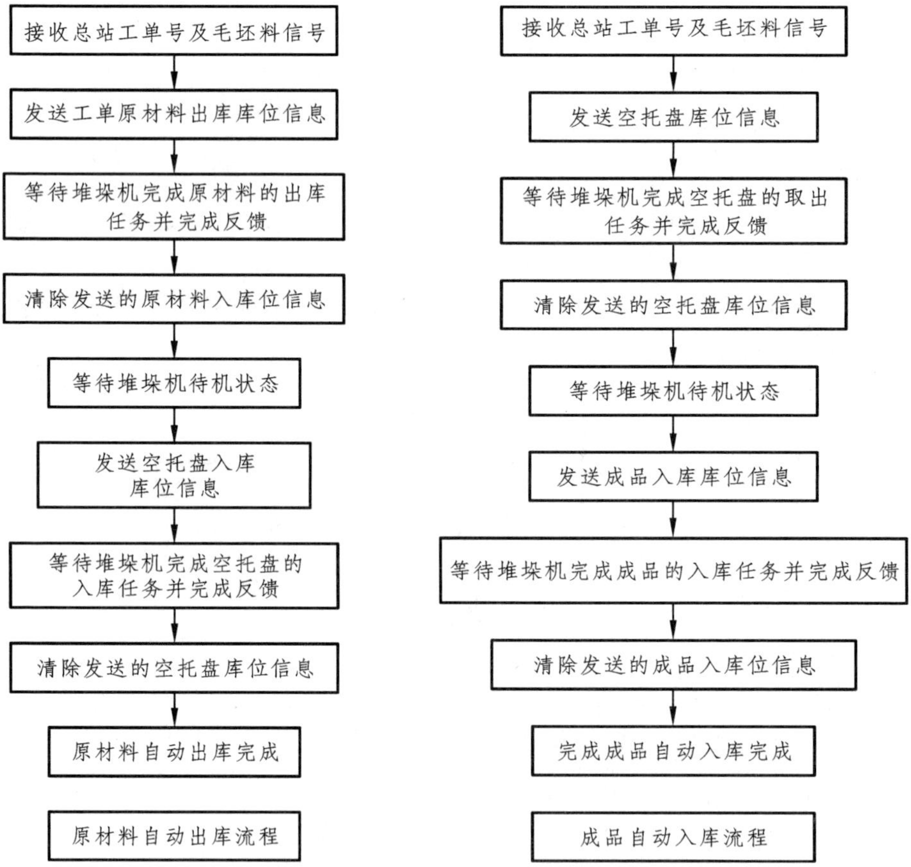

图 2-19　出库流程和入库流程

1. 原材料出库流程

总站根据 MES 部分获取到的工单号及工单所需要的毛坯物料信号发送给 WMS 部分，WMS 根据获取到的信息计算仓库物料相关信息并推送给堆垛机。根据堆垛机可以运行的状态，将原材料出库的库位坐标值发送给堆垛机，同时发送给堆垛机启动指令。操作此步骤时，需要将原材料仓库改为自动模式。WMS 根据堆垛机反馈的任务完成情况，清除本次执行任务的库位坐标信息。等待堆垛机待机状态，等待发送下一个任务指令。根据堆垛机可以运行的状态，将仓库中空的库位坐标值发送给堆垛机，同时发送给堆垛机启动指令。堆垛机根据收到的空托盘入库库位坐标，进行空托盘的入库任务，并将堆垛机的工作状态反馈到看板上显示。WMS 根据堆垛机反馈的任务完成情况，清除本次执行任务的库位坐标信息。到此完成 MES 工单毛坯物料的出库流程。

2. 成品入库流程

总站根据 MES 部分获取到的工单号及工单所需要的成品物料信号发送给 WMS 部分，WMS 根据获取到的信息计算仓库物料相关信息并推送给堆垛机。根据堆垛机可以运行的状态，将仓库中的空托盘的库位坐标值发送给堆垛机，同时发送给堆垛机启动指令。堆垛机根据收到的空托盘库位坐标，进行空托盘的出库任务，并将堆垛机的工作状态反馈到看板上显示。WMS 根据堆垛机反馈的任务完成情况，清除本次执行任务的库位坐标信息。等待堆垛机待机状态，等待发送下一个任务指令。根据堆垛机可以运行的状态，将成品入库的库位坐标值发送给堆垛机，同时发送给堆垛机启动指令。堆垛机根据收到成品物料入库库位坐标，进行物料的入库任务，并将堆垛机的工作状态反馈到看板上显示。WMS 根据堆垛机反馈的任务完成情况，清除本次执行任务的库位坐标信息。到此完成单个物料的入库流程，如果在入库的时候输入的数量大于 1，系统会循环执行此流程，直到所有物料完成入库。

（六）AGV 物流调度流程

AGV 智能调度平台，是一个能同时对多个 AGV 实行中央监管、控制和调度的系统，主要应用于 AGV 数量比较多、运输路线多且运输较频繁复杂的应用场景。AGV 智能调度平台可配合 AGV 物料系统等外部系统使用，也可独立使用，使物料运输系统更加人性化、自动化、无人化。多机调度系统包含任务调度、实时路径规划、交通管制、地图管理、AGV 机器人管理等功能。

AGV 任务调度，就是与 AGV 进行通信，从空闲的 AGV 中选择一台，并指导 AGV 按照一定的路线完成运输的功能。实时路径规划，就是根据选中的 AGV 所在的位置，以及目标站点位置，对 AGV 的行进路线进行最优规划，并指导 AGV 按照规划路线行进，以完成运输功能。交通管制：在某些特定区域，由于空间原因或工艺要求，同时只能有一辆 AGV 通过，或者两辆 AGV 不能对向行驶，则需要调度系统对 AGV 进行管理，指导某一 AGV 优先通过，其他 AGV 再按照一定的次序依次通过。地图管理：对 AGV 运行的点位和路径进行管理，可以增删改查二维码点位，绘制与编辑地图信息。AGV 机器人管理：对各个 AGV 进行管理，包括增删改查、设置 AGV 名称、IP、连接模式、充电设置等。

AGV 调度的实现流程如图 2-20 所示。

AGV 参数配置：主要用于 AGV 节点信息、AGV_ID、产线号等参数的配置，把数据写入 AGV 后，必须重新启动（断电重启或者点击软件中的重启按钮）才生效。

节点配置文件编辑：节点配置表中包含了产线号、路线号、码号、往返标志、动作参数以及相应路线的巡线方向等信息，应当参照“AGV 节点动作参数说明”表格来配置节点动作。产线号：范围为 1 ~ 31，用于区分不同的产线。路线号：范围为 1 ~ 2 047，用于区分不同的路线。路线巡线方向：选择路线或者呼叫后，AGV 的行走方向可以设置为前巡、后巡或空，如果设置为“空”，呼叫成功之后将不运动，如果读到码，则执行该码的功能。码号：范围为 1 ~ 99 999 999，用于区分不同的码。往返标志：范围为 0 ~ 255，默认为 0，用于实现同一条路线中，AGV 在不同时候经过同一码执行不同的动作。节点（读码后的）动作：详细说明请查看“AGV 节点动作参数说明”表格。路线号、码号、往返标志相同的节点最多包含 5 个动作，每个动作有 2 个参数。

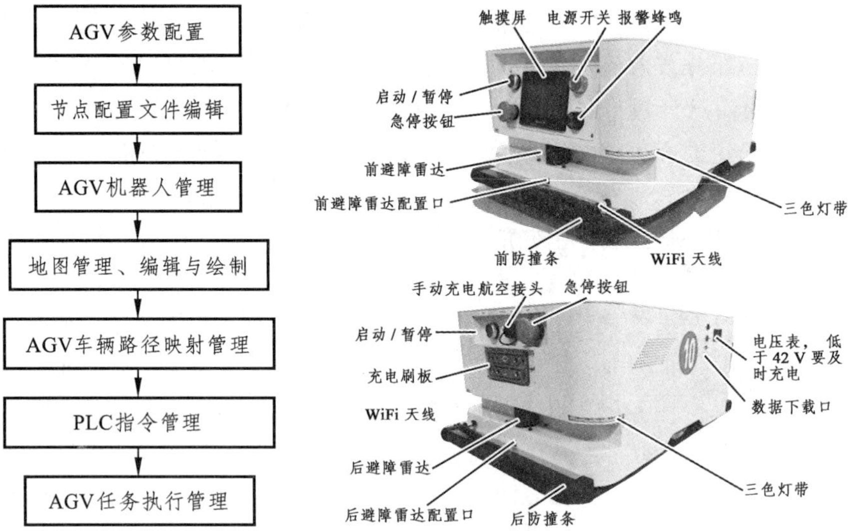

图 2-20　AGV 物流调度

机器人管理：可以对 AGV 信息进行增删改查。机器人编辑模块，需要设置 AGV 名称、IP、机器人类型、连接模式。如需自动充电，可以设置为“是”，当 AGV 电量小于充电电量时，AGV 在待机点，会自动生成充电任务，进行自动充电；当 AGV 充电电量大于工作电量时，AGV 在充电桩位置才会开始接收并执行调度任务。

地图管理、编辑与绘制：可以对地图信息进行增删改查，绘制、编辑地图信息。

车辆路径映射管理：将编辑信息和 AGV 路径配置信息进行对应，调度系统根据 AGV 当前位置作为起点，目标位置作为终点，找到召唤路径信息，对 AGV 进行调度、路径标识。

PLC 指令管理：显示接收到 PLC 指令的指令信息，方便下发任务和对任务进行去重。

任务执行管理：可以查看任务执行状态，对任务进行管理，实时显示任务执行情况。

（七）机床加工流程

工件由 AGV 运送到机床后，机床要根据分配的工序对工件进行加工，其流程如图 2-21 所示。

启动机床，安装刀具：点击系统的手动按键，随后按下机床主轴箱面板上的绿色打刀按钮，在手动模式下按下绿色按钮时为送刀，即把刀具拿下来；松开绿色按钮是紧刀，即把刀具锁紧在主轴上。

安装工件：由于提供的工件尺寸比较大，要保证能加工完整，必须在安装工件时留意 Y 轴行程与工件的位置关系。安放工件时，需要按照实际调整工件位置。

工件分中：工件安放完成后就要对工件进行分中操作，由于程序起点为工件正中，所以需要对工件进行分中操作，找到工件的中点位置并设置工件坐标系。

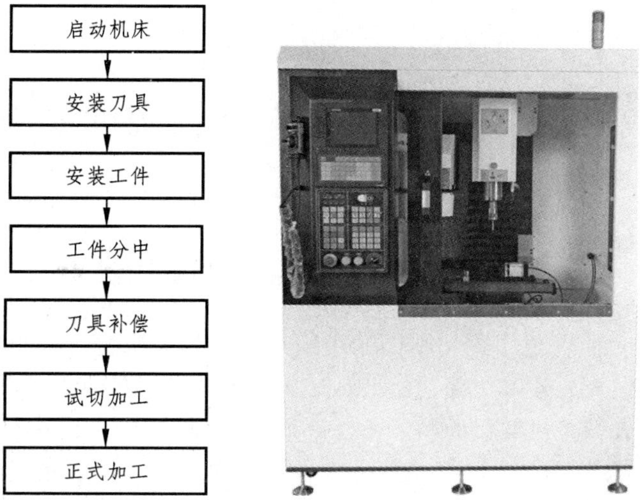

图 2-21　机床加工过程

刀具补偿：分中操作完成后，要对所有刀具进行长度补偿。由于机床加装了自动对刀装置，所以可以使用自动对刀功能进行自动刀具补偿。

切削加工：把文件存入 U 盘，并把程序复制进系统内进行加工。加工前，必须对好刀，同时注意刀库的刀具是否与软件上编辑的刀号位置一样，即 1 号刀为探头，2 号刀为 6 mm 平底刀，3 号刀为 2 mm 球刀。

第一次加工时推荐使用手轮试切功能，待程序稳定后取消试切，让其自动运行。

三、实训输出与处理

经过智能制造系统认知实训，学生应该比较清楚地理解智能制造系统的设备组成、工作原理、体系结构和运行流程，能够在此基础上掌握智能制造系统各部分的操作技能和整体的操作技能。实训完毕后，需要学生阐述智能制造系统的设备组成、结构体系、工作原理和操作方法，并将内容写到实训报告作为实训输出文档之一。

四、实训报告撰写

实训后学生需要完成实训报告，实训报告的内容包括实训项目名称、学生姓名、班号、实训地点、日期、实训目的、实训内容、实训设备、实训方法和步骤以及实训结果。

第四节　实训项目题目

（1）以智能制造示范线为例，剖析生产线的设备组成、使用方法、产线的运行原理和操作方法。

（2）对立体仓储管理与控制系统进行剖析，包括设备组成、操作方法以及系统软件 WCS 与 WMS 软件的功能和操作方法。

（3）对 AGV 物流调度管理系统进行剖析，包括 AGV 小车结构、通信方法、路径规划方法以及物流系统软件的功能和操作方法。

第三章　产线布局与建模实训项目

第一节　实训项目相关背景知识

离散制造系统有多种表现形式和不同的组织结构。为了研究离散制造系统的本质属性，首要任务是对其基本组成元素和关系进行识别。离散制造系统的基本组成元素可以概括为人、机、料、法、环（即人员、机器、原料、方法、环境）。而其基本关系可以描述为层次结构的生产组织关系和网络结构的物流组织关系。分层和层次结构是制造系统的本质属性。基本生产元素构成了生产单元或生产子系统，而这些单元或子系统反过来又构成更高层次系统的组成元素。网络结构的物流关系则建立了各物流设备、加工设备、仓储设备间的物料交互关系。根据物流范围和物料交互对象的不同，物流关系可以分为生产单元内的物流和生产单元间的物流。生产单元内的物流相对简单，主要通过装卸设备，如机械手，为机床、缓冲站提供物料转运服务。而生产单元间的物流关系则相对复杂，主要体现在其参与设备更多、物流运行距离更远以及物流路径更加复杂，如 AGV 物流系统、传送带物流系统等。图 3-1 列举了对离散制造系统识别到的基本元素和关系。

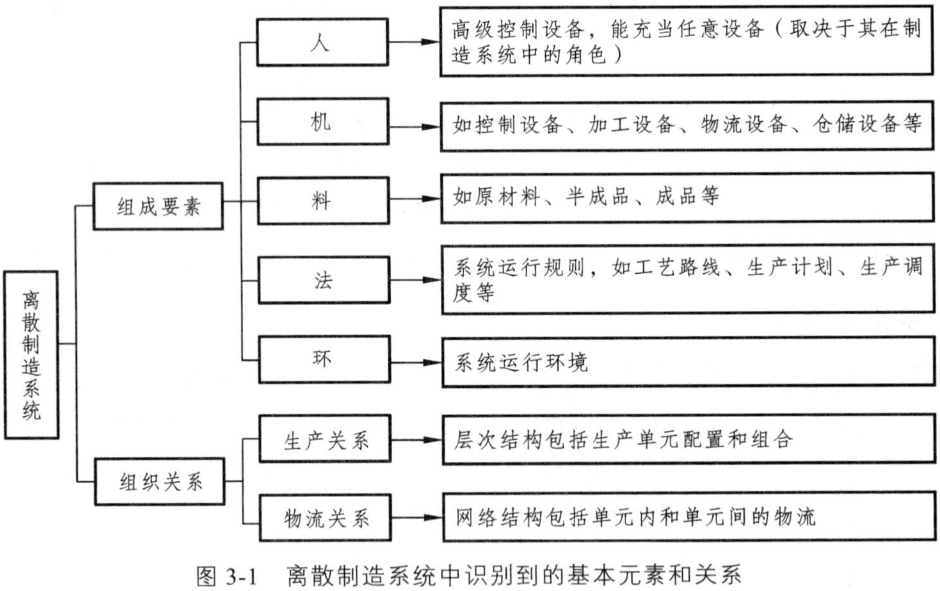

图 3-1　离散制造系统中识别到的基本元素和关系

一、异构复杂离散车间统一模型与表达框架

为了实现对异构离散制造系统的统一表达，图 3-2 从组成元素、组织结构和运行机制三个层次描述了异构离散制造系统的表征模型和表征方法。在组成元素层，包括七要素模型（Seven-elements Model）以表征系统的基本组成元素。在组织结构层，包括服务单元模型（Service Cell，SC）和物流路径网络模型（Logistics Path Network，LPN），分别表征生产和物

流组织关系。在运行机制层，提出了一个虚拟服务节点（Virtual Service Node，VSN）的概念，它将工件、服务单元和物流路径网络关联成一个有机整体，从而实现工件的有序逻辑流动。

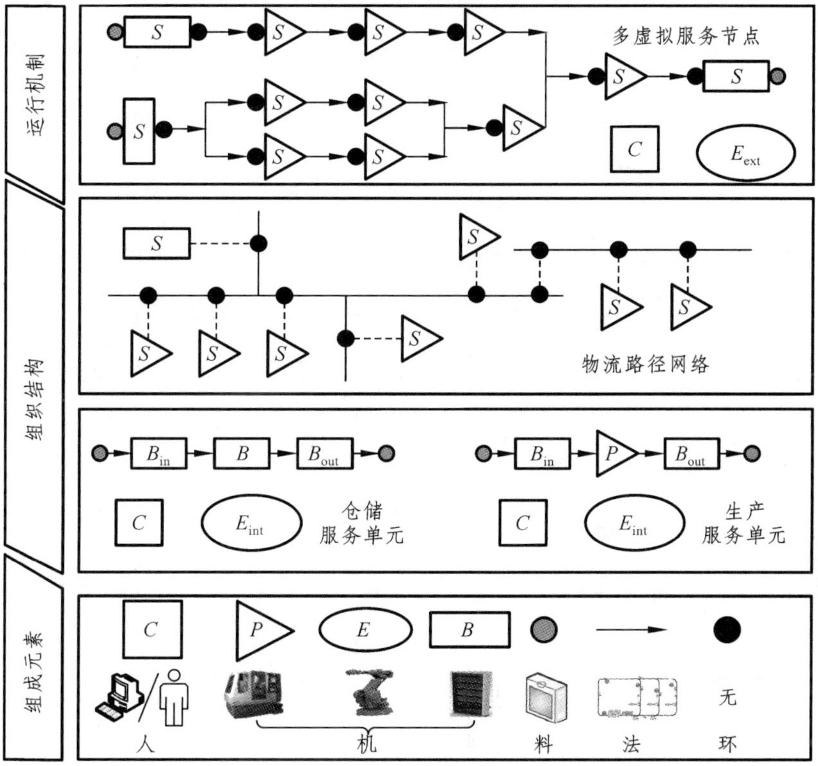

图 3-2　离散制造系统的统一表征

二、基于七元素的生产要素统一模型与表达

如图 3-2 所示，七要素模型被用来统一表达离散制造系统识别到的组成要素。每个要素都是一个在系统中充当特定角色的独立对象，它们封装了内部运行逻辑和与外部环境交互的接口。控制器（Controller，C）决定了系统或单元的功能和操作机制，表征了物理系统的控制系统、设备和决策人员。处理器（Processor，P）、执行器（Executor，E）和缓存器（Buffer，B）构成了系统的基本物理组成结构，表征了物理系统的“机”。图中的灰色实心圆点代表了流动实体(Flowing entity，F)，它表征了物理系统的“料”。图中的实心箭头代表了物流路径(Logistics path，L)，它表征了物料的流动方向和规则。而图中的黑色实心圆点则关联了上述元素和模型，构建了一个虚拟操作环境。表 3-1 给出了上述元素的图形化和形式化建模规范，在表后给出了其具体定义和解释。符号“< >”用来表示一个逻辑模型的组成和特征，而符号“×”用来表示逻辑模型间的逻辑关系。

表 3-1　表征模型的图形化和形式化建模规范

逻辑模型	图形化建模规范	形式化建模规范
控制器（C）		C=<IM，OM，MR> IM：输入消息集；OM：输出消息集； MR：消息处理规则集

续表

逻辑模型	图形化建模规范	形式化建模规范
处理器（*P*）	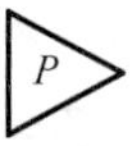	*P*=<*IE*，*OE*，*T*> *IE*：输入实体集；*OE*：输出实体集； *T*：服务时间
执行器（*E*）		*E*=<*IT*，*OM*，*LR*> *IT*：输入任务集；*OM*：输出消息集； *LR*：物流任务执行规则集
缓存器（*B*）	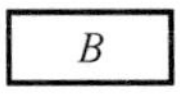	*B*=<*IE*，*OE*，*V*> *IE*：输入实体集；*OE*：输出实体集； *V*：缓存容量
流动实体（*F*）		*F*=<*GUID*，*Inf*> *GUID*：全局唯一编码；*Inf*：信息集
虚拟服务节点（*VSN*）		*VSN*= *LPN*×*SC*×*F* *LPN*：物流路径网络；*SC*：服务单元； ×：*LPN*、*SC* 和 *F* 通过 *VSN* 进行逻辑关联
物流路径（*L*）	 （有向图）	*L*=<O_i，O_j> O_i：起始对象；O_j：目标对象
物流路径网络（*LPN*）	 （无向图）	*LPN*=< *G*，*E_Set*，*VSN_Set*> *G*：无向图； *E_Set*：执行器集； *VSN_Set*：虚拟服务节点集
生产服务单元（*PSC*）		*SC*=<*C*，*P*，*E*，*B*，*F*，*L*，*VSN*>
缓存服务单元（*BSC*）	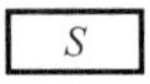	

七要素模型形式化定义为

$$\text{Seven Elements} = < C, P, E, B, F, L, VSN > \tag{3-1}$$

■ *C*：控制器，各类控制系统、设备或决策人员的映射，为系统运行提供决策服务。一方面，它根据预定义的消息处理规则 *MR* 将来自上一级控制器的输入消息 *IM* 转换为操作指令。另一方面，它负责将其所控制设备的实时状态和执行结果以输出消息 *OM* 反馈回上一级控制器。

■ *P*：处理器，各类加工设备的映射，在生产任务驱动下为工件提供操作相关服务，如铣削、钻孔等。其当前状态 *P_State* 通过服务时间 *t* 来描述，两者的对应关系为

$$P\_State = \begin{cases} 0\ (t = 0) \\ 1\ (0 < t < T) \\ 2\ (t = T) \end{cases} \tag{3-2}$$

其中，T 是某项具体操作的服务时长，三个数字分别对应等待加工、正在加工和加工完成三种状态。

■ E：执行器，各类物流设备的映射，在物流任务驱动下基于物流调度规则为工件提供物料转运服务。输入物流任务 $IT=(F: O_i \rightarrow O_j)$，表示将流动实体 F 从对象 O_i 转运到对象 O_j。物流任务执行规则 LR 包括机械手控制程序、AGV 物流路径规划和调度机制等。物流任务的执行结果将作为输出消息 OM 反馈给控制器。执行结果包括任务等待执行、任务开始、任务执行失败、任务执行成功四类。

■ B：缓存器，各类缓存和仓储设备的映射，为工件提供临时或长期仓储服务。其当前状态 B_State 通过当前容量 v 来描述，两者的对应关系为

$$B\_State = \begin{cases} 0\ (v=0) \\ 1\ (0<v<V) \\ 2\ (v=V) \end{cases} \tag{3-3}$$

其中，V 是缓存器最大容量，三个数字分别对应禁止输出、允许输入和输出、禁止输入三种状态。

■ F：流动实体，工件，包括毛坯、半成品和产品等的映射，接收处理器、执行器和缓存器的服务。它通过全局唯一编码 $GUID$ 进行识别和跟踪。同时，它还充当了信息载体的角色，关联了生产工序信息、生产计划、历史轨迹信息和仿真信息。

■ L：物流路径，物流关系的映射。它表征了两个元素或单元间的工件流动方向。

■ VSN：虚拟服务节点，是生产组织关系、物流关系和生产逻辑的高层次概括和抽象。

进一步地，在七要素模型的基础上，制造系统关系形式化定义如下：

$$\text{System Structure} = < SC, LPN > \tag{3-4}$$

■ SC：服务单元，具有特定服务功能的七要素集合或其子集。根据服务内容的不同，又可分为生产服务单元（Production Service Cell，PSC）和缓存服务单元（Buffer Service Cell，BSC）。

■ LPN：物流路径网络，是实际物流布局和关系的映射。

三、层次化生产关系统一模型与表达

（一）服务单元模型

生产活动可以视为一系列有序组织的“服务”。因此，所有生产相关的活动，如加工、装配、监测、仓储等都可以抽象为一项服务。一组与一项特定服务内容相关的元素被组合成一个单元，称之为服务单元。与七要素一样，服务单元也封装了其内部逻辑及其与外部环境的输入/输出接口。在服务单元层级，执行器被称为内部执行器 E_{int}，物流路径表示元素间的物流方向。根据服务单元中缓存器与外部环境物料的交互关系，缓存器可以分为输入缓存器 B_{in} 和输出缓存器 B_{out}。相应地，在系统层级，执行器被称为外部执行器 E_{ext}，而物理路径表示服务单元间的物流方向。图 3-3 给出了典型服务单元的参考模型和逻辑模型。

如图 3-3（a）（c）所示，在生产服务单元 PSC 中，处理器 P 是基础组成要素，它为服务单元提供工件处理服务，如加工、监测、拆卸、装配等。流动实体 F 通过虚拟服务节点进入服务单元，依次通过输入缓存器 B_{in}、处理器 P 和输出缓存器 B_{out} 接收服务，最后通过虚拟服务节点离开该服务单元。控制器 C 控制内部执行器 E_{int} 来实现流动实体 F 在上述元素中的流

动。上述运行逻辑被定义成逻辑模板并封装到服务单元的控制器中。

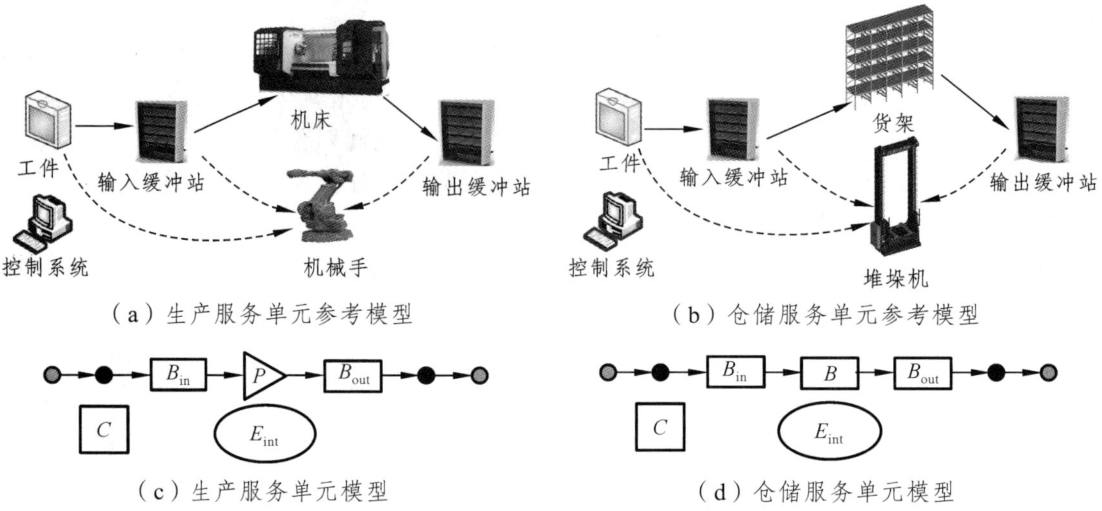

图 3-3　典型服务单元模型

如图 3-3（b）（d）所示，在仓储服务单元 PBC 中，缓存器 B 是基础组成要素，它为服务单元提供工件的缓存和装运服务。除了服务内容不同外，仓储服务单元和生产服务单元在结构和运行逻辑上并无本质区别。

（二）服务单元的配置和组合

通过配置组成元素可以在典型服务单元基础上派生出不同形式和结构的服务单元。例如，通过配置缓存器可以生成生产服务单元的三种基本形式，如图 3-4（a）（b）（c）所示。通过配置内部执行器，可以生成另一种生产服务单元基本形式，如图 3-4（d）所示。通过缓存器和内部执行器的组合配置，可以派生成更多的生产服务单元形式。同理，仓储服务单元也可以配置出不同的形式。

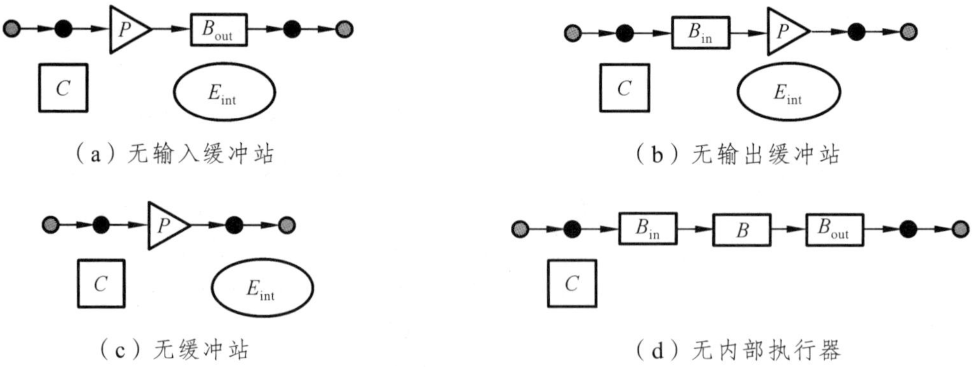

图 3-4　服务单元的不同形式

复杂的生产组织关系可以通过服务单元的组合与合并来表达。图 3-5 演示了服务单元的四种主要组合形式：串行、并行、装配和分解。

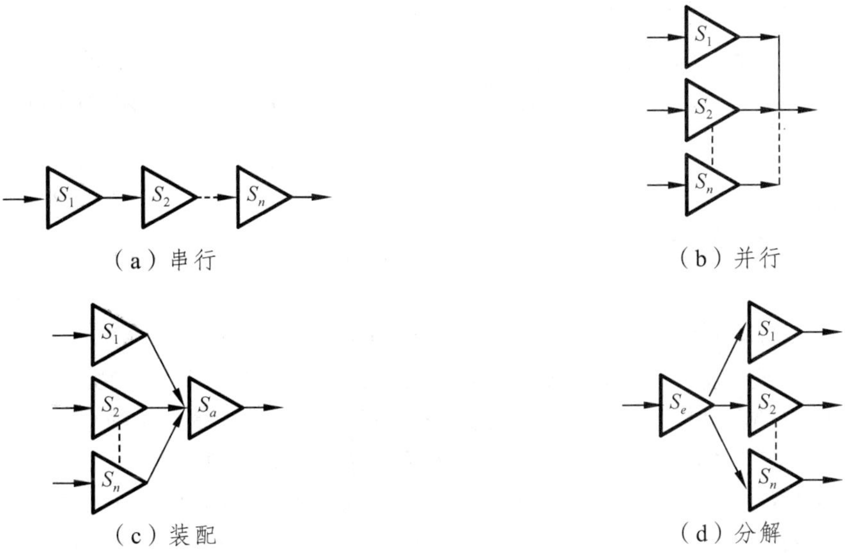

图 3-5　服务单元四种组合形式

（三）服务单元属性

（1）服务单元是一个松散的、具备独立完成某项功能的、自治的智能体。这主要反映在以下三个方面：① 服务单元组成要素的位置分布不存在距离约束；② 服务单元对其组成要素没有独占性约束，即同一要素可以同时属于不同的服务单元，如同一个内部执行器可以同时属于不同的服务单元；③ 服务单元仅通过虚拟服务节点与外界保持联系，可以独立地完成一项任务而无须外界帮助。因此，相较于传统的功能单元，服务单元具有更高的灵活性和可配置性。

（2）服务单元由七要素或其子集组成，且其内部逻辑取决于其内部组成元素的不同配置方案。在服务单元中，服务提供者（生产服务单元中的处理器或仓储服务单元中的缓存器）、控制器和虚拟服务节点是不可或缺的基础组成要素，而输入缓存器、输出缓存器和内部执行器是可以根据需求灵活配置的。典型服务单元的操作逻辑被预定义为一个标准逻辑模板，而自定义服务单元的操作逻辑则在标准逻辑模板的基础上，根据组成元素的配置结果被自动创建。因此，一旦服务单元的组成要素配置完成，其控制器的逻辑就能被自动创建。

（3）服务单元是系统的中间层次。服务单元由基本元素构成，反过来又充当更高层次系统的基本元素。通过服务单元的组合和合并可以简化复杂系统的结构，从而通过层次化建模降低系统建模的复杂度。

四、网络化物流关系统一模型与表达

（一）物流路径网络模型

在制造系统中，存在多种物流设备（如 AGV、堆垛机、机械手等），不同的物流布局形式（如线性布局、环状布局和网络状布局），以及不同的物流控制逻辑（如机械手控制程序、AGV 调度规则等）。为了真实反映物理车间的物流关系，提出物流路径网络模型（Logistics Path Network，LPN）来描述车间物流关系，其形式化定义如下：

$$LPN = <G, E\_Set, VSN\_Set> \tag{3-5}$$

● $G=(V, E', W)$是一个有限、简单的无向图，包括顶点集 V，边集 E'，以及边的权重 $W_{ij}=Distance(V_i, V_j)$。它描述了物流布局的几何属性。令 $G(V_i \times V_j)$表示无向图 G 邻接矩阵，则：

$$G(V_i \times V_j) = \begin{pmatrix} a_{11} & \cdots & a_{1n} \\ \vdots & \ddots & \vdots \\ a_{m1} & \cdots & a_{mn} \end{pmatrix}, \quad a_{ij} = \begin{cases} 1, \text{顶点} V_i \text{和} V_j \text{相邻} \\ 0, \text{其他} \end{cases} \tag{3-6}$$

其中，V_i 和 V_j 是无向图的顶点；a_{ij} 表示顶点 V_i 和 V_j 的邻接关系。

● $E_Set=\{E_1, E_2 \cdots E_n\}$是执行器的有限非空集。它统一了不同类型的物流设备。

● $VSN_Set=\{VSN_1, VSN_2 \cdots VSN_n\}$是虚拟服务节点的有限非空集。它描述分布在物流路径上的离散控制点，在这些控制点上，物流设备和服务单元进行工件交换。

多个物流路径网络又通过虚拟服务节点连通，在虚拟环境中形成电子地图，从而完整刻画出物理车间复杂的物流结构，这为最短路径规划和物流调度提供了模型基础。

（二）基于物流路径网络的最短路径规划

基于物流路径网络的最短路径规划问题可以详细描述为，从物流路径网络集（LPN_Set）中任取两个点，分别为初始点 $O_i(x_i, y_i)$和目标点 $O_j(x_j, y_j)$，求从 O_i 到 O_j 的一条最短物流路径 $LP(O_i, O_j)$。

其具体流程如图 3-6 所示，首先任取点 O_i 和 O_j，判断 O_i 和 O_j 是否位于同一 LPN 上。

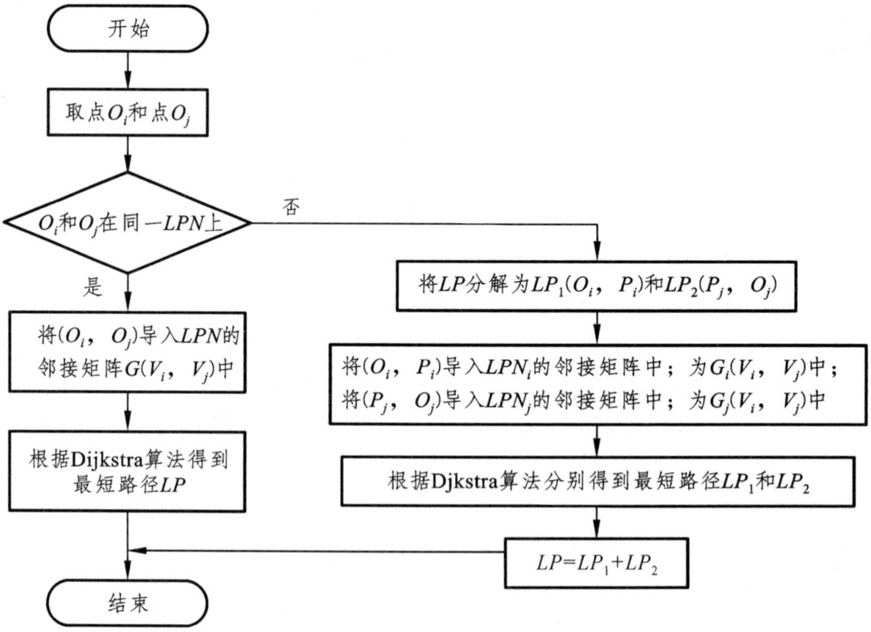

图 3-6 基于物流路径网络的最短路径规划流程

若 O_i 和 O_j 位于同一 LPN 上，则为单源最短路径问题，根据 Dijkstra 算法可以得到一条最短路径 $LP(O_i, O_j)$。

若 O_i 和 O_j 位于不同 LPN 上，假设 O_i 位于 LPN_i，O_j 位于 LPN_j，且 LPN_i 和 LPN_j 通过点 P_i 和点 P_j 连通，则可分解为两个单源最短路径问题，分别求解 $LP_1(O_i, P_i)$ 和 $LP_2(P_j, O_j)$，两次调用 Dijkstra 算法可得到最短路径 $LP(O_i, O_j)=LP_1(O_i, P_i)+LP_2(P_j, O_j)$。

（三）基于物流路径网络的物流调度

基于物流路径网络的物流调度问题可以详细描述为，已知车间物流路径网络集（LPN_Set）和物流任务 $T=\{F: O_i \rightarrow O_j\}$。其中，物流任务 T 的含义：将待搬运物 F，从点 O_i 运输到点 O_j，求将执行该物流任务 T 运输距离最短的执行器 $E(O)$。

其具体流程如图 3-7 所示，首先读取物流任务 $T=\{F: O_i \rightarrow O_j\}$，判断 O_i 和 O_j 是否位于同一 LPN 上。

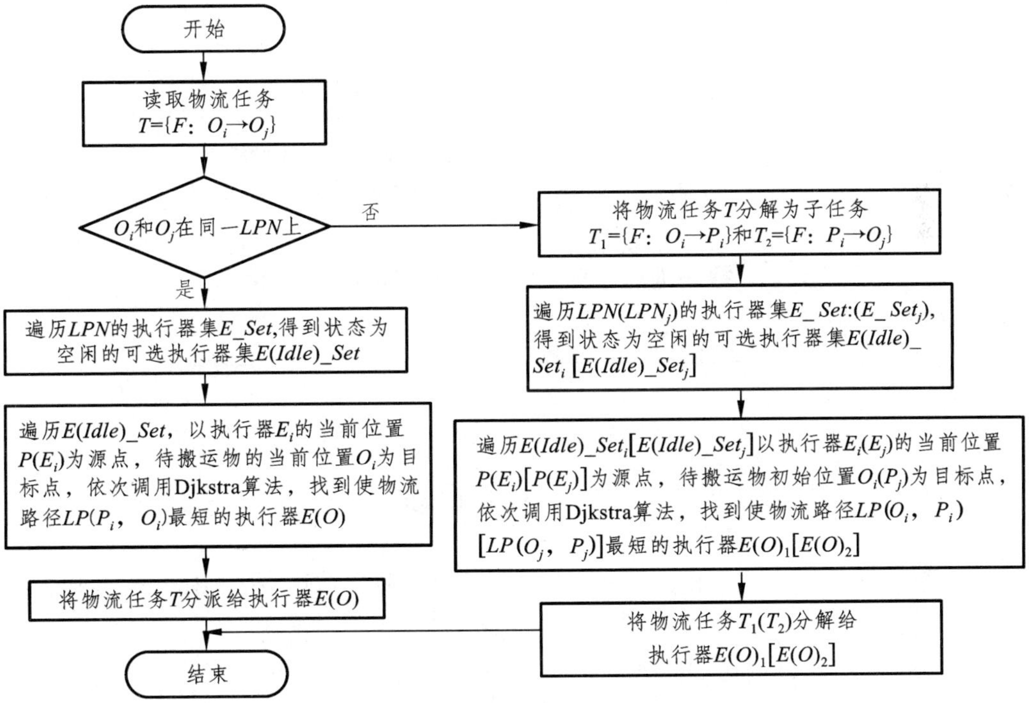

图 3-7　基于物流路径网络的物流调度流程

若 O_i 和 O_j 位于同一 LPN 上，遍历 LPN 的执行器集 E_Set，得到状态为空闲的可选执行器集 $E(Idle)\_Set$；再遍历 $E(Idle)\_Set$，以执行器 E_i 的当前位置 $P(E_i)$ 为源点，待搬运物的当前位置 O_i 为目标点，依次调用 Dijkstra 算法，找到使物流路径 $LP(P_i, O_i)$ 最短的执行器 $E(O)$；最后将物流任务 T 分派给 $E(O)$。

若 O_i 和 O_j 位于不同 LPN 上，假设 O_i 位于 LPN_i，O_j 位于 LPN_j，且 LPN_i 和 LPN_j 通过点 P_i 和点 P_j 连通，则物流任务 T 可分解为两个子任务 $T_l=\{F: O_i \rightarrow P_i\}$ 和 $T_2=\{F: P_i \rightarrow O_j\}$。

遍历 LPN_i 的执行器集 E_Set_i，得到状态为空闲的可选执行器集 $E(Idle)\_Set_i$；再遍历 $E(Idle)\_Set_i$，以执行器 E_i 的当前位置 $P(E_i)$ 为源点，待搬运物初始位置 O_i 为目标点，依次调用 Dijkstra 算法，找到使物流路径 $LP(P_i, O_i)$ 最短的执行器 $E(O)_1$；将物流任务 T_1 分派给执行器

$E(O)_1$；并遍历 LPN_j 的执行器 E_Set_j，得到状态为空闲的可选执行器集 $E(Idle)\_Set_j$；再遍历 $E(Idle)\_Set_j$，以执行器 E_j 的当前位置 $P(E_j)$为源点，待搬运物初始位置 P_j 为目标点，依次调用 Dijkstra 算法，找到使物流路径 $LP(P_j, O_j)$最短的执行器 $E(O)_2$；将物流任务 T_2 分派给执行器 $E(O)_2$。

五、基于多虚拟服务节点的生产逻辑重构

（一）生产逻辑模型

生产活动可以分解为一系列交替进行的生产操作和物流活动。而生产活动运行逻辑和运行机制则可描述为流动实体、服务单元和物流路径网络三者的相互作用关系。因此，如图 3-8 所示，生产逻辑模型定义为一个三元组：

$$\text{Production Logical Model} =< F\_Set, SC\_Set, LPN\_Set > \tag{3-7}$$

- F_Set 是流动实体有限非空集，定义了制造系统的输入和输出。
- SC_Set 是服务单元有限非空集，描述了层次化的生产组织结构。
- LPN_Set 是物流路径网络有限非空集，描述了网络化的物流组织结构。

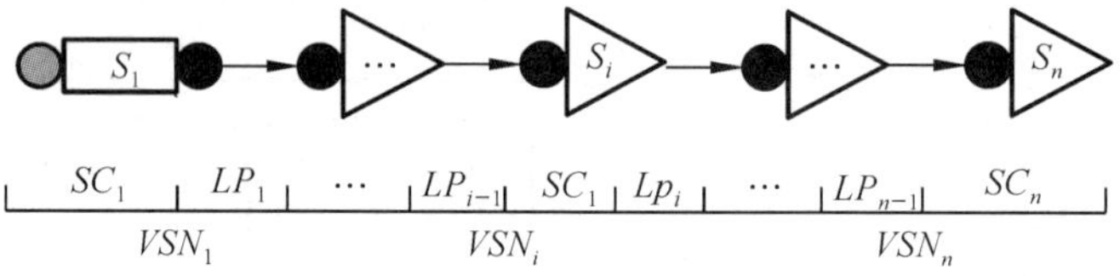

图 3-8　基于多虚拟服务节点的流动实体 F_i 的生产逻辑模型

如图 3-8 所示，虚拟服务节点在生产逻辑模型中扮演了重要角色。关于虚拟服务节点的三个重要思想总结如下：

（1）服务单元组成元素的组织者和管理者。虚拟服务节点将一组与特定服务相关的元素关联起来，形成服务单元。虚拟服务节点定义了服务单元的组成、服务内容和输入/输出接口。通过虚拟服务节点，可以遍历到服务单元的每个组成元素，从而获得相应元素的属性和状态信息。

（2）服务单元和物流路径网络的连接。虚拟服务节点是离散分布在物流路径上的几何点，它通过连接服务单元和物流路径实现生产和物流的关联。此外，通过遍历绑定在物流路径上的物流设备的状态，可以选出合适的物流设备执行物流任务。而通过将与物流任务相关的两个服务单元所对应的虚拟服务节点动态添加到物流路径网络模型的邻接矩阵中，基于 Dijkstra 算法可以得到两个服务单元间的最短物流路径。

（3）工件工艺路线的映射。通过将关联在流动实体上的生产工序映射为虚拟服务节点序列，可以实现该流动实体生产逻辑模型的快速重构（见图 3-9）。这可以实现生产过程中的工艺路线和相应服务单元的动态组织和关联，而非像传统仿真软件一样依赖于将工序预先关联相应的生产资源。

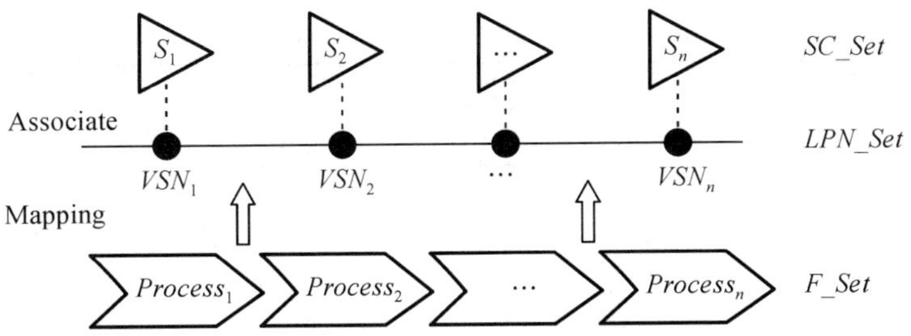

图 3-9　流动实体、服务单元与物流路径网络的逻辑关系

（二）系统运行机制

基于生产逻辑模型，复杂离散制造系统的运行过程描述如下：

（1）输入阶段：令 F_i 表示一个流动实体，*inf_process* 表示该流动实体所关联的工序信息。假设流动实体 F_i 有 n 道工序且依次为 1 到 n，这些工序分别对应服务单元 SC_1 到 SC_n。则 *inf_process* 可以描述为服务单元序列$\{SC_1, SC_2, \cdots, SC_n\}$。又因为虚拟服务节点和服务单元具有一一对应关系，所以 *inf_process* 也可以描述虚拟服务节点序列$\{VSN_1, VSN_2, \cdots, VSN_n\}$。

（2）执行阶段：根据输入信息，可以自动生成 F_i 的生产逻辑模型，如图 3-9 所示。首先，F_i 位于服务单元 S_1 中，等待被转运到下一服务单元 S_{i-1} 中接收服务。这就产生了一个物流任务 $IT=(F_i: S_1 \rightarrow S_{i-1})$，即将 F_i 从 S_1 转运到 S_{i-1}。假设 S_1 和 S_{i-1} 通过物流路径网络 LPN_1 连通，且执行器集 E_Set_1 绑定在 LPN_1 上。则基于物流调度算法，可以从 E_Set_1 中选出合适的执行器 E，并将物流任务 IT 分配给 E 执行。然后，基于 2.2.3 节所述的最短路径规划算法，通过将 VSN_1 和 VSN_{i-1} 添加到 LPN_1 的邻接矩阵中，可以得到一条从 S_1 到 S_{i-1} 最短物流路径 LP_1。因此，F_i 被转运到 S_{i-1} 接收服务，服务逻辑由服务单元中的控制器所决定。当 F_i 接受完 S_{i-1} 的服务后，一项新的物流任务将被创建。按照上述方法，F_i 在生产逻辑模型控制下有序流动。

（3）生产阶段：服务活动和物流活动交替进行，直到 F_i 接收完所有服务并离开生产系统。在执行期间，物流、缓存和加工等信息将被收集到 F_i 的仿真信息中。这些仿真信息将用于生产计划、过程验证和系统性能评估。

第二节　产线布局与建模实训项目设计

离散制造系统组织结构多样，设备类型繁多，并耦合了产品、生产系统和生产执行过程。产线布局与建模实训项目旨在让学生能够全面、直观地了解复杂离散制造系统，通过快速构建异构离散制造车间统一的可视化数字模型，实现物理车间在信息空间的快速虚拟重构。

在三维虚拟仿真软件中，建立实验车间各类设备的 3D 模型和仿真模型，在生产任务驱动、工艺路线驱动下对虚拟设备进行模块化重构，并对车间进行快速重组与布局；利用数字孪生仿真、生产物流仿真软件进行车间重组与布局的建模与仿真实训，培养学生利用仿真手段进行制造系统设计与布局规划的能力。

主要针对基础技能型人才培养、专业技术型人才培养、创新研究型人才培养，分为基础认知型、专业技能型、创新研究型三层次阶梯式的实训，如表 3-2 ~ 表 3-4 所示。

表 3-2　产线布局与建模实训项目 1

<table>
<tr><td>实训项目名称</td><td>产线布局与建模实训项目</td></tr>
<tr><td>实训层次类型</td><td>■基础技能型　□专业技术型　□创新研究型</td></tr>
<tr><td>实训对象</td><td>基础技能型人才：高职院校专科生、企业技术人员</td></tr>
<tr><td colspan="2">实训目标</td></tr>
<tr><td colspan="2">（1）掌握制造系统中各类设备的类型、组成、功能、特点和原理；
（2）掌握制造系统中的结构体系、运行原理和运行过程；
（3）掌握生产建模软件的使用，能利用建模软件实现车间的资源重构和布局</td></tr>
<tr><td>实训时长</td><td>3 课时</td></tr>
<tr><td colspan="2">实训基础</td></tr>
<tr><td colspan="2">先修课程：现代制造系统、先进制造系统、制造系统建模与仿真、生产物流仿真等</td></tr>
<tr><td colspan="2">实训内容</td></tr>
<tr><td colspan="2">（1）了解生产设备三维模型格式转换、导入方法；
（2）掌握设备零部件的组装和运动调试方法；
（3）掌握生产设备库的构建、属性定义和分类管理方法；
（4）掌握工业场景的拖拽式布局、布局模块创建；
（5）掌握物流路径的绘制，以及虚拟服务节点的创建和配置</td></tr>
<tr><td colspan="2">评分标准</td></tr>
<tr><td colspan="2">根据学生实训中的操作规范程度、实训过程情况、实训任务完成情况和实训报告进行综合评分</td></tr>
<tr><td colspan="2">实训设备及工具</td></tr>
<tr><td colspan="2">硬件资源：计算机与图形工作站、小型立式三轴加工中心、小型五轴数控加工中心、视觉检测台、激光打标机、智能立体库、堆垛机、仓储管理系统、AGV 小车、协作机器人、上下料机器人等设备。
软件资源：建模软件 Catia/UG、车间仿真软件 aDMiS-Sim（也称 ePlant-Sim）（或生产物流仿真软件 Flexsim/PlantSimulation）</td></tr>
</table>

表 3-3　产线布局与建模实训项目 2

<table>
<tr><td>实训项目名称</td><td>产线布局与建模实训项目</td></tr>
<tr><td>实训层次类型</td><td>□基础技能型 ■专业技术型 □创新研究型</td></tr>
<tr><td>实训对象</td><td>专业技术型人才：高等院校本科生</td></tr>
<tr><td colspan="2">实训目标</td></tr>
<tr><td colspan="2">（1）掌握制造系统设备、单元、系统的类型、组成、功能、特点和原理；
（2）掌握生产建模软件的使用与开发方法；
（3）能够对车间进行建模和可视化渲染；
（4）能够利用生产物流仿真软件对实际制造系统的布局方案进行仿真分析</td></tr>
<tr><td>实训时长</td><td>8 课时</td></tr>
<tr><td colspan="2">实训基础</td></tr>
<tr><td colspan="2">先修课程：制造系统建模与仿真、现代制造系统、物流设施与规划、生产物流仿真、先进制造系统、计算机集成制造系统等</td></tr>
<tr><td colspan="2">实训内容</td></tr>
<tr><td colspan="2">（1）掌握各类生产物流系统和设备的特点、功能、组成和使用方法；
（2）了解产线布局与可视化建模的理论方法；
（3）掌握生产建模软件的使用和开发方法；
（4）利用生产物流仿真软件对实际制造系统的布局方案进行仿真和验证</td></tr>
<tr><td colspan="2">评分标准</td></tr>
<tr><td colspan="2">根据学生对制造系统对象的认知熟悉程度，对生产仿真理论的了解程度，对仿真软件的掌握程度，对实际制造系统仿真的应用效果综合进行评价打分</td></tr>
<tr><td colspan="2">实训设备及工具</td></tr>
<tr><td colspan="2">硬件资源：计算机与图形工作站、小型立式三轴加工中心、小型五轴数控加工中心、视觉检测台、激光打标机、智能立体库、堆垛机、仓储管理系统、AGV 小车、协作机器人、上下料机器人等设备。
软件资源：建模软件 Catia/UG、车间仿真软件 aDMiS-Sim（也称 ePlant-Sim）（或生产物流仿真软件 Flexsim/PlantSimulation）</td></tr>
</table>

表 3-4　产线布局与建模实训项目 3

实训项目名称	产线布局与建模实训项目
实训层次类型	□基础技能型　□专业技术型　■创新研究型
实训对象	创新研究型人才：高等院校硕士、博士研究生
实训目标	
（1）深入掌握制造系统设备、单元、系统的类型、组成、功能、特点和原理； （2）深入掌握生产仿真软件的使用与开发方法； （3）能够利用生产建模软件对实际制造系统进行可视化建模和碰撞监测； （4）深入掌握三维模型包围盒计算方法，能够设计和集成一个碰撞检测算法来进行车间布局评价	
实训时长	16 课时
实训基础	
先修课程：制造系统建模与仿真、现代制造系统、物流设施与规划、生产物流仿真、先进制造系统、计算机集成制造系统、计算机图形学、软件工程、人工智能优化算法等	
实训内容	
（1）掌握各类生产物流系统和设备的特点、功能、组成和使用方法； （2）掌握产线布局与可视化建模的理论方法； （3）掌握生产建模软件的使用和二次开发方法； （4）掌握三维渲染引擎的理论和开发方法； （5）利用三维渲染引擎创建三维模型包围盒，并集成到车间建模软件进行产线布局碰撞检测； （6）结合人工智能算法与碰撞检测算法进行制造系统的布局优化	
评分标准	
根据研究生实训中的仿真理论和实操的掌握程度，实际制造系统的仿真逼真程度，仿真优化方案，仿真模块开发能力，智能仿真优化算法的实现效果等进行综合评分	
实训设备及工具	
硬件资源：计算机与图形工作站、小型立式三轴加工中心、小型五轴数控加工中心、视觉检测台、激光打标机、智能立体库、堆垛机、仓储管理系统、AGV 小车、协作机器人、上下料机器人等设备。 软件资源：建模软件 Catia/UG、车间仿真软件 aDMiS-Sim（也称 ePlant-Sim）（或生产物流仿真软件 Flexsim/PlantSimulation）、OSG 渲染引擎等，二次开发接口，C++或 JAVA 等开发工具	

第三节　产线布局与建模实训项目过程

一、实训案例描述

智能制造示范线包含五轴机床、三轴机床、上下料机器人、立体仓储、堆垛机、AGV 小车、AGV 物流网络等，利用布局建模与仿真软件可以对智能制造示范线的各类设备进行建模，并按照实际布局在计算机仿真软件中进行布置，从设备、单元、系统层级方面 1∶1 对示范线进行建模与布局规划。

二、实训设备与工具

aDMiS-Sim（也称 ePlant-Sim）车间仿真软件、智能制造实训教材、智能制造系统示范线及其设备。

三、实训过程与方法

智能制造示范线可以分为四个功能区，这四个功能区包含分 10 个加工单元，又分为两个加工区，一个出入库区和一个智能装备区。通过对加工区组成和组织结构的全面分析，得到加工区的组成和层次化生产组织结构，如表 3-5 所示，物流结构如表 3-6 所示。

表 3-5　生产组织结构和主要组成设备

功能区	功能和结构	主要设备（数量）
加工区 1	机加工，包括 3 个加工单元	机床（3）、AGV（1）、AGV 协作机器人（1）
加工区 2	机加工，包括 3 个加工单元	机床（3）、AGV（1）、地轨机器人（1）
出入库检测区	检测与打标，包括 2 个加工单元	激光打标机（1）、视觉检测机器（1）、机械手（1）
仓储区	原料和成品库，包括 3 个缓存单元	立体仓库（3）、堆垛机（2）、出入库输送带（2）

表 3-6　物流组成和结构

物流路径	物流设备（数量）	物流任务
AGV 路径（P#1）	AGV（1）	加工区 1 和加工区 2 中加工单元的物料搬运
AGV 路径（P#2）	AGV（2）	加工区 1 和加工区 2 中加工单元的物料搬运
AGV 协作机器人路径（P#3）	AGV 协作机器人	加工区 1 中加工单元的物料搬运
地轨机器人（P#4）	地轨机器人	加工区 2 中加工单元的物料搬运

上述两个功能区的服务单元的形式化表达如表 3-7 所示，其层次化生产关系如图 3-10 所示。

表 3-7　服务单元的形式化表达

功能区	服务单元	形式化表达
A_1，A_2	SC_1，SC_2，SC_3，SC_4，SC_5，SC_6	$SC_1=\{C, B_{in}, B_{out}, P, E_{int}, F, L, VSN\}$ Mapping: 工控机→C 数控机床→P 机械手→E_{int} 工件→F

续表

功能区	服务单元	形式化表达
A_3	SC_7，SC_8	SC_7={C，B_{in}，B_{out}，P，E_{int}，F，L，VSN} Mapping: 工控机→C 激光打标机→P 机械手→E_{int} 工件→F
A_4	SC_9，SC_{10}，SC_{11}	SC_9={C，B_{in}，B_{out}，B，E_{int}，F，L，VSN} Mapping: 工控机→C 立体仓库货架→B 机械手→E_{int} 工件→F

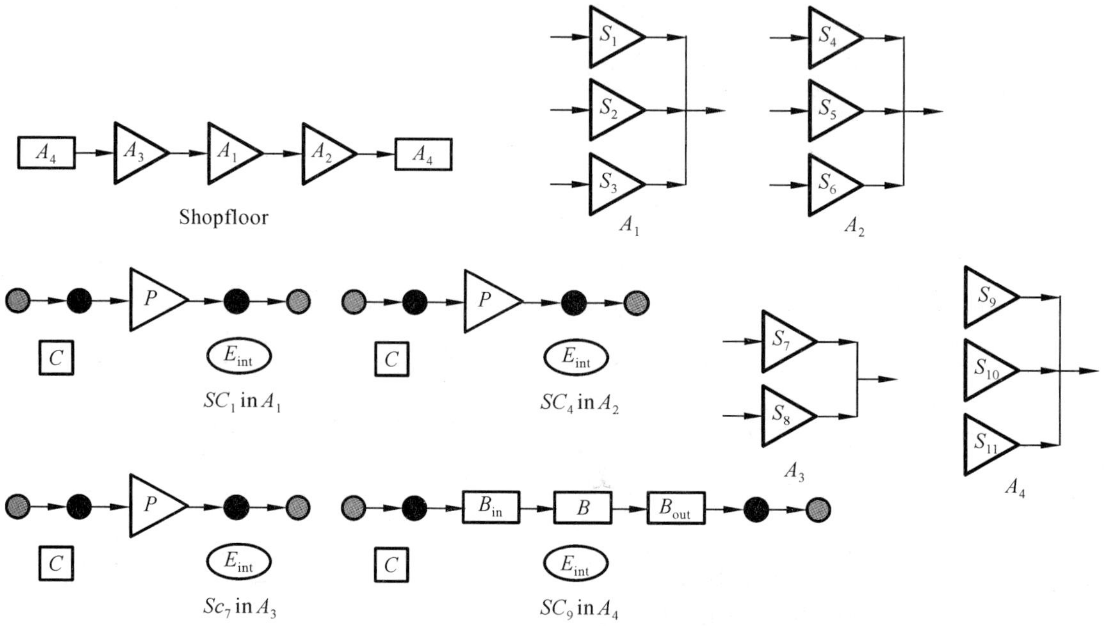

图 3-10 生产关系模型

如图 3-11 所示，该物流路径网络包括 2 条 AGV 路径（P#1，P#2）和 2 条机械手路径（P#3，P#4）。

（一）设备建模与运动调试

物流关系模型如图 3-12 所示。

（1）登录 ePlant-Sim 离散车间仿真系统，选择【生产对象建模】>>【拓扑库】，如图 3-13 所示。

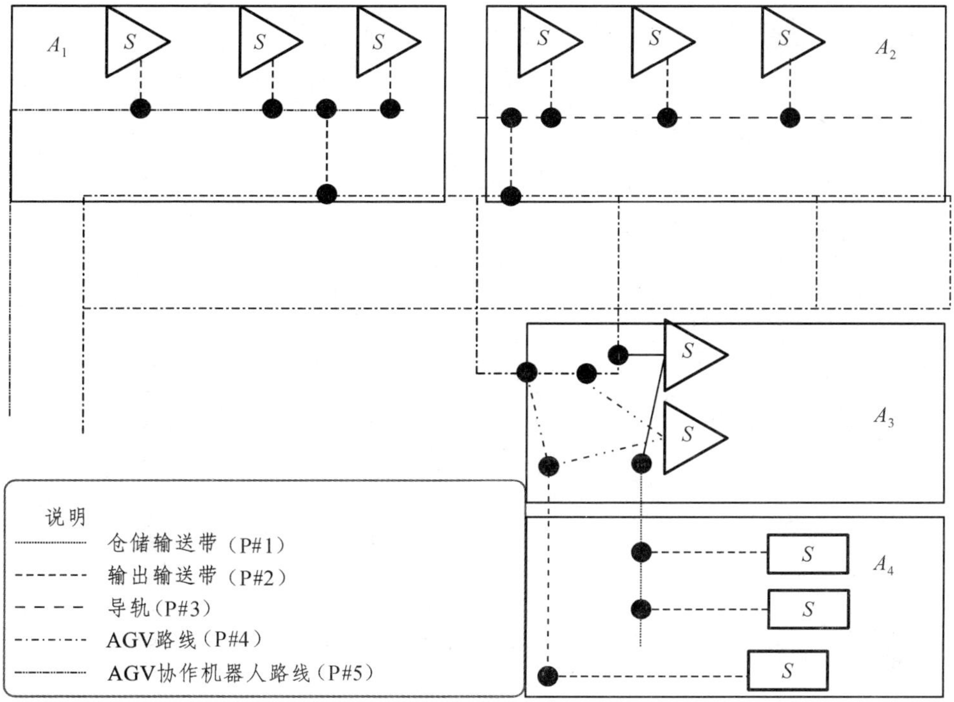

图 3-11　物流路径网络

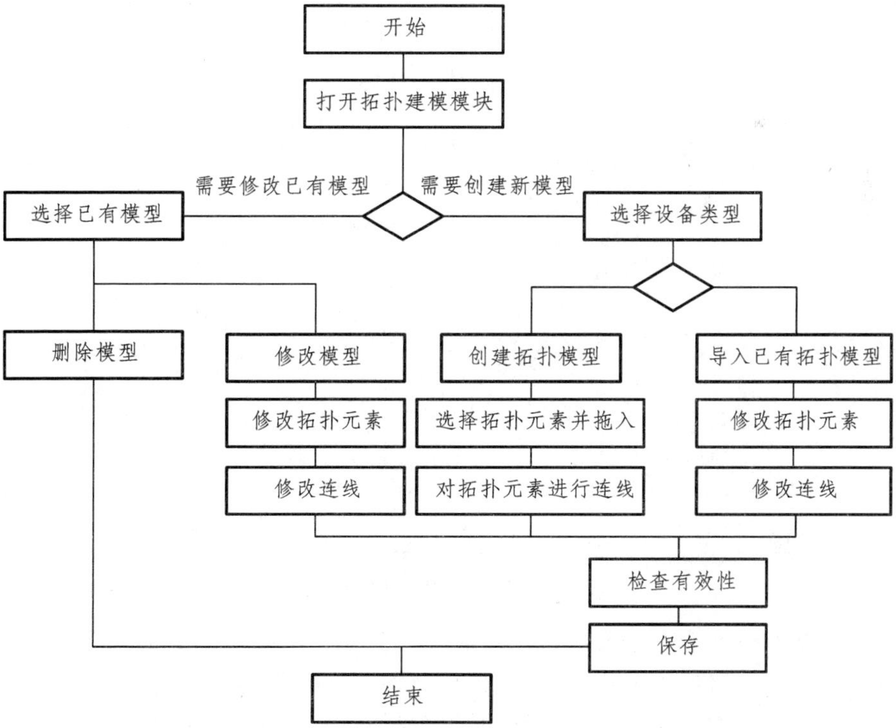

图 3-12　物流关系模型

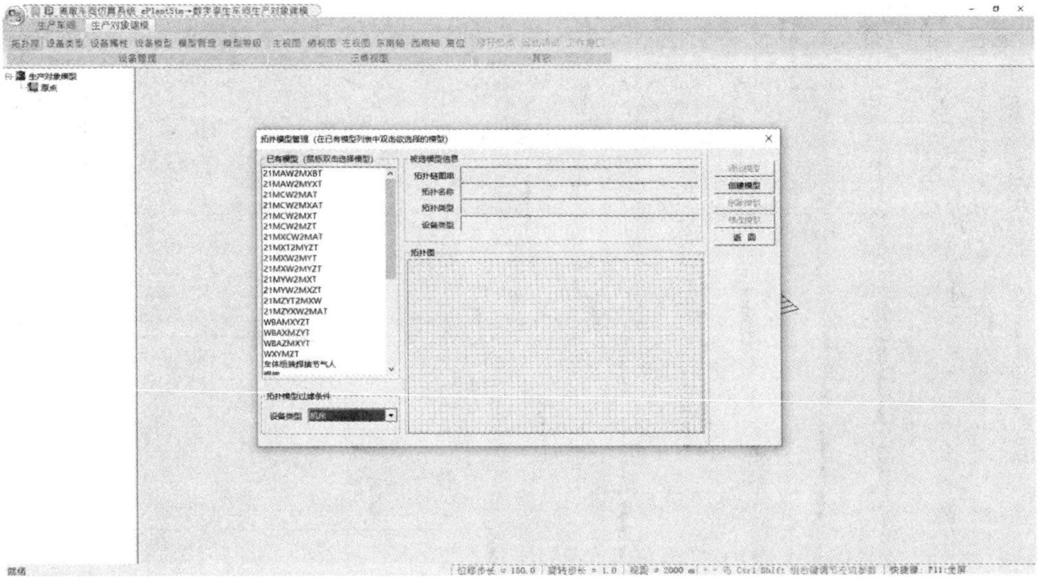

图 3-13　拓扑库

（2）下拉选择【设备类型】>>【创建模型】，如图 3-14 所示。

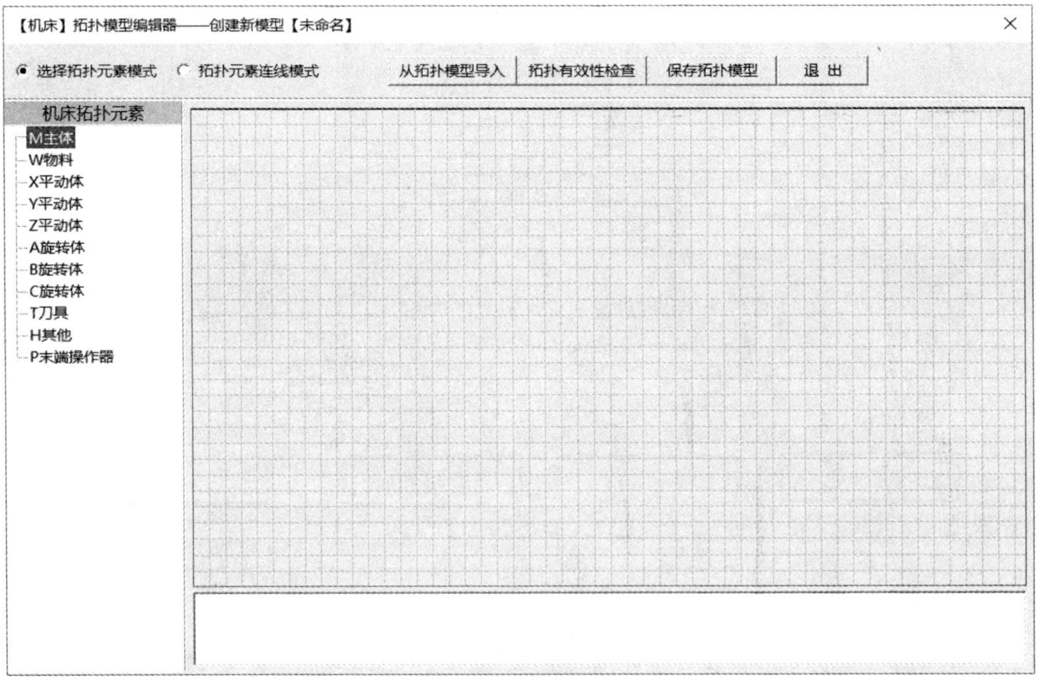

图 3-14　创建模型

（3）在上侧导航栏中选中【选择拓扑元素模式】，左侧导航栏中添加设备拓扑元素，上侧导航栏中选中【拓扑元素连线模式】，创建拓扑结构，如图 3-15 所示。

（4）点击【拓扑有效性检查】进行核验，核验通过后保存拓扑模型。

（5）回到生产对象建模界面，选择【生产对象建模】>>【设备属性】，如图 3-16 所示。

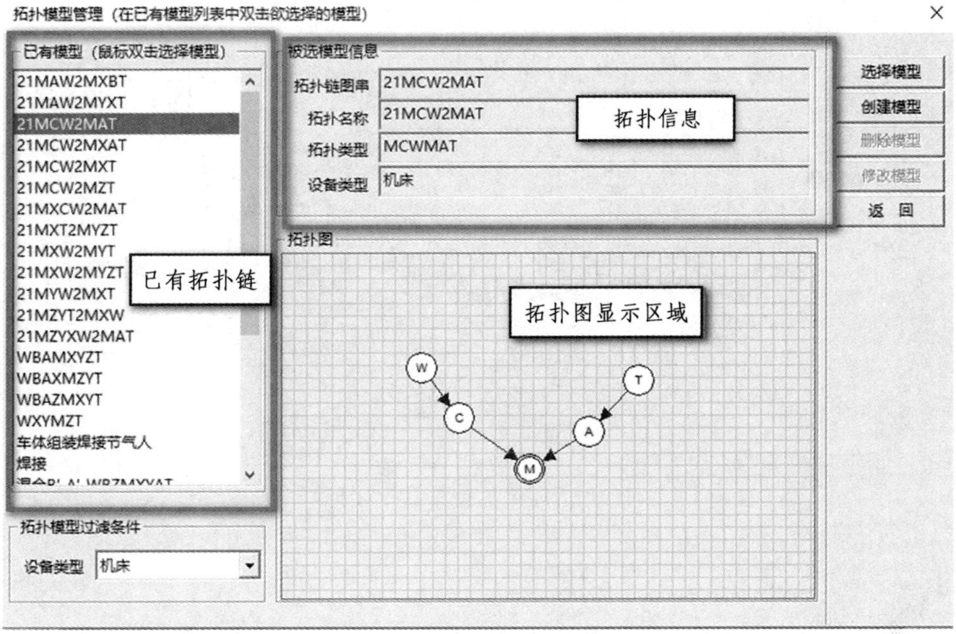

图 3-15　创建拓扑结构

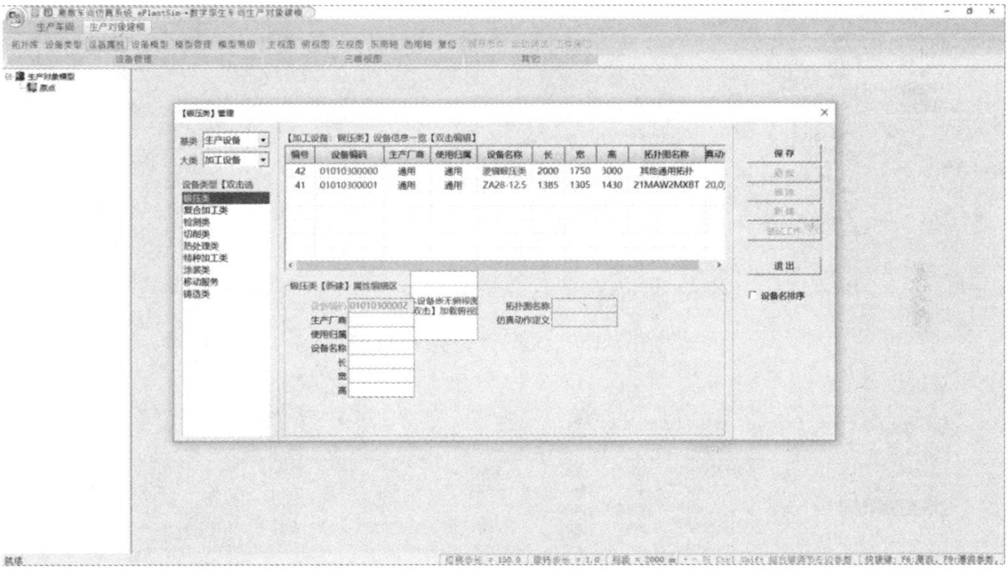

图 3-16　设备属性

（6）选择待添加设备的【基类】>>【大类】>>【设备类型】，在【属性编辑区】添加设备基本属性，如图 3-17 所示，双击【加载俯视图框】，为设备选择二维视图。

（7）生产设备、流动实体、静态设备——双击【拓扑图名称】，为设备选择刚才构建的拓扑模型，如图 3-18 所示。

物流设备——为设备定义【位移速度】与【转向速度】，如图 3-19 所示。

仓储设备——为设备定义参数化建模【行数】【列数】【单元格】，如图 3-20 所示。

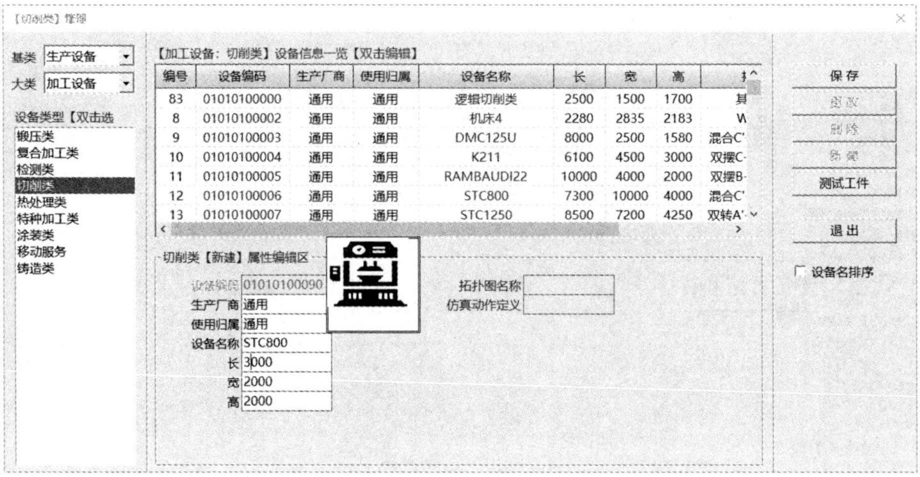

图 3-17　添加设备基本属性

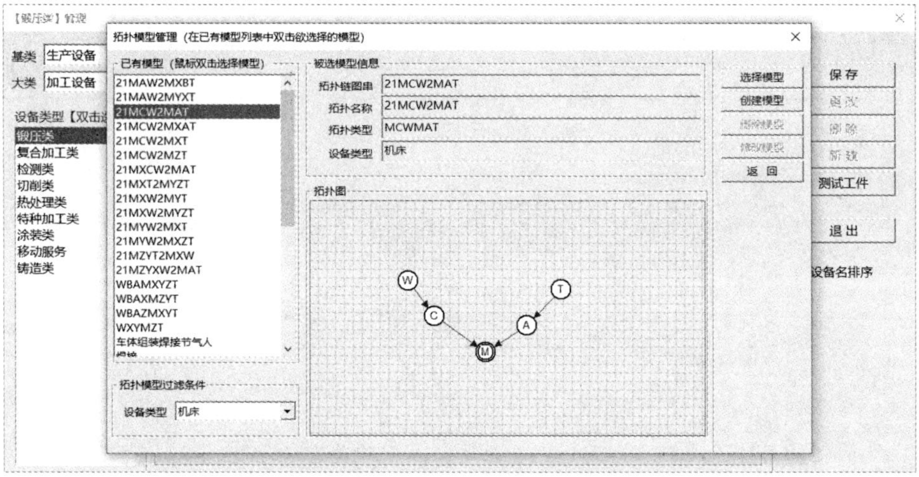

图 3-18　生产设备拓扑模型

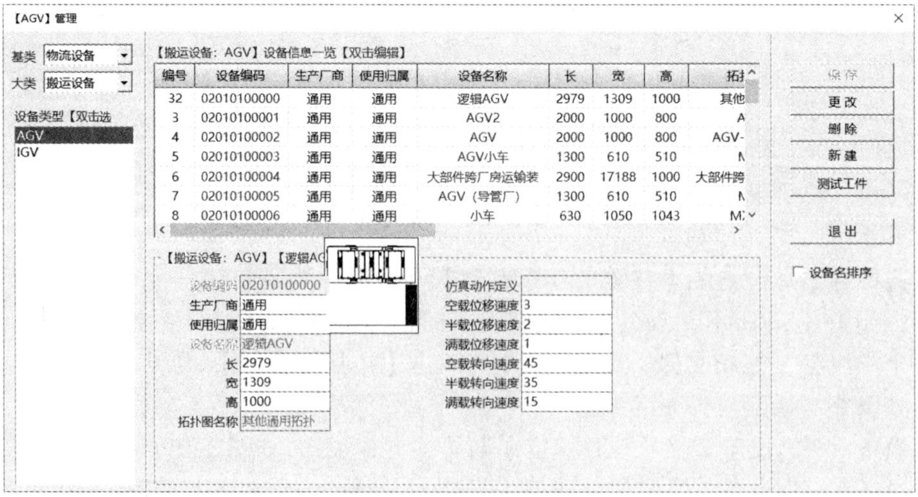

图 3-19　物流设备信息

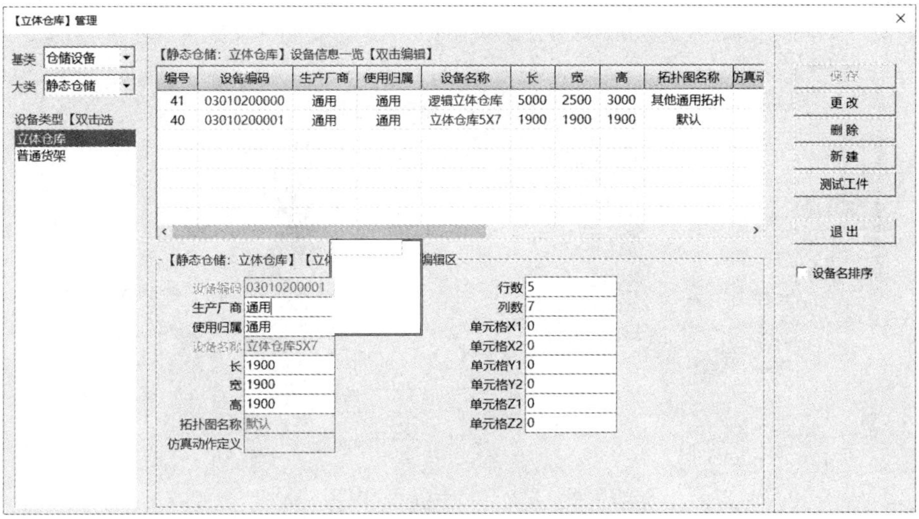

图 3-20　仓储设备信息

（8）点击上方导航栏【设备模型】，下拉选择【设备基类】>>【设备大类】>>【设备类型】，点击【加载】，如图 3-21 所示。

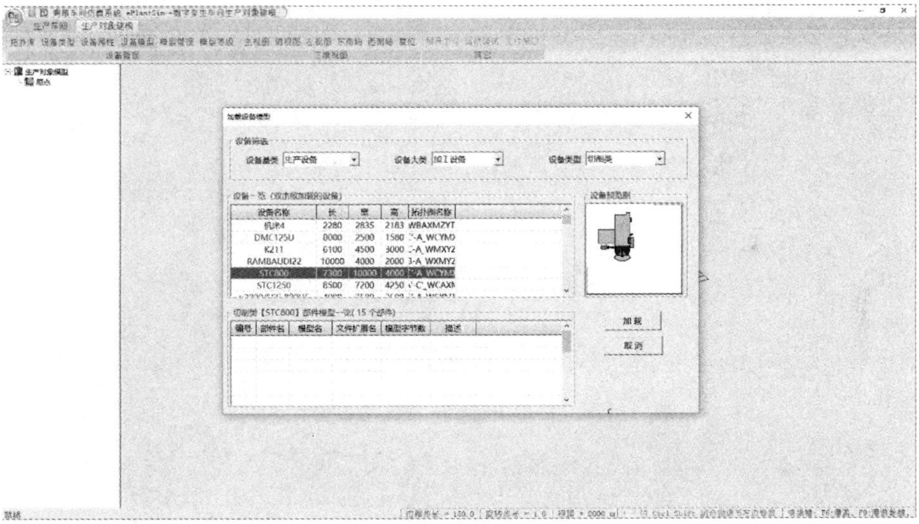

图 3-21　加载生产设备模型

（9）在左侧导航栏中右键拓扑结构中的【对应部件】>>【属性】>>【选择模型文件】，上传对应.ive 文件后点击【保存】，如图 3-22 所示。

对于激活运动，右键左侧结构树中的【相应节点】>>【属性】>>【运动方向】，将【修改运动方向】勾上，设置对应轴的参数为 1 以作运动激活，如图 3-23 所示。

（10）选择【生产对象建模】>>【其他】>>【运动调试】，查看所构建的设备是否按照正确的方式进行运动，若出现设备某部件运动错位情况，则回到上一步，调整节点坐标，如图 3-24 所示。

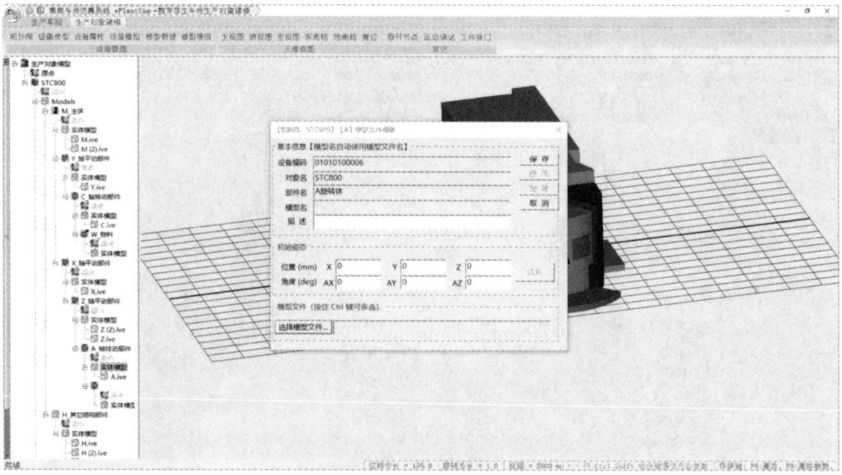

图 3-22　上传模型文件

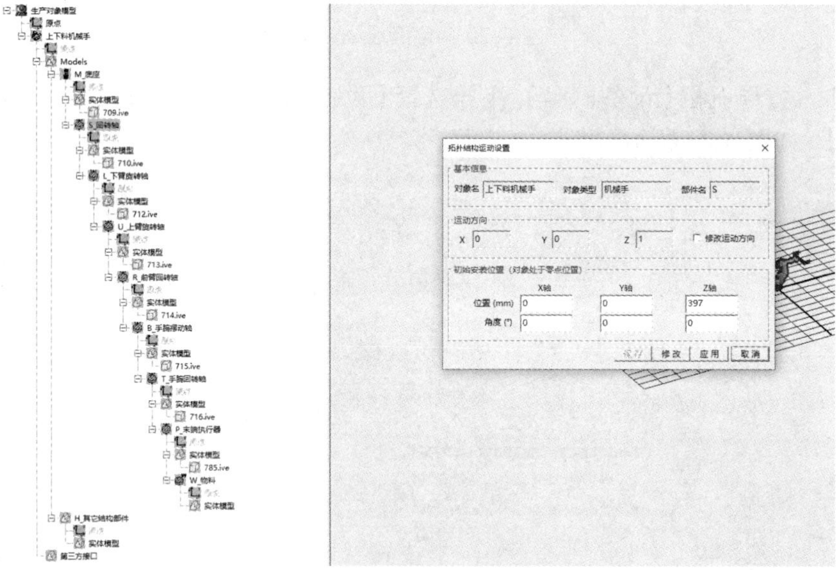

图 3-23　拓扑结构运动设置

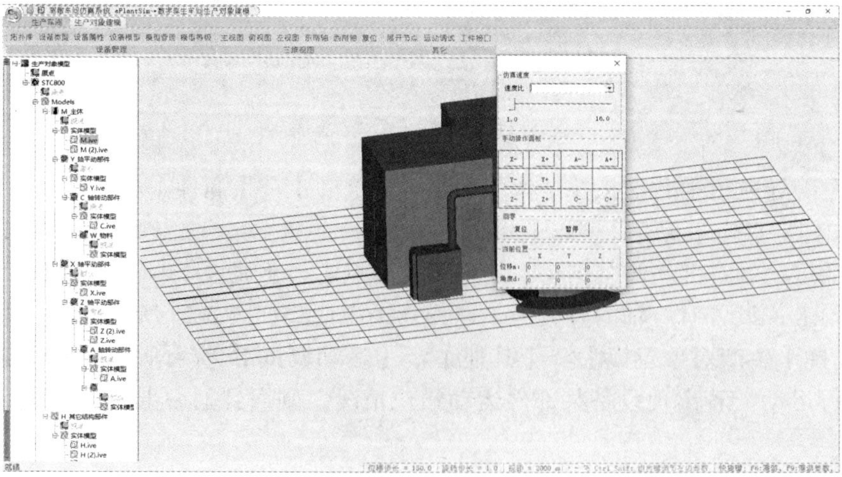

图 3-24　运动调试

（二）车间设备布局

点击导航栏中的【创建】，对照实际车间图编辑场景属性，主要包括车间的尺寸和名称。然后，即可在左方的待选设备中选择所需要重构的车间中包含的各种设备，并在右方对设备的位置和姿态进行设置。特别需要注意的是，加工设备需要在加工单元中才能成功布局。

具体操作步骤如下：

（1）首先进行车间的创建，在右侧车间属性中根据实际需要定义车间尺寸和名称后，点击下方的【确认属性数据】，即可得到一个新车间，如图 3-25 所示。

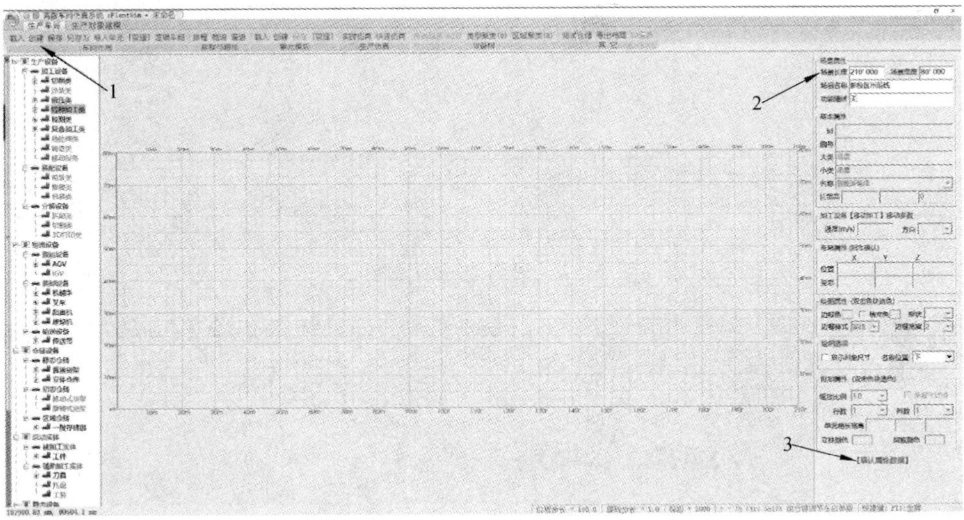

图 3-25　创建车间

（2）然后进行车间的布局重构，这通常是根据实际的工程图来进行重构。从左侧的结构树中找到对应的设备并拖拽到车间中，再在右侧的布局属性中进行设备位姿的调整，之后回车确定即可完成单个部件的布局，如图 3-26 和图 3-27 所示。

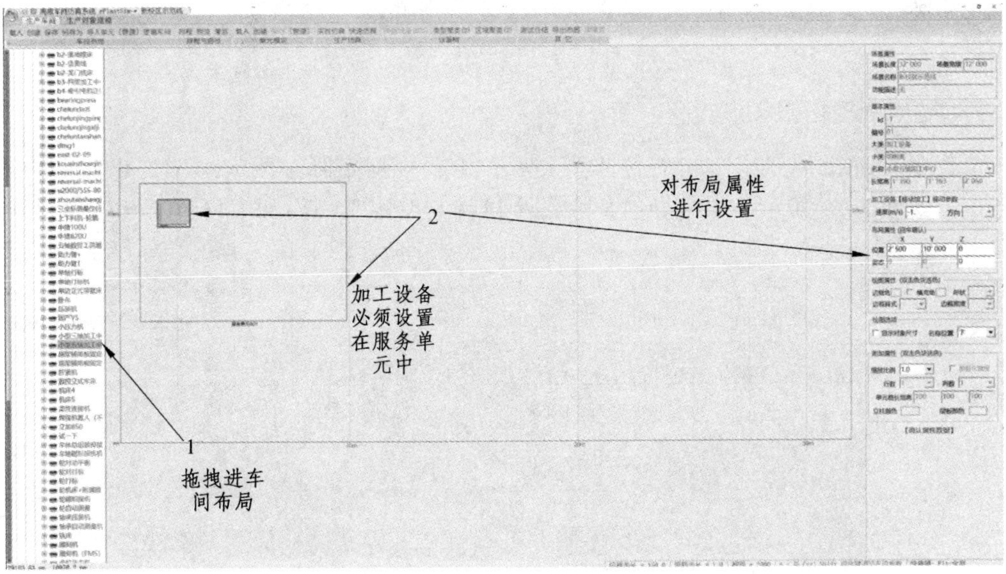

图 3-26　设备布局

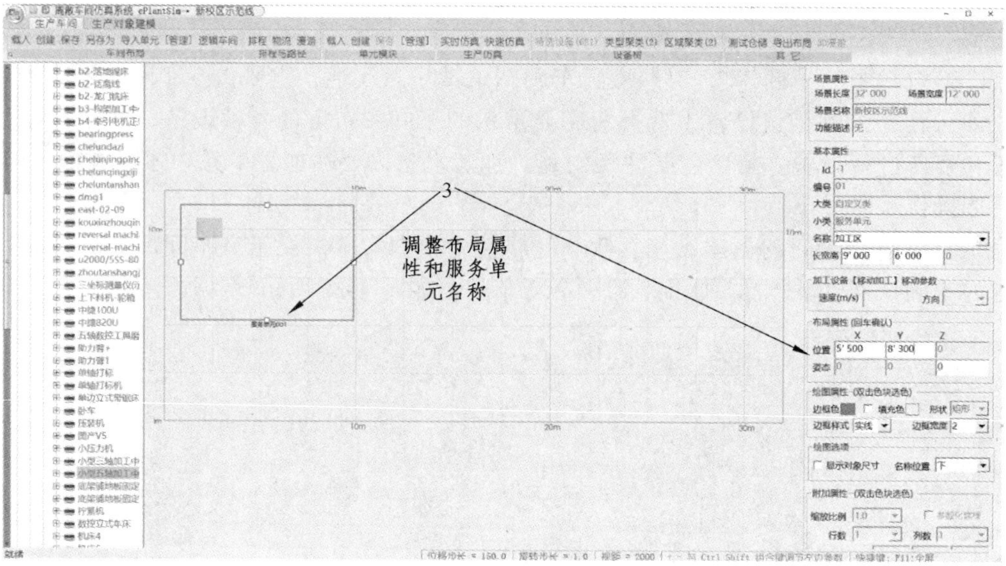

图 3-27　设备布局属性定义

（3）依照上述步骤，即可进行所选功能区的重构，部分结果如图 3-28 所示。

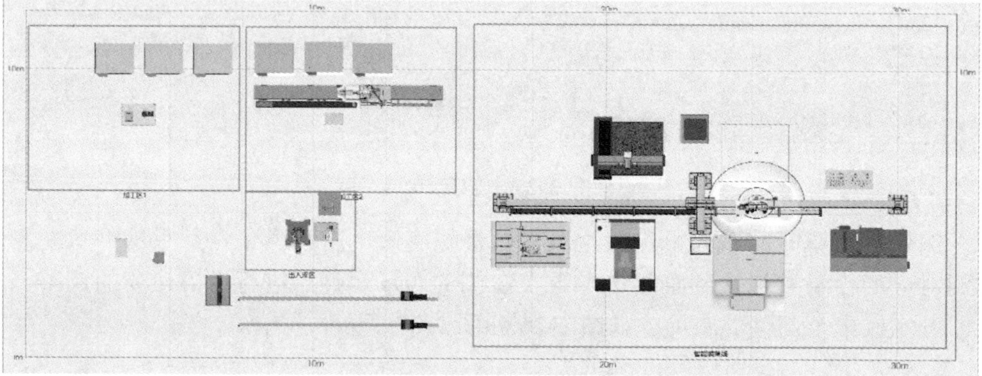

图 3-28　示范线

（三）物流路径和服务点定义

（1）经过上述操作完成车间的整体布局后，需要根据实际车间的加工需求定义物流路径和服务点。如图 3-29 所示，点击导航栏中的【排程与路径】一栏的【物流】，进入路径编辑的界面。

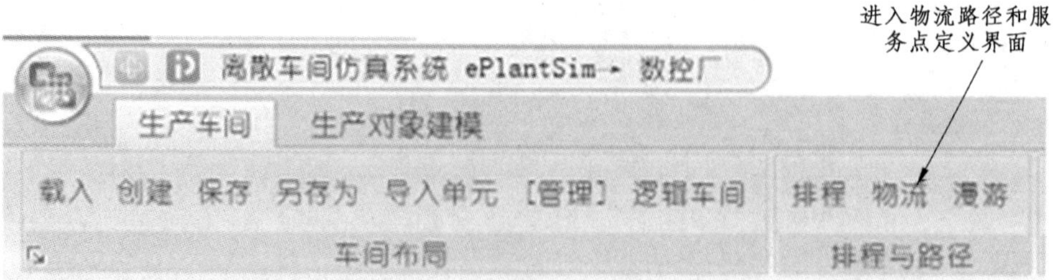

图 3-29　进入物流编辑界面

（2）进入该界面后，首先点击【创建】，然后定义路径的名称，之后点击【确认】，如图 3-30 所示。

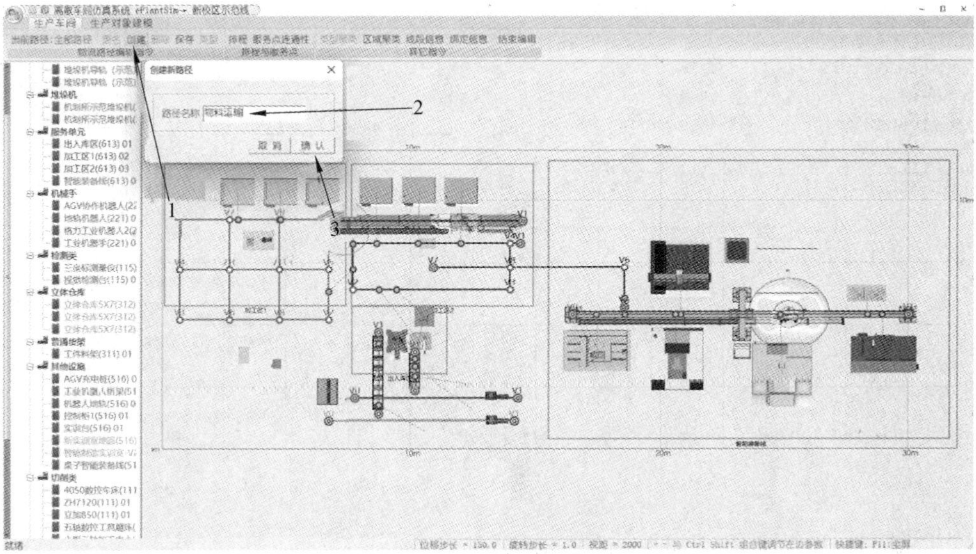

图 3-30　物流路径定义

（3）在完成物流路径的定义后，按照提示按下 Ctrl 键，在需要建立路径的位置进行物流路径的创建，如图 3-31 中①所示；然后点击【保存】，如图 3-31 中②所示；再进行下一条物流路径的创建，如图 3-31 中③和④所示，分别表示 AGV 协作机器人和 AGV 路径。

（4）在创建完毕后，可以在当前路径中选择显示一条、多条或全部的路径，如图 3-31 中⑤所示。

（5）之后进行装卸设备的绑定与加工设备服务点的创建。对于在路径上绑定的装卸设备，只需右击小车设备选择路径即可。对于服务点的创建，需要将加工设备拖拽至路径上，再右击进入服务点参数设置界面，如图 3-31 中⑥所示。

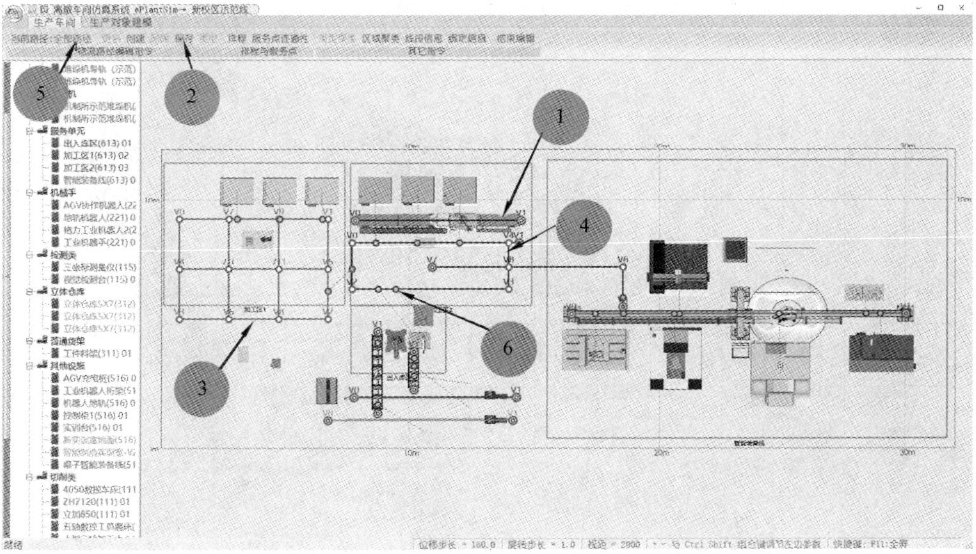

图 3-31　物流路径创建、绑定、服务点定义

（6）进入参数设置后，有两点需要注意，服务点名称的定义和装卸设备的选择，如图 3-32 所示。完成这两项才能成功保存服务点，之后还可以在该界面查看该点的服务演示。

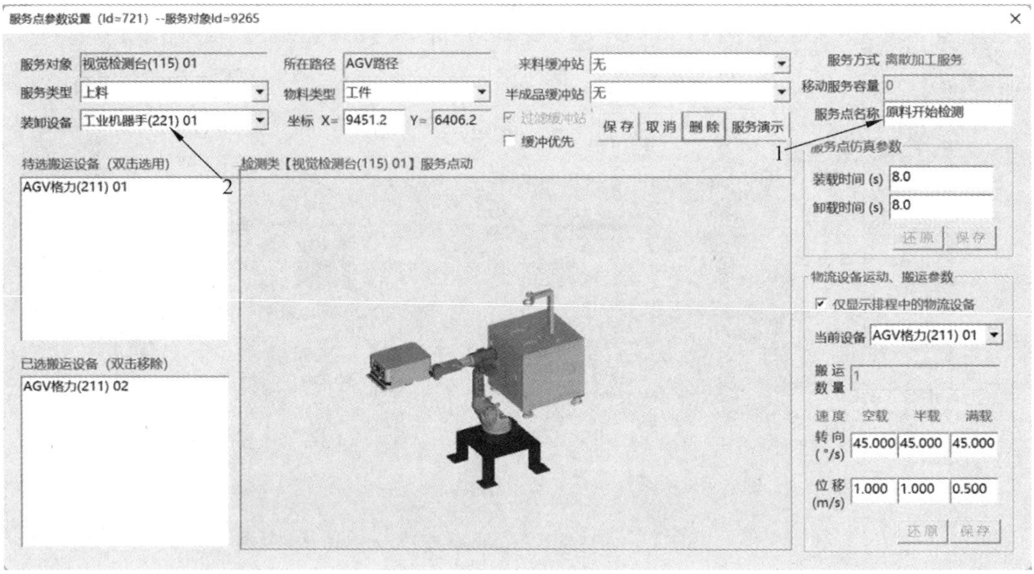

图 3-32　服务点参数设置

四、实训输出与处理

经过车间重构系列实训，要求学生能够建立一个与智能制造示范线外观相同的车间，要求车间的服务单元、物流路径符合真实的车间形式，如图 3-33 所示。实训完毕后应在系统中留存由该学生所构建的车间，并在实训报告中附上该车间的外观。

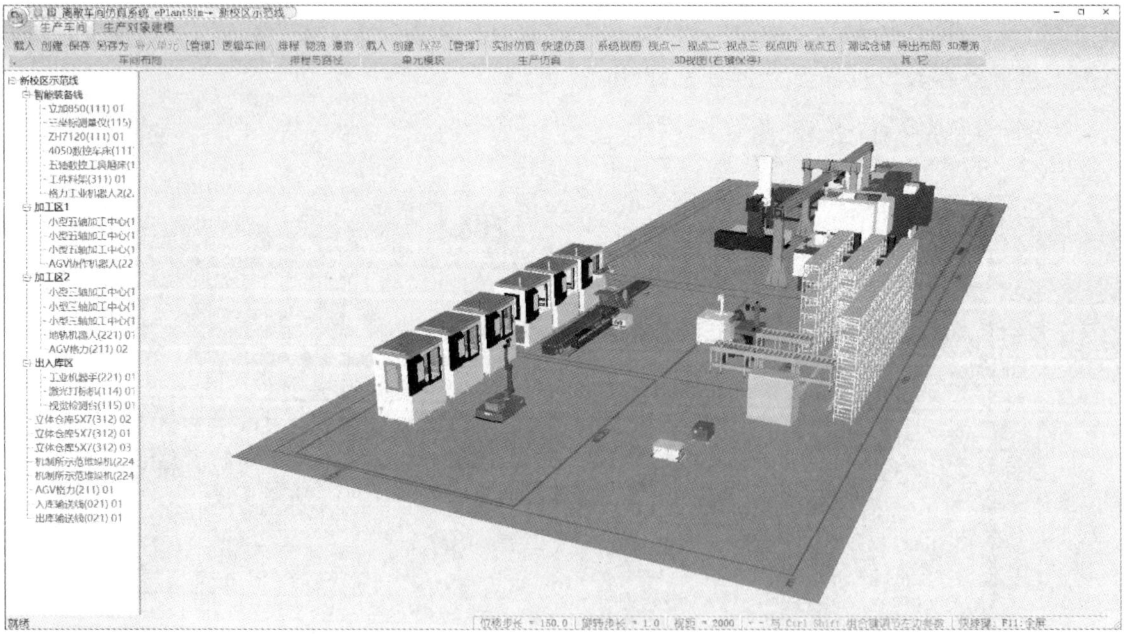

图 3-33　加工车间建模效果

除此之外，为了保证车间更加真实，还可以将一系列静态设备进行拖拽布局，包括车间外墙、控制柜等，如图 3-34 所示。

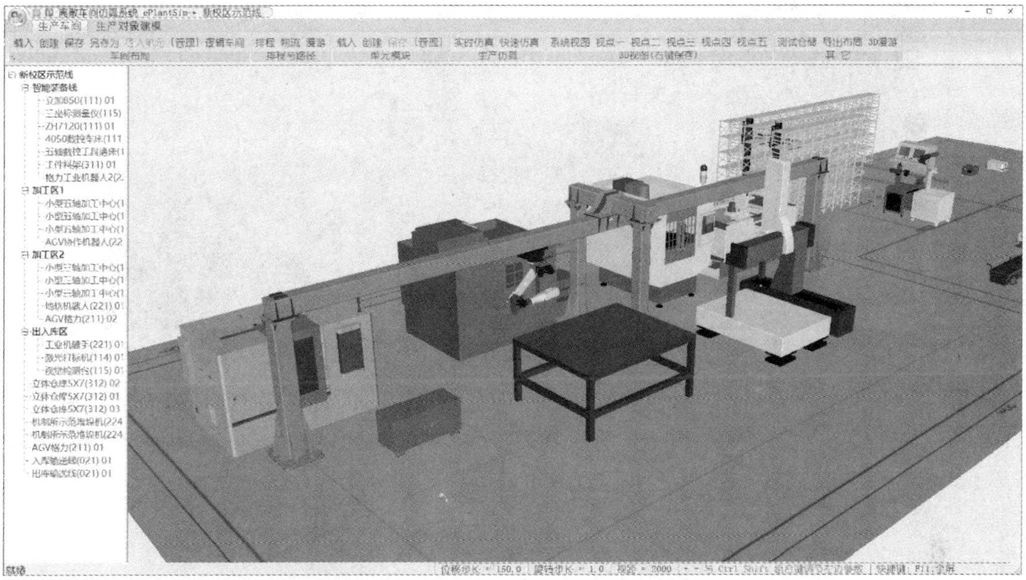

图 3-34　加入一系列视觉设备后的建模效果

至此，完成了对一个物理车间从基本设备要素到组成结构，再到运行逻辑的虚拟重构，建立了车间虚拟模型。该模型构建以后，通过关联不同的数据（如生产执行过程中的实时数据，或预设的仿真数据），进行实时生产管控或仿真优化。

五、实训报告撰写

实训后学生需要完成实训报告，实训报告内容包括实训项目名称、学生姓名、班号、实训地点、日期、实训目的、实训内容、实训设备、实训方法和步骤以及实训结果。

第四节　实训项目题目

（1）列举 5 个以上会在生产车间中用到的典型设备，并将其归类到七元素中，定义相关抽象属性。

（2）结合案例中设备的建模方法，在 aDMiS-Sim 的模型组件库中建立一个车体横移设备，如图 3-35 所示，将白车身从第一条输送线运送到第二条输送线。

（3）结合本章描述的复杂离散车间统一建模方法，设计一个汽车车体喷涂作业单元，并通过七元素对单元进行符号化建模和属性定义。

（4）结合本章描述的复杂离散车间统一建模方法，建立一个包含来料仓库、成品仓库、输送线、缓存单元的汽车车体喷涂车间的虚拟重构模型。

（5）在上述问题 1、2 模型的基础上，使用 aDMiS-Sim 软件的现有资源库，将所构建的车间进行虚拟重建，完成相关服务单元的配置。

图 3-35　车体横移设备

第四章　生产过程仿真实训项目

第一节　实训项目相关背景知识

仿真是通过对系统模型的试验，研究已存在的或设计中的系统性能的方法和技术。在输入模块重建车间系统的模型后，需要得到仿真试验数据，从而进一步对系统进行评价与分析，用于分析系统配置是否合理、性能是否满足要求，同时预测系统可能存在的缺陷，为系统设计提供决策支持和科学依据。生产仿真需求一般包括：① 在输入给定的情况下，预测离散型制造系统的性能。② 当仿真系统给定时，通过不同的输入得到不同的结构，评估输入对输出的影响。③ 比较不同输入下的离散制造系统性能（如生产率、设备利用率）的变化，以实现系统配置的优化。本项目旨在帮助读者掌握生产系统仿真的基本流程，包括生产系统输入方法定义、仿真过程控制、仿真结果输出与分析等。

一、制造系统仿真功能

制造系统仿真软件，也称车间仿真软件、生产线仿真软件、工厂物流仿真软件等，主要从物料物流层面对制造系统进行建模、仿真和优化。其主要目的是进行产线/车间/工厂的系统优化，可以应用在制造系统设计和制造系统运行方面，在产线布局规划阶段、计划组织阶段、生产过程调度等不同阶段进行仿真，通过分析设备资源的利用率、检测生产节拍和瓶颈、分析生产绩效等方式对生产线性能进行分析，并针对生产线中发现的问题进行改进，以达到利用仿真手段来优化实际生产线。其应用包括仓储物流优化、制造资源评估、产能综合预测、产线平衡分析、在制品分析、生产节拍分析、路线规划等。

制造系统仿真功能如图 4-1 所示。

（一）生产布局与规划仿真

生产布局与规划仿真用于解决生产布局优化以及资源优化配置问题，合理布局与配置资源，减少不必要的投资，节省成本。生产布局包括工艺布局、设备布置、物流路径等。资源配置包括主要设备、物流设备、缓冲区等的配置，如 AGV 数量与路径、缓冲区大小与数量、工人在工序中的分布等。

（二）生产计划任务仿真

生产计划任务仿真是对生产计划组织方案进行仿真，包括生产排程方案验证、评估不同生产方案、评估投产计划、优化投产计划、制定最接近理想的投产顺序、争取设备的最大创利。

生产计划任务仿真用于解决人员排班问题、车间调配分析、合理分配人力资源、测试生产班次、减少人力资源分配不合理造成的浪费。

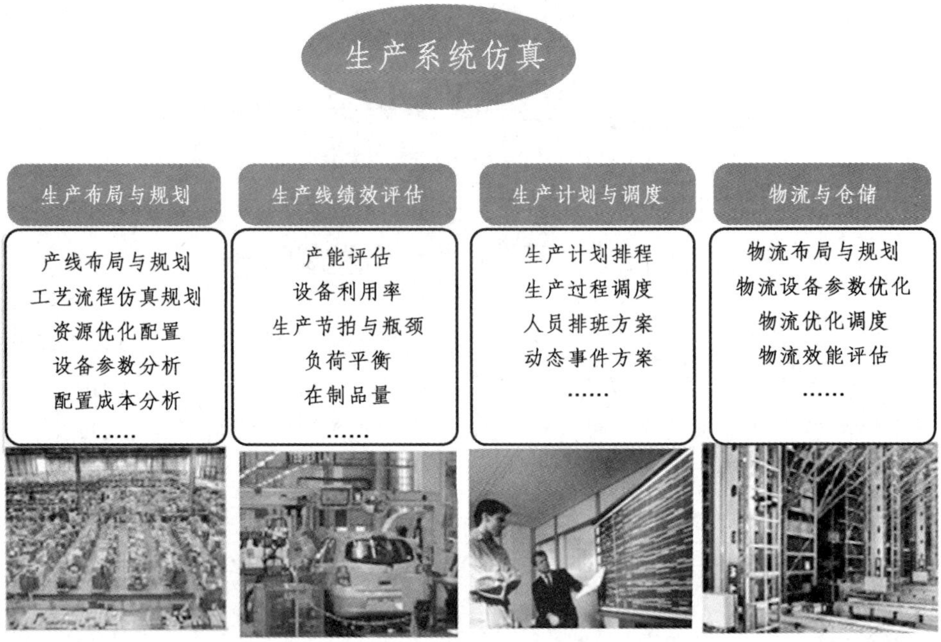

图 4-1　制造系统仿真功能

（三）生产过程调度管理仿真

生产过程调度管理仿真是对生产任务进行实时调度，对物流过程进行实时调度，对动态事件进行响应，通过仿真来评估生产任务调度方案，以及对物流调度方案进行评估，使动态事件造成的浪费最小。

（四）生产线性能分析

通过分析生产线各类统计数据，得到性能分析数据，包括：生产率、产能、准时完成率，衡量生产能力与交付能力；生产负载平衡，使各类资源负荷尽量平衡；生产节拍与瓶颈分析，合理设置节拍，配置生产缓冲区大小，分析与优化生产节拍，检查和消除物流瓶颈；设备利用率、资源利用率，最大限度提高设备的利用率、机器开通率；在制品数量计算，尽量减少在制品数量，缩短工件流通的时间；工人效率，尽量提高工人的效率；物流效率，提高仓储和 AGV 小车等设备的效率。

二、制造系统仿真实现思路

制造系统仿真的实现思路如图 4-2 所示。

将生产车间数字模型导入生产线物流仿真软件中，配置与开发生产线的设备参数、运行逻辑，输入生产计划，然后进行生产线物流仿真，并对仿真过程数据进行分析，根据分析的结果对生产线性能进行改进。从生产系统物流优化的角度，对生产线进行生产系统物流仿真；对生产线进行物流仿真，优化资源的利用率，检查和消除瓶颈，合理设置缓冲区大小，进行产能评估等分析。在不同的阶段可以进行的仿真分析如表 4-1 所示。

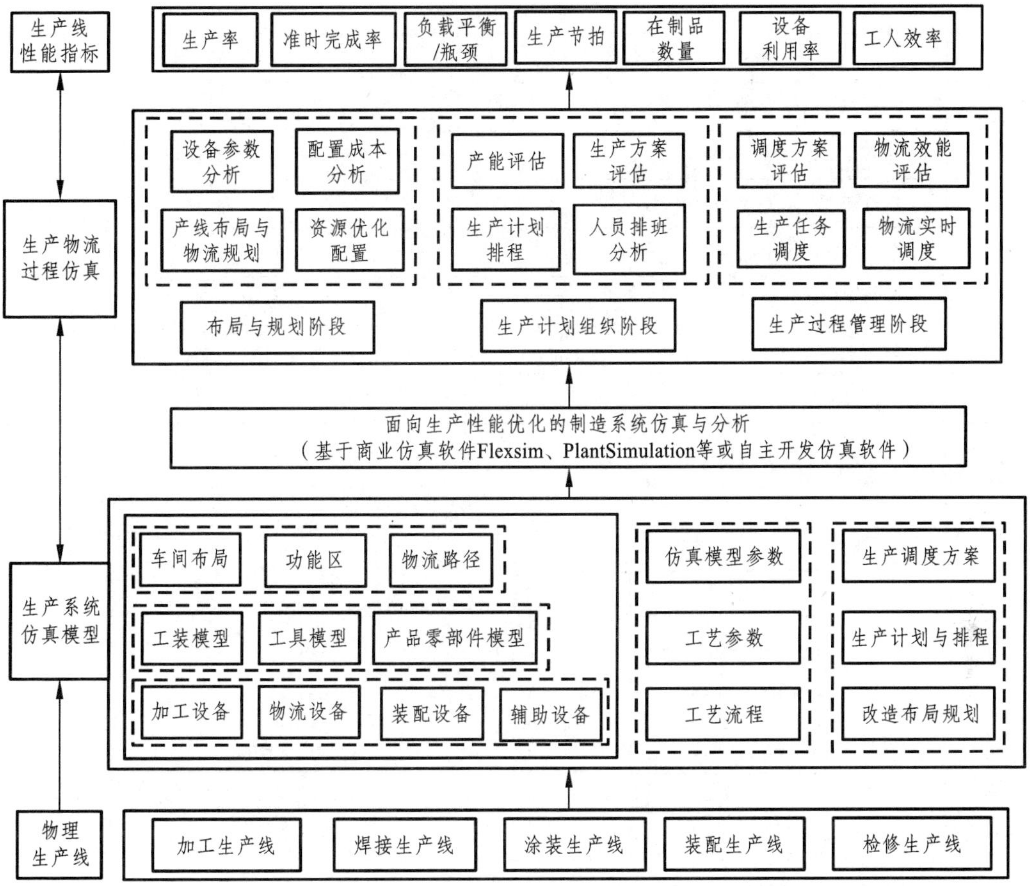

图 4-2　制造系统仿真实现思路

表 4-1　生产系统仿真内容

不同阶段	生产系统仿真内容	作用与意义
布局与规划阶段	生产布局问题（工艺布局、设备布置、物流布局、物流路径）	结合工艺流程仿真，优化布局，优化物流过程
	资源优化配置问题（数量、分布）	资源配置最优化
	缓冲区优化配置（大小、数量、分布）	合理分布缓冲区
	人员配置问题（数量、工序、分布）	节省人力
	设备参数分析、配置成本分析	节省投资成本
生产计划阶段	产能评估与分析，评估投产方案	产能预估
	生产计划排程评估与优化	排程优化
	人员配置与排班分析	合理排班
生产过程阶段	生产任务调度	调度方案优化与验证
	物流实时调度	物流效能评估分析
	生产线绩效性能分析	产线整体性能分析

续表

不同阶段	生产系统仿真内容	作用与意义
生产过程阶段	生产节拍与瓶颈分析	消除瓶颈
	产线单元负荷平衡	负荷平衡，提高利用率
其他方面	零库存及在制品优化	减少在制品数量
	车间内外物流仿真	提高物流效率
	零库存仿真	减少在制品数量
	线边缓冲区仿真	合理配置，利用缓存
	故障影响仿真	减少故障导致的损失

三、制造系统仿真的实现过程

制造系统仿真与分析实施过程如图 4-3 所示。

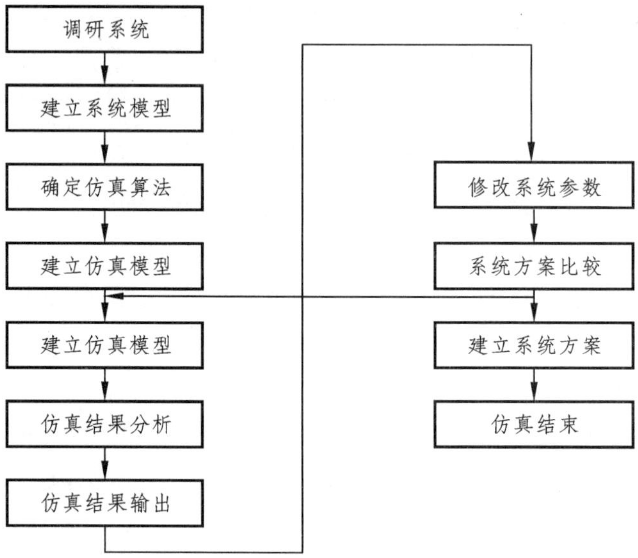

图 4-3　制造系统仿真流程

1. 调研系统

对需进行仿真分析的系统进行详细调查和了解，对问题进行描述与定义。需了解的信息包括系统结构、系统流程、系统相关参数等。

2. 建立系统模型

系统模型是对系统的组成、主要流程和规则等主要特征进行描述。建立系统模型首先要根据需要和要求确定仿真目标，然后建立系统模型并设定系统模型的有关参数。

3. 确定仿真算法

确定仿真算法，设置参数与逻辑。仿真算法是控制仿真时钟推进的方法，是系统仿真的核心；多数仿真软件是在事件调度法、进程交互法和活动扫描法的基础上编写的。

4. 建立仿真模型

仿真模型是在系统模型的基础上构建可进行计算机运行的模型。这一过程是将系统模型规范化和数字化的过程。

5. 运行仿真模型

运行仿真模型，即采用统计学方法，对仿真结果的可信度和精度进行分析，对同一方案进行多次仿真，取其统计意义上的可信结果。

6. 系统方案修改及重新验证

通过对不同生产方案进行仿真，比较不同方案仿真的结果，对不同系统方案进行分析与评价，以达到优化的目的。

首先调研生产线，搜集生产线资料，资料包括：① 生产线布局图、所有设备的模型与图纸，以及设备运动动作过程；② 生产工艺流程、工件加工的工序流程、装配工序过程等；③ 物流动作与物流过程，按照工艺流程体现出来的物流流转动作全过程；④ 生产组织资料，即生产任务、排程计划、生产调度方式、设备与人员的排班组织等。另外，还需了解项目目标，了解生产线目前存在的问题，以及期望解决或进一步优化的问题。

然后，利用生产物流仿真软件建立虚拟生产线，严格按照 1∶1 真实场景建立模型布局，导入各类设备，根据工艺流程、物流过程配置仿真参数与运行逻辑过程；确定仿真算法，即仿真时钟、仿真推进方法；运行仿真模型，得到仿真数据并进行分析，得到仿真结果，验证是否满足目标要求，若不满足，则需要进一步修改仿真系统参数，设定不同的仿真方案，反复运行仿真模型，直到修改优化满足要求为止。最后得到优化后的方案，仿真结束。

四、制造系统仿真工具与软件

（一）制造系统仿真软件

制造系统仿真软件产品有约 40 个，主要来自美国、德国、英国等国家。其中，领头产品主要有：西门子 Plant-simulation（前 eM-Plant）、美的 Visual Components（来自芬兰）、美国 Flexsim Software Products 公司的 Flexsim、美国 Rockwell Automation 公司的 Arena、俄罗斯的 Anylogic 等。其他知名产品还包括 Simio、ExtendSim、Automod、Witness、达索 Delmia quest、Demo3D、ProModel、Simul8 等。这些软件产品清单如表 4-2 所示。

表 4-2 制造系统仿真软件产品清单（部分）

软件	厂商	特点	应用领域
Plant Simulation	德国西门子 Siemens PLM Software	交互式建模仿真界面，模型层次化结构，具有面向对象的继承性，具有丰富的分布函数和多种形式的接口	项目规划，物流仿真，优化制造、生产系统和工艺过程
Flexsim	美国 Flexsim	基于面向对象技术建模，建模过程快捷简便，仿真速度快，突出 3D 图形显示，扩展性好，并具有开放的接口	制造业、仓储、包装业、供应链、现代物流、加工业等

续表

软件	厂商	特点	应用领域
Visual Components	中国美的（原属芬兰 Visual Components）	软件集三大功能于一体：离散物流仿真模拟、机器人离线编程、PLC 虚拟调试，可实时采集仿真数据，生成数据图表，具有离散事件模拟仿真、机器人离线编程、虚拟调试、人机协作仿真功能	汽车工业、食品业、化学工业、造纸业、电子业等，适合工业自动化设备制造厂商和其他设备制造商
Delmia/Quest	法国达索	交互式面向对象建模环境，提供了智能化的物流处理系统模板，直接模仿实际系统的行为，并预置了实际系统的控制逻辑，内置 SCL 仿真控制语言，可通过 Quest Express 与 MES、ERP 或生产系统连接，进行 3D 动画显示，并以直方图、饼状图等方式显示统计结果	生产、物流、服务业、仓储等行业
Arena	美国 Rockwell Automation	通用交互集成式仿真环境、可视化柔性建模，提供专门的输入/输出分析器，具有优化决策工具 Opt Quest，多种形式和类型的外部接口，可视化交互仿真，可仿真能描述的任意进程	制造业、物流及供应链、服务业、医疗、军事、日常生产作业、各类资源的配置、业务过程的规划、系统性能评价、风险预测、教育教学等
AnyLogic	俄罗斯	一款对离散、连续、混合系统建模和仿真的工具，其典型优势是混合仿真、多智能体仿真，行业中唯一将离散事件仿真、动力学仿真、多智能体仿真结合在一起的软件	仓储和供应链、机场、医疗保健、军事防护、服务业、集散中心、采矿业、港口、教学等领域
Simio	美国	面向智能对象技术，基于流程图构建复杂对象逻辑的 Simio 系统仿真软件，并且建立在系统仿真培训和标准化方面	生产线、物流等行业
Witness	英国 Lanner Group Ltd.	交互式面向对象的建模环境，具有灵活的执行策略、丰富的模型单元，工程友好性强，并具有实时的彩色动画显示，灵活的输入、输出方式	汽车制造、港口物流、钢铁制造、电子制造、空港规划设计等行业
ShowFlow	荷兰 INCONTROL	提供建模、仿真、动画和统计分析工具，确定瓶颈位置，估测提前期和报告资源利用率；同时还可以用来支持投资决策、校验制造系统设计的合理性，通过对不同的制造策略进行仿真实验来找出最优解	制造业和物流业

续表

软件	厂商	特点	应用领域
Stream	日本三井造船	不仅可以当作物流生产线的仿真器使用，而且在单一机械设备的仿真方面也可以用来变通使用，机器人仿真器齐备；其开发基础是 Sil-Tools，在扩展性和技术支持方面需要加强	生产线、物流、机器人等领域
Automod	美国 Applied Materials	采用内置的模板技术，模型精度高，具有强大的统计分析工具、3D 图形显示，可生成高质量的 AVI 格式动画文件，兼容性好	钢铁与铝材、航空航天包裹与信件处理、汽车仓储与配送、机场行李处理、运输半导体及物流业等
RaLC（乐龙）	日本人工智能株式会社	它是面向对象的，对象全部以按钮的形式存放在工具栏上，而且可以通过对象物体的配置进行设计。以 3D 动画为载体，对智能作业人员、搬运设备、货物、控制系统、数据信息等多个物流系统元素进行仿真抽象和设置，快速构建三维动画计算机系统仿真验证模型	物流、工业工程和制造业等
ProModel	美国 ProModel	专注于以下问题：资源利用率、系统容量、流程改进、吞吐量和瓶颈分析、供应链和物流、客户服务水平，通过建模制造、物流或服务系统的重要元素，领导者可以尝试不同的运营策略和设计，以实现组织的最佳绩效。ProModel 易于使用、界面直观，使用逼真的动画显示和各种分析报表以及优化功能，帮助用户更快地找到最佳的运作方案	生产、物流、制造业、制药学、军事防护等
Simul8	美国 SIMUL8	操作简单，通用性和可视性强，易于使用“拖拉式”建模功能，仿真速度快，并具有全面的“结果管理器”，多种形式和类型的软件接口，用于生产力优化、最大化资源利用、瓶颈问题、降低风险、业务流程管理等	制造、物流、医疗、教育、咨询、金融、教学等
DEMO3D	英国 Emulate3D	Demo3D 是唯一将摩擦力、重力、阻力、惯性等物理特性引入自动化设备仿真的平台，支持自动化设备形态，功能更丰富，支持敏捷设计/验证/展示的设计模式，可以将满意的三维设计模型直接生成包括 AutoCAD 2D/3D 的设计图，同时还包含众多物流模块	交通系统设计、供应链优化、仓库优化、分销需求规划的优化、事件物流与规划、库存管理、机场行李管理与安全

续表

软件	厂商	特点	应用领域
Supply chain guru	美国 LLamasoft 智模公司	允许用户输入或导入供应链网络信息，并使用人工智能和嵌入的知识库，用以自动建立强大的离散事件仿真和网络优化模型。用户可以测定改变供应链结构或策略所带来的影响，优化模型与选择改进的供应源关联，仿真多个供应链设计方案，以评估服务和费用之间的折中方案，预测库存投资、运输费用和生产情况，为企业提供预算功能	医药、烟草、钢铁、电商、汽配、邮政
Classwarehouse	英国 Cirrus Logistics	通过在虚拟的计算机环境中进行设计、改进和测试复杂的仓库解决方案，可帮助公司评估产品的产量、人员的组织以及设备情况，从而量化成本、效率和服务水平	供应链战略规划仿真
ExtendSim	美国 Imagine That Inc 公司	模块化建模，可重复使用建模模块，交互性好，可扩展性好，连接性好，支持第三方开发，并基于消息的离散事件架构系统中所涉及的物理、逻辑对象模型	制造业和商业建模、仓库物流仿真、医疗流程、供应链、交通运输、通信、现代物流等
AVEVA E3D	英国 AVEVA	引进移动计算、云计算和激光扫描等最新技术创新，在工厂项目实施中采用精益方法	海事、工厂、建筑和基础设施
Factory Design Utilities	美国欧特克	可规划和验证工厂布局，有效放置设备。Factory Design Utilities 仅支持以 Product Design & Manufacturing Collection 软件包形式整体购买	创建、发布、共享和管理工厂布局的 3D 内容，工厂设施布局、过程分析

（二）aDMiS-Sim（也称 ePlant-Sim）仿真软件

离散车间建模仿真软件（ePlant-Sim）是基于虚拟车间七要素映射、多虚拟服务单元重构理论、多段分层仿真机制、组合赋权评价等的车间生产计划/过程验证、评估和优化的仿真平台；是基于离散事件系统建模仿真理论和数理统计的车间产能、物流、性能评估、分析和优化的通用仿真工具，并强调与 MES、SCADA 等的集成和面向数字孪生的应用。

该系统主要解决生产执行前对生产计划/过程的验证分析和评价。一是从多个生产计划或调度方案中，选择综合评分最高的方案；二是基于评价结果，找出影响评价结果的系统参数，通过针对性调整系统参数，提升系统性能，优化生产计划或调度方案。仿真系统定位为单机版，采用 CS 架构，开发架构如图 4-4 所示。

仿真系统单机运行时不需要与外部接口；考虑到后续面向数字孪生的应用，可以通过 Excel 和服务调用方式与 SCADA、MES 集成。

ePlant-Sim 具备的功能如图 4-5 所示。

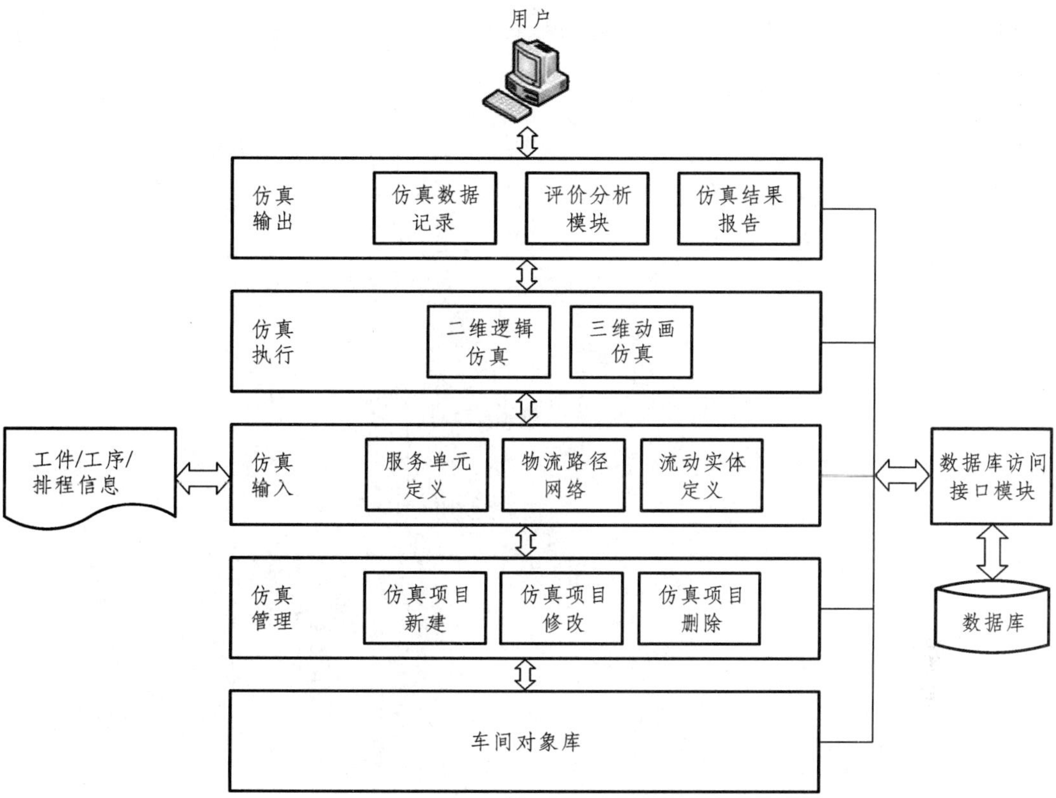

图 4-4　ePlant-Sim 系统架构

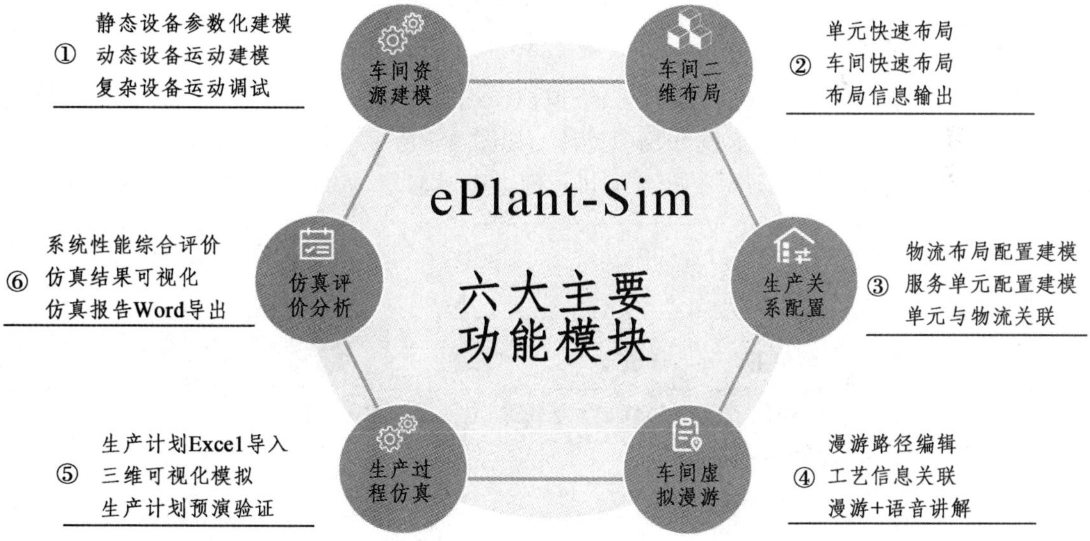

图 4-5　ePlant-Sim 功能结构

1. 车间资源建模

生产线建模子系统主要进行生产线各个对象的建模与管理，包括如下模块：运动拓扑建模模块、加工设备（机床）建模模块、物流设备（机器人）建模模块、物料搬运设备建模模块、传送带建模模块、通用静态设备建模模块、通用动态设备建模模块、设备调试模块、设备库管理模块。以机床为例，其建库过程包括拓扑建模、参数编辑、动作编辑和模型调试入库 4 个关键步骤，如图 4-6 所示。

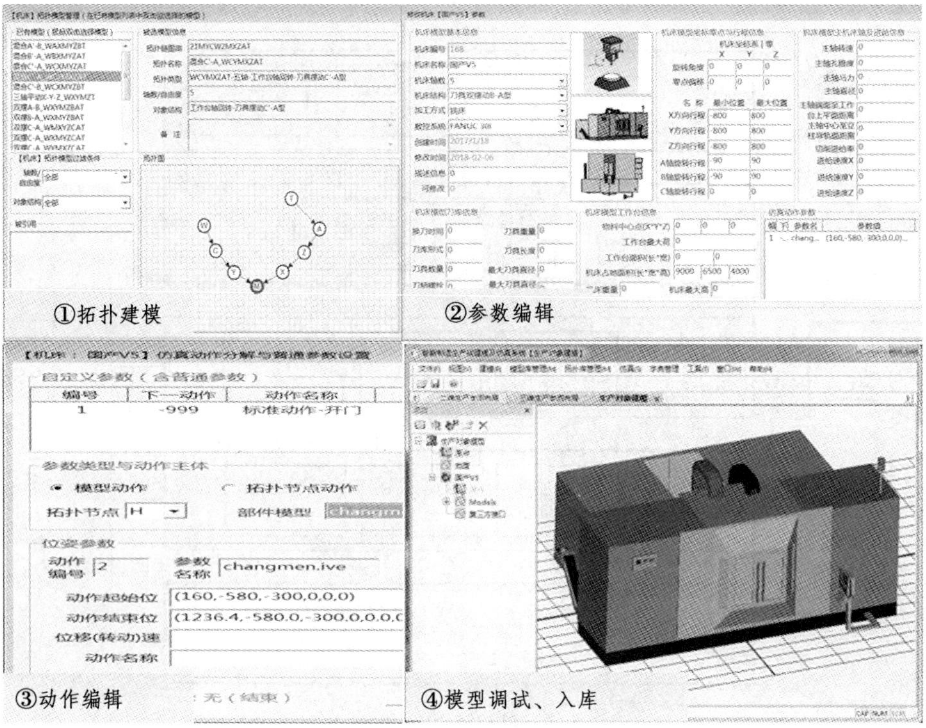

图 4-6　设备建库过程及主要界面

2. 车间二维布局

在生产对象模型库的基础上，基于二维拖拽布局，方便、快捷地布置出按照真实物理位置的车间二维平面布局，形成车间布局模型库，如图 4-7 所示。车间二维布局主要包括单元布局与管理、拖拽式车间二维平面布局与车间管理、布局信息 Word 输出 3 个主要功能模块。

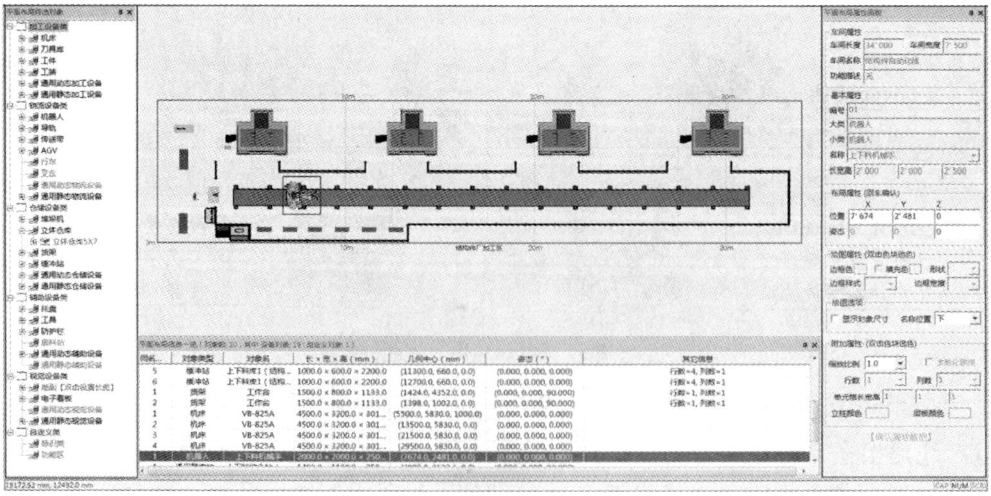

图 4-7　二维车间布局

3. 生产关系配置

在已有车间布局模型的基础上，对生产组织关系和物流组织关系进行建模。其中，生产组织关系用“服务单元”模型来刻画，包括单元内的组织关系、单元与系统的层次关系等；物流组织关系用“物流路径网络”模型来刻画，包括物流设备、物流路径、物流控制点三者的关系；进一步地，用“虚拟服务节点”把服务单元模型和物流路径网络模型关联起来，形成具有内在逻辑的虚拟车间模型。生产关系配置主要包括物流路径配置与服务点建模、加工服务单元配置、仓储服务单元配置 3 个功能模块，如图 4-8 所示。

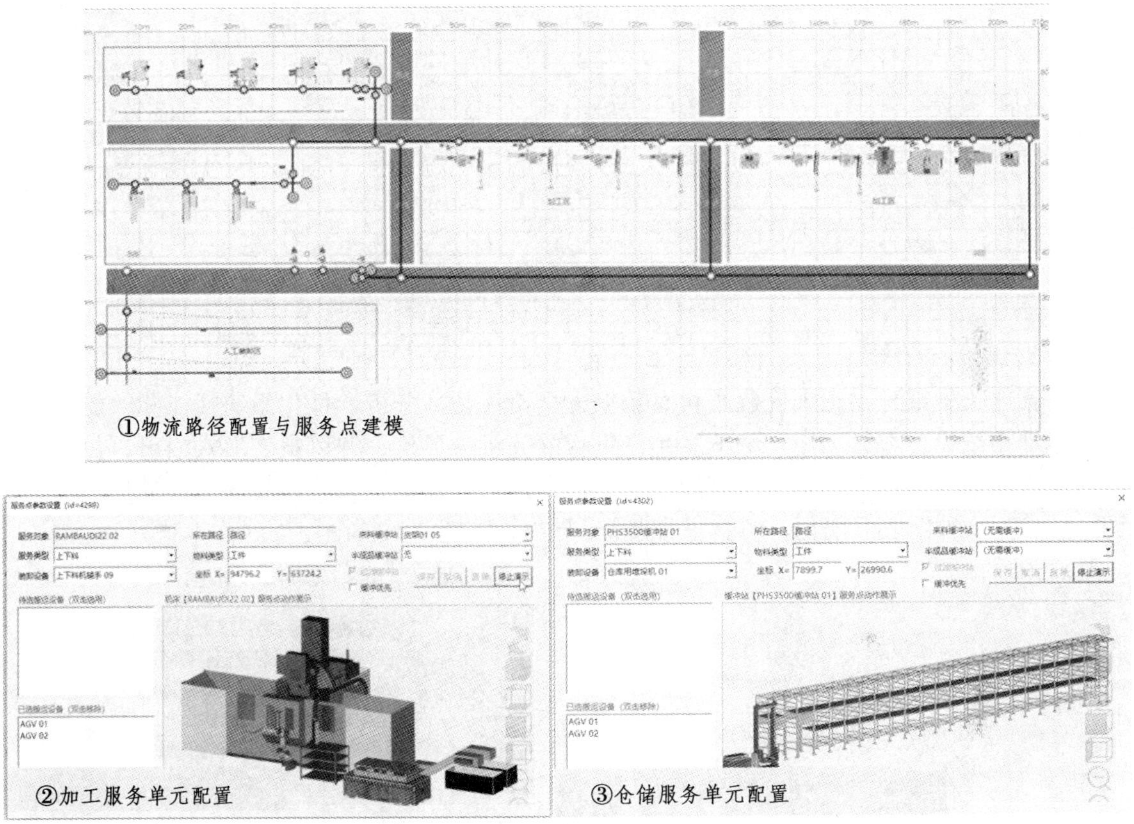

图 4-8　服务单元和车间物流关系配置建模

4. 车间虚拟漫游

支持沿固定路径对车间全景漫游，再现工艺过程，全程语音讲解。车间虚拟漫游包括如下模块：漫游路径编辑、漫游路径关联工艺信息、三维场景渲染、车间全景漫游。后期可结合虚拟现实硬件设备进行虚拟参观，用于工厂体验、企业宣传、培训等。

5. 生产过程仿真

通过 Excel 导入工件信息、工艺信息和排程信息，自动检查排程的合理性，并创建计划甘特图；基于输入信息实现资源、工序和物流的动态绑定，自动生成仿真模型，如图 4-9 所示。以工件（流动实体）作为信息的载体，收集仿真过程中的加工数据、物流数据、仓储数据、工件流转数据，并统计出设备利用率。

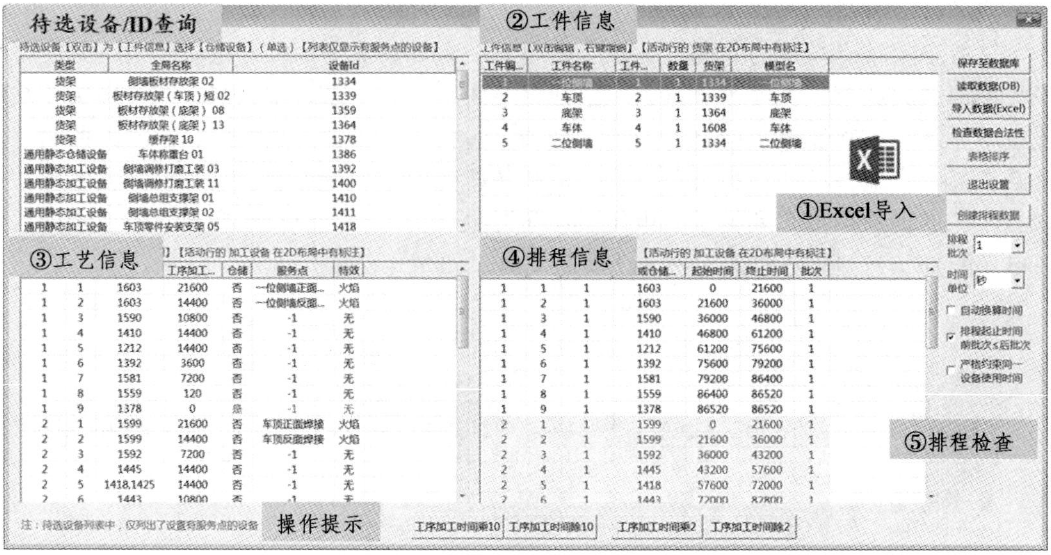

图 4-9　生产过程仿真

6. 仿真评价分析

仿真评价子系统多个维度收集仿真数据，全面评估、分析、优化系统性能和效能，主要进行生产系统设备布局、生产物流、生产过程的分析与评价，并以报表形式输出，包括如下模块：生产计划、物流、仓储、利用率、平衡率等系统性能全面分析和评估，甘特图、折线图、柱状图多种图表可视化，仿真报告 Word 导出，如图 4-10 所示。

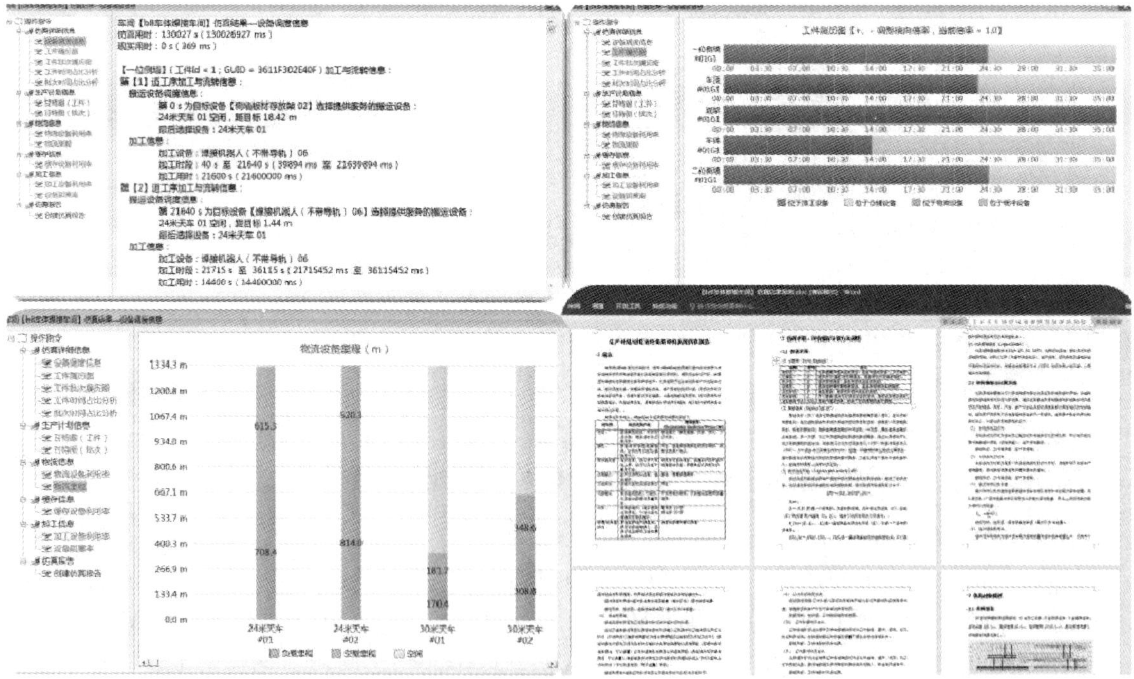

图 4-10　仿真结果输出与评价分析

五、aDMiS-Sim（也称 ePlant-Sim）仿真软件的理论知识

介绍理论研究方面的内容：仿真策略与算法（仿真底层算法驱动引擎）、仿真评价方法、随机变量、仿真试验方法 DOE（仿真如何结合试验方法）、仿真优化算法（仿真如何结合优化方法）。生产仿真的理论组成如图 4-11 所示。

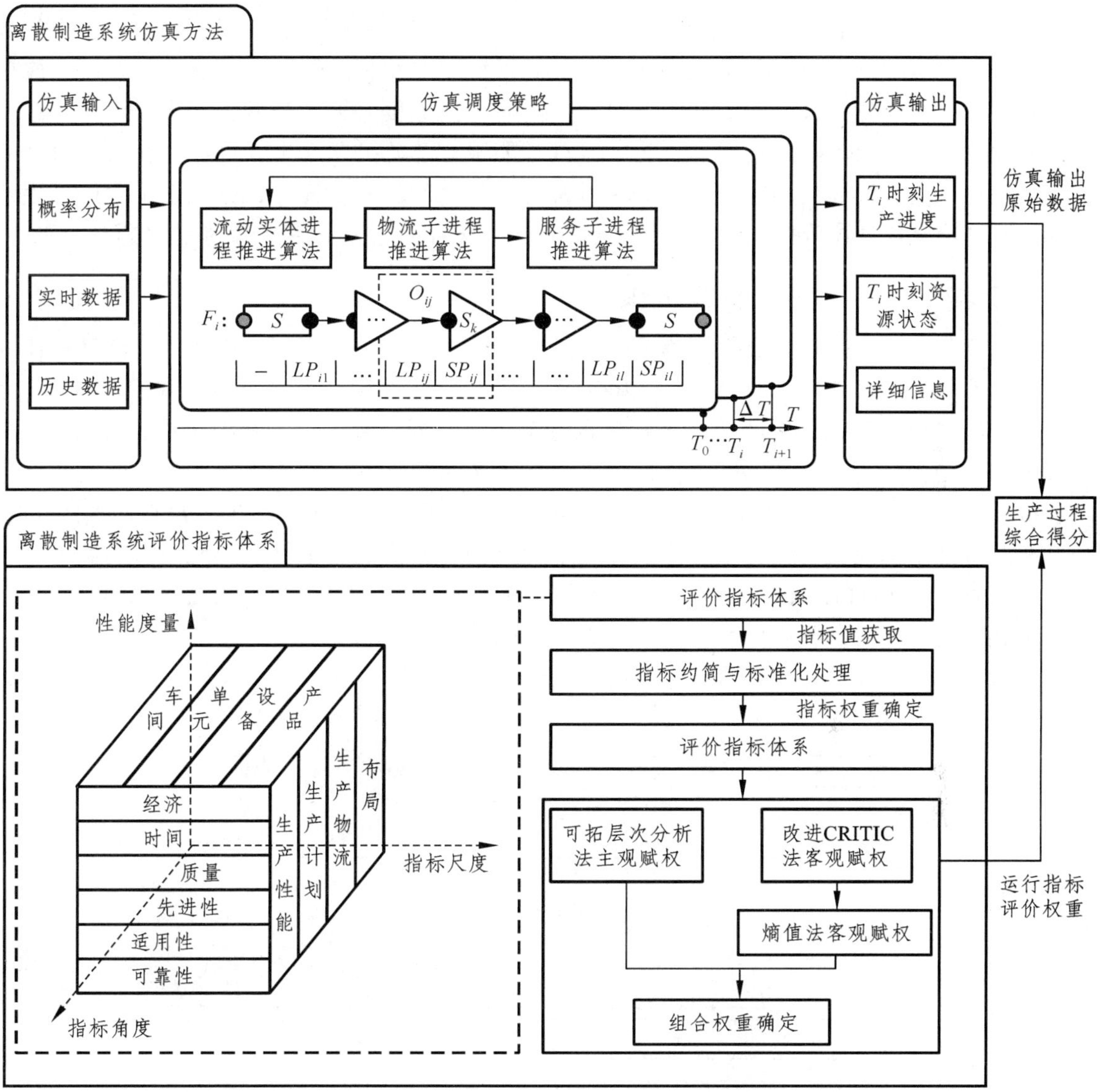

图 4-11　生产仿真的理论组成

根据离散事件系统基本仿真要素——事件、活动和进程，离散系统仿真方法可以分为事件调度法、活动扫描法和进程交互法。其中，进程交互法容易理解，便于建模，在制造系统仿真中得到广泛应用。进程交互法以基本模型单元为进程，进程针对某类实体的生命周期而建立，它包含若干个有序的事件及活动。进程交互法以所有进程中时间值最小的无条件延迟复活点来推进仿真时钟，当时钟推进到一个新的时刻后，如果某一工件在进程中解锁，就将该工件从当前复活点一直推进到下一次延迟发生为止。延迟是指工件的进程随着仿真时间的前

进不断推进，直到发生某些延迟才暂时停止。延迟又分为：① 无条件延迟，实体停留在进程中的某一点上，直到预先确定的延迟期满（例如工件接收服务）；② 条件延迟，延迟期长短与系统状态有关，事先无法确定（例如满足装载条件）。

基于离散车间统一建模与虚拟重构方法，对传统进程交互法进行了改进，提出基于分布式智能服务单元的离散制造系统仿真方法，将集中式任务分配和调度改变成分段式多级任务分配和调度。首先，通过自动解析生产任务，获得工艺路径和相关制造资源，形成生产任务集；然后，将缓冲器、执行器、流动实体、控制器绑定在某个虚拟服务节点上，自动生成单元控制逻辑，构建分布式智能生产服务单元，同时将任务集分解到智能生产服务单元中；进而，通过物流调度及动态路径规划，将一系列智能服务单元关联起来；最后，在仿真时钟的统一协调下，由各智能生产服务单元分别解决各自的生产、调度任务，完成整个生产过程的仿真。通过给出各种评价指标对仿真结果进行分析，达到对复杂离散制造系统分析的目的。

（一）基于生产逻辑模型的仿真机制

基于离散车间统一建模方法，为每个流动实体建立生产逻辑模型，作为一个流动实体的生产活动进程，如图 4-12（a）所示。如前文所述，生产活动可以视为一系列交替进行的物流活动和生产活动。因此，生产活动进程可以分解为一系列交替进行的物流子进程 $P[S_{i-1}, S_i]$ 和服务单元中的服务子进程 $P[S_i]$。本书将一个物流活动和一个生产活动称为一个生产任务 PT。换言之，一个生产任务包括一个物流子进程和一个服务子进程，即 $PT_i=P[S_{i-1}, S_i]+P[S_i]$。基于离散事件系统建模仿真方法，进程又可以分解为若干活动和事件。因此，流动实体的一个生产任务 PT_i 中的物流子进程 $P[S_{i-1}, S_i]$和服务子进程 $P[S_i]$分别建模为如图 4-12（b）和 4-12（c）所示的结构，其中事件和活动的释义如表 4-3 所示。

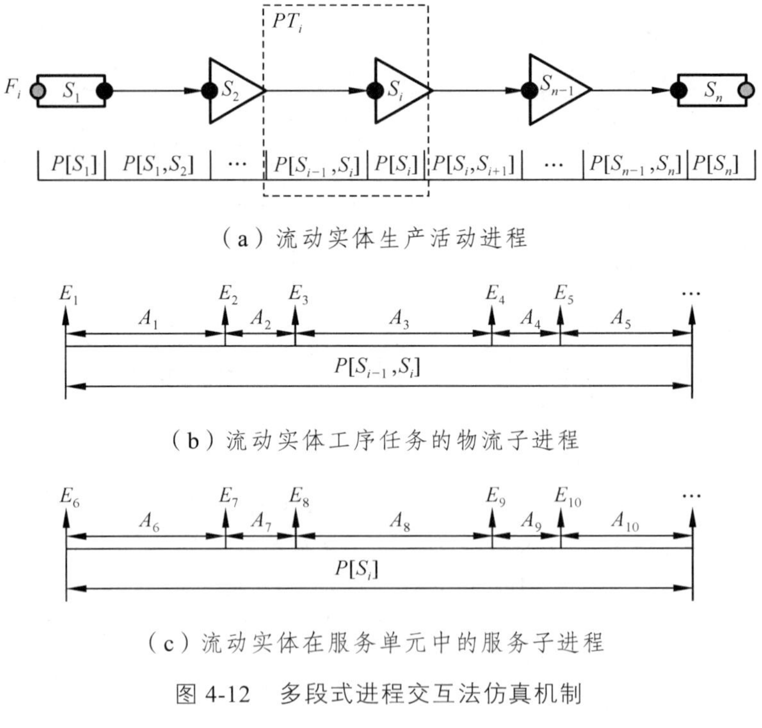

图 4-12　多段式进程交互法仿真机制

表 4-3　图 4-12 中的符号释义

符号	释义	符号	释义
E_1	F_i 到达队首（在 S_{i-1} 中排队）	A_1	F_i 等待物流运输服务活动
E_2	E_{ext} 到达 S_{i-1}	A_2	F_i 从 S_{i-1} 装载到 E_{ext} 活动
E_3	F_i 装载完成	A_3	F_i 随 E_{ext} 前往 S_i 活动
E_4	E_{ext} 到达 S_i	A_4	F_i 从 E_{ext} 卸载到 S_i 活动
E_5（E_6）	F_i 卸载完成	A_5（A_6）	F_i 在 S_i 中排队活动
E_7	F_i 到达队首且处理器空闲	A_7	F_i 从缓存器装载到机床（处理器）
E_8	F_i 装载完成	A_8	F_i 接受处理器服务
E_9	F_i 服务结束	A_9	F_i 从处理器卸载到缓存器
E_{10}	F_i 卸载完成	A_{10}	F_i 在 S_i 中缓存器排队活动

（二）生产任务解析算法

1. 模型描述

如图 4-12（a）所示，生产任务解析算法的目的是将仿真输入（生产任务、生产工序和生产计划）解析生成流动实体生产活动进程，并通过遍历这些流动实体生产活动进程，选出满足执行条件的工序任务 PT_i，同时将其分解为物流子进程 $P[S_{i-1}, S_i]$和服务子进程 $P[S_i]$。

图 4-13 描述生产任务解析过程原理，主要分为工件任务集的生成、工序任务集的生成和工序任务拆分与执行三个步骤。

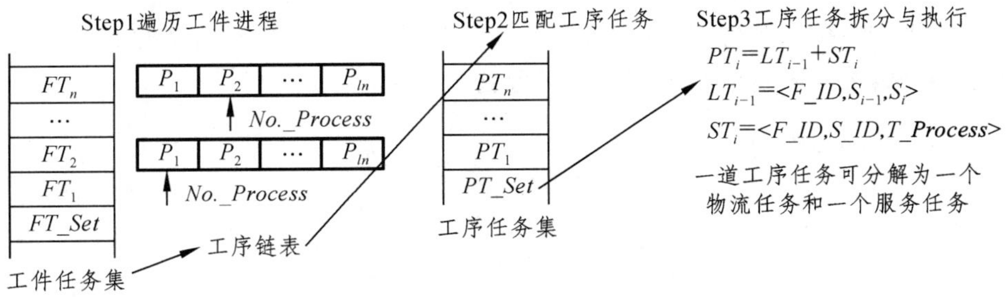

（a）形式化描述

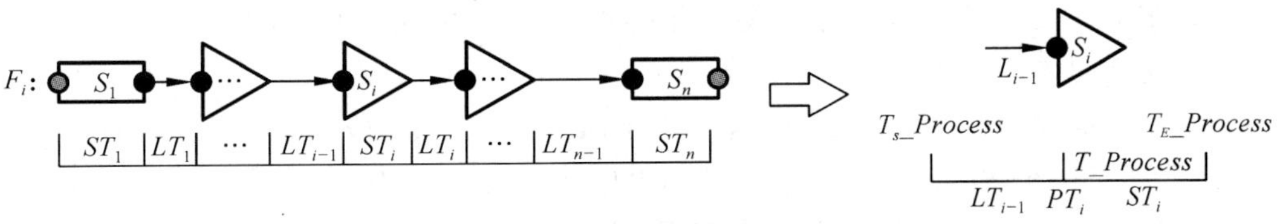

（b）图形化描述

图 4-13　生产任务解析算法原理

1）Step1：工件任务集的生成

解析生产任务和工序，将工序（链）关联到工件，考虑工序的顺序约束，生成工件任务集和工序链表。假设有 n 类工件（流动实体，F），第 i 类工件有 m_i 个，则自动生成有 $\sum_{i=1}^{n} m_i$ 个工件的工件任务集（FT_Set）：

$$FT\_Set=\left\{FT_1,FT_2,\cdots,FT_i \mid 1\leqslant i\leqslant \sum_{i=1}^{n} m_i\right\} \tag{4-1}$$

$$FT ::=< F\_ID >< No.\_Process >< Num\_Process > \tag{4-2}$$

式中：F_ID 为工件编号；$No.\_Process$ 为当前工序号，工序号从 1 开始按自然数依次递增编号，初始为 1，每完成一道工序递增 1，永远指向将要进行的工序；$Num\_Process$ 为总工序数，当 $No.\_Process=Num\_Process$ 时，表示该工件所有工序已完成，可以从工件任务集中移除，工件任务集为空，则所有工件加工完成，仿真结束。

2）Step2：工序任务集的生成

考虑排程的时间约束，将生产计划关联到工序。假设第 i 类工件有 l_i 道工序，则根据工件数可以生成有 $\sum_{i=1}^{n} m_i l_i$ 道工序的工序任务集（PT_Set）：

$$PT\_Set=\left\{PT_1,PT_2,\cdots,PT_i \mid 1\leqslant i\leqslant \sum_{i=1}^{n} m_i l_i\right\} \tag{4-3}$$

$$PT ::=< F\_ID >< S\_ID >< T\_Process >< T_S\_Process >< T_E\_Process > \tag{4-4}$$

式中：S_ID 为服务单元编号；$T\_Process$ 为服务时长（辅助时间与加工时间之和）；$T_S\_Process$ 为工序任务计划开始时间[从物流任务起算，即考虑了物流时间（估计值）和加工服务时间]，工序任务开始触发条件；$T_E\_Process$ 为工序任务计划结束时间。

3）Step3：任务的拆分与执行

遍历工件进程，读取工件 F_i 的当前工序，与工序任务集的工序任务进行匹配，将匹配成功的工序任务分解为一个物流任务和一个服务任务：

$$\begin{aligned} &PT = LT + ST \\ &LT =< F\_ID, S_{i-1}, S_i > \\ &ST =< F\_ID, S\_ID, T\_Process > \end{aligned} \tag{4-5}$$

式中：LT 为物流任务，即将工件编号为 F_ID 的工件从服务单元 S_{i-1} 运送到 S_i 接受服务；ST 为服务单元服务任务（含加工和仓储），即将工件编号为 F_ID 的工件送到服务单元编号为 S_ID 的服务单元接受服务，服务时长为 $T\_Process$。

遍历工序任务集 PT_Set，将满足排程时间约束（$T_{\text{Now}}\geqslant T_S\_Process$）的工序任务分解为物流任务 LT 和服务任务 ST，并下发执行；其中物流任务 LT 的执行过程采用物流子进程交互算法，服务任务 ST 的执行过程采用服务子进程交互算法。

2. 算法流程

在每个仿真时钟步长 Δt 内，都扫描一次所有工件进程，选出当前工序与工序任务集匹配，分发匹配的工序任务推进该工序进程，直至遇到延迟（包括延迟条件和非延迟条件），并返回执行结果。生产任务解析算法流程如图 4-14 所示。

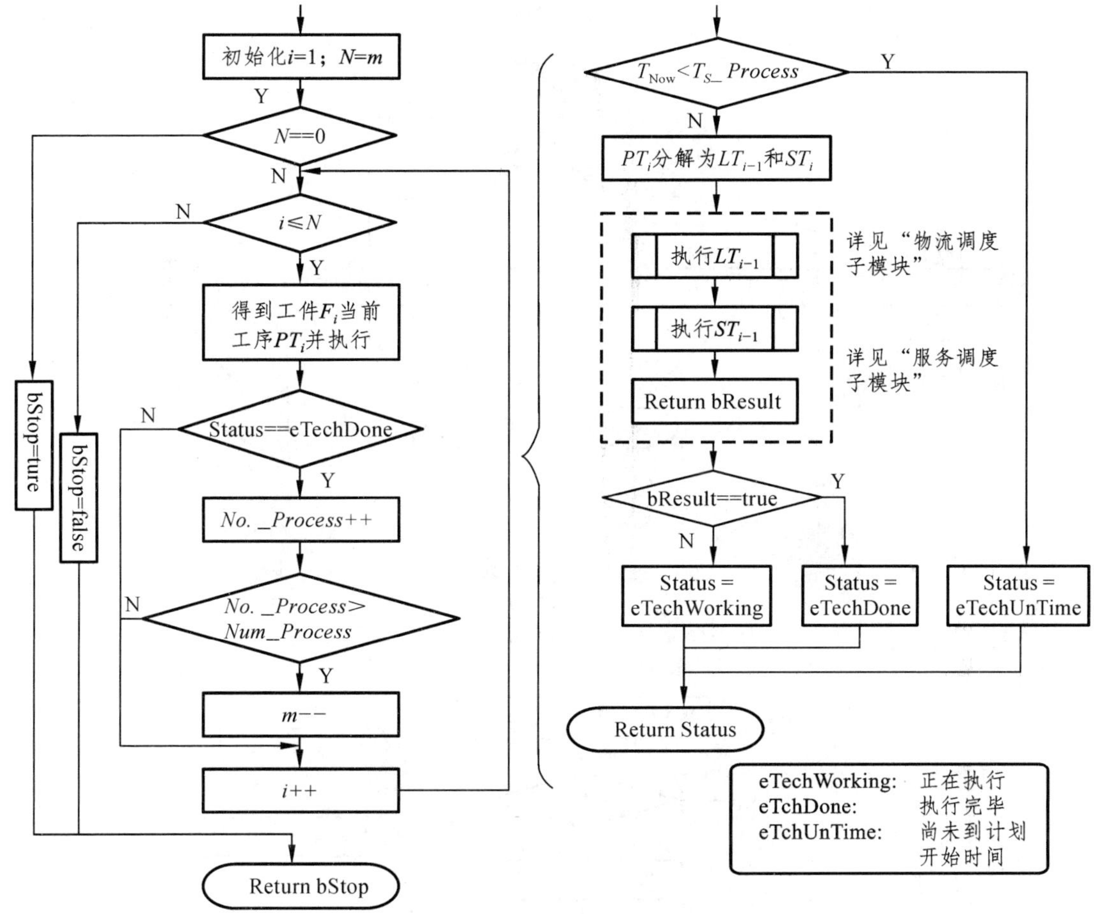

图 4-14　生产任务解析算法流程

（三）物流子进程交互算法

1. 模型描述

如图 4-12（b）所示，物流子进程交互算法负责物流子进程 $P[S_{i-1}, S_i]$的推进和进程中物流设备、服务单元与物流路径的交互。物流子进程包括 5 个活动和 5 个事件，其目的是实现流动实体从服务单元 S_{i-1} 运输到服务单元 S_i，基础是物流路径网络模型以及基于物流路径网络的物流设备调度算法、最短路径规划算法。以典型 AGV 物流服务为例，5 个活动及参与该活动的模型如图 4-15 所示。

2. 算法流程

基于单次物流子进程的分析，仿真流程如图 4-16 所示。

（四）服务子进程交互算法

1. 模型描述

如图 4-12（c）所示，服务子进程交互算法负责服务单元内服务子进程 $P[S_i]$的推进和进程中控制设备、加工设备、物流设备、缓存设备间的交互。服务子进程包括 5 个活动和 5 个事件，基础是服务单元模型。以加工服务单元为例，5 个活动及参与该活动的模型如图 4-17 所示。

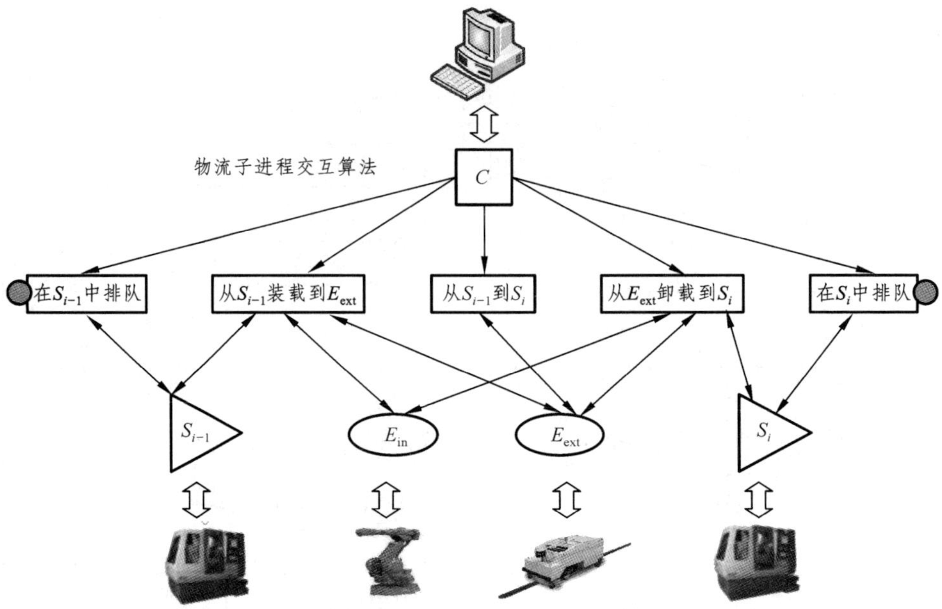

图 4-15　物流子进程交互算法原理图

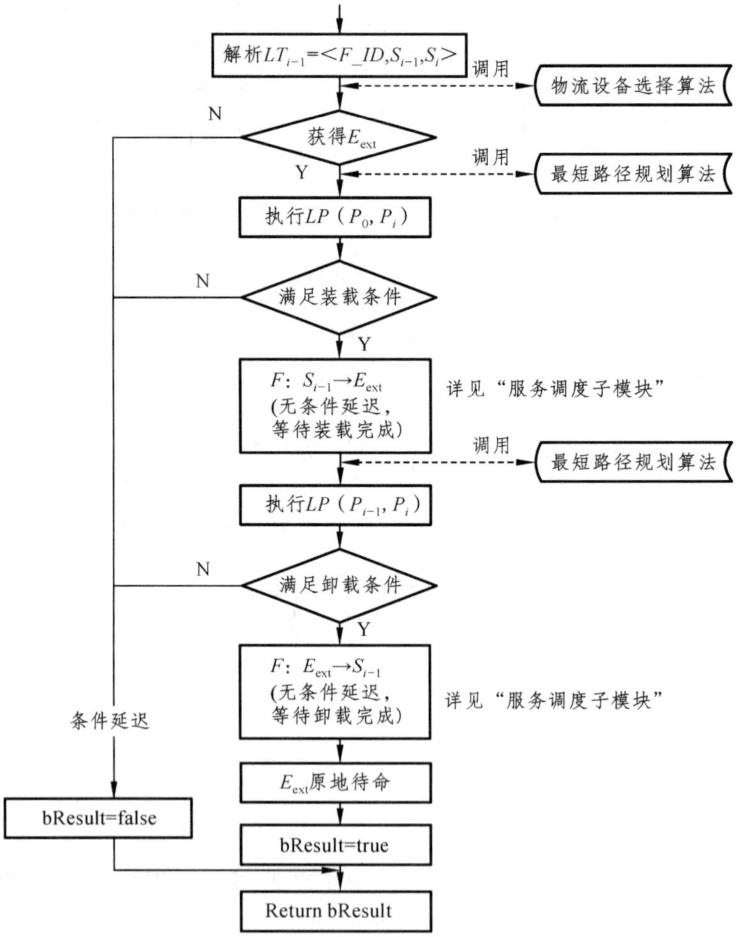

图 4-16　物流子进程交互算法流程

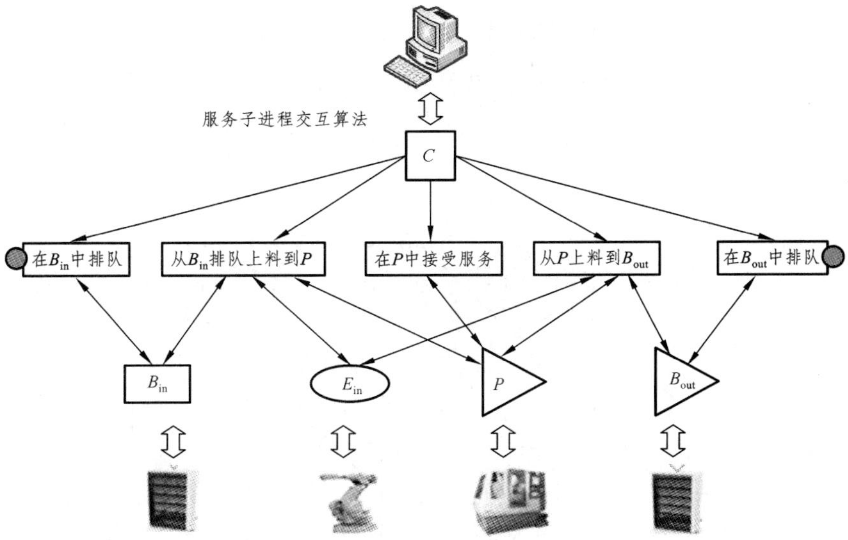

图 4-17　服务子进程交互算法原理图

2. 算法流程

基于单次服务子进程的分析，仿真流程如图 4-18 所示。

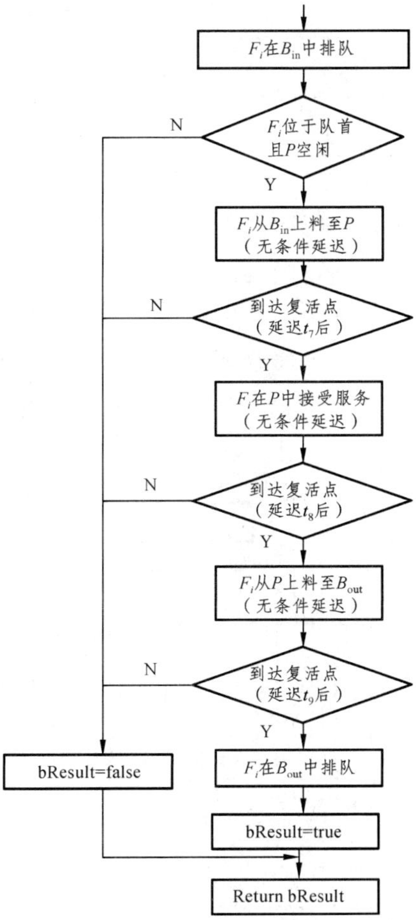

图 4-18　服务子进程交互算法流程

（五）离散制造系统评价体系构建

下面通过将离散制造系统的评价指标在三维空间上进行分配，建立以指标角度、性能度量和指标尺度为维度的评价指标体系。所建立的离散制造系统评价指标体系三维空间模型如图 4-19 所示。

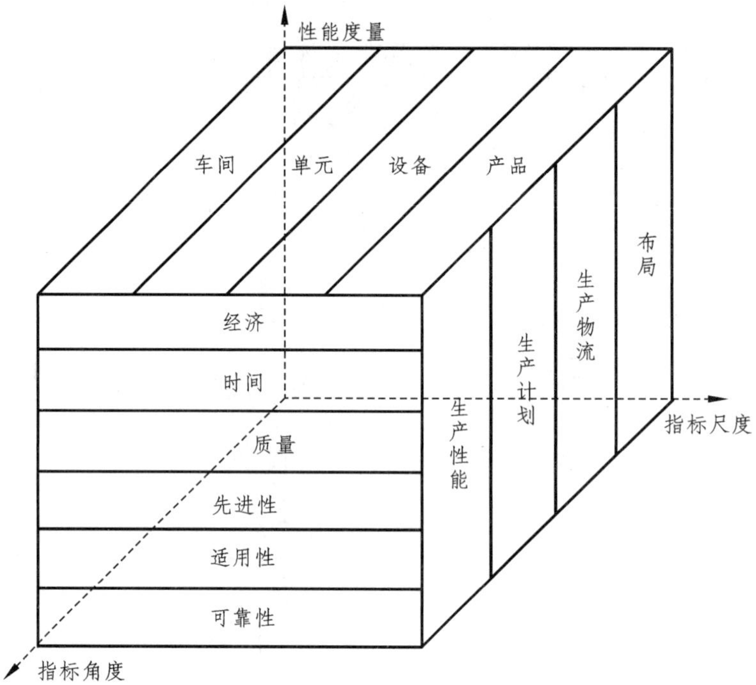

图 4-19　离散制造系统评价指标体系维度

根据评价需求确定评价角度，通过综合法、分析法、指标属性分组法等方法将与评价目标相关的评价指标分配到所建立的评价体系维度模型中，从目标层、准则层、指标层建立对应评价目标下的评价指标体系，如图 4-20 所示。

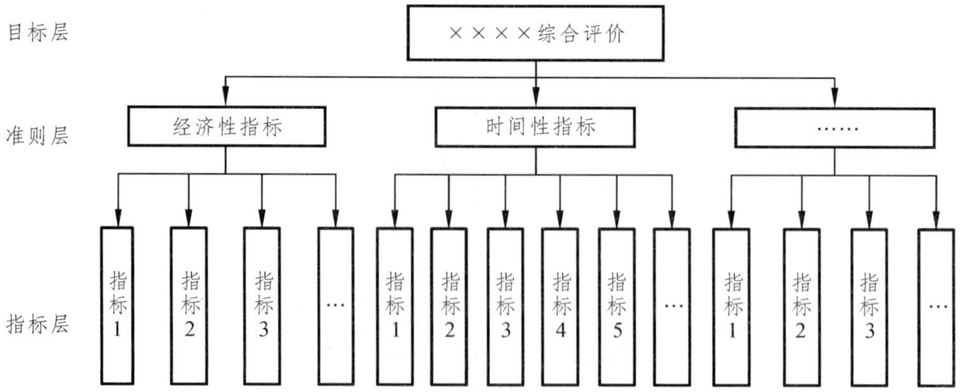

图 4-20　评价指标体系结构

1. 基于主客观结合的综合评价方法

当前应用于离散车间评价指标赋权的方法多为单一的主观、客观赋权法，而通过单一的主观、客观赋权法得到的指标权重往往是不全面、不科学的，会对评价结果造成较大的差异性。本书提出一种基于组合赋权的离散车间综合评价方法，该方法通过综合可拓层次分析法、熵值法和改进 CRITIC（Criteria Importance Through Intercriteria Correlation）法得到具有主客观意义的组合权重，提高了离散车间综合评价的科学性。

基于所构建的评价指标体系，其综合评价流程如图 4-21 所示。

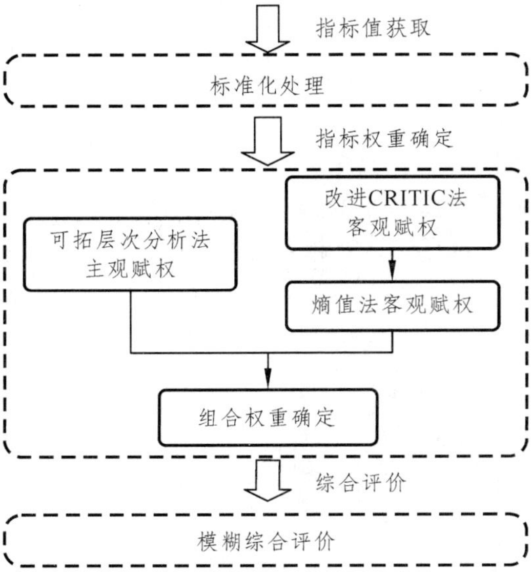

图 4-21　基于组合赋权的离散车间综合评价流程

本节中所用到的变量释义如表 4-4 所示。

表 4-4　变量释义

变量	释义
n	样本数量
m	评价指标数
x_{ij}	第 i 个样本的第 j 项指标值
z_{ij}	x_{ij} 标准化后的无量纲值
p_{ij}	z_{ij} 归一化处理后的值
σ_j	第 j 项指标的标准差
u_j	第 j 项指标的均值
r_{jk}	第 j 项评价指标与第 k 项评价指标间的相关系数
$w_j^{主}$	第 j 项指标的主观权重
$w^{熵}$	通过熵值法确定的评价指标客观权重
$w^{改}$	通过改进 CRITIC 法确定的评价指标客观权重
$w_j^{客}$	第 j 项指标的客观权重

续表

变量	释义
$w_j^{组}$	第 j 项指标的组合权重
H_i	第 i 个样本的综合评分
$y_1 \sim y_n$	生产计划样本方案 $1 \sim n$
$B_1 \sim B_m$	评价指标代号 $1 \sim m$

2. 标准化处理

不同的评价指标具有不同的意义及量值，为了使评价结果更加准确，需要通过标准化处理消除指标间维度不同对评价结果产生的影响。评价指标可以分为四类：越大越优型、越小越优型、越靠近某一固定值 β 越优型以及越靠近某一区间 $[\alpha_1, \alpha_2]$ 越优型，各类指标的标准化处理公式如下：

（1）对于越大越优型指标：

$$z_{ij} = \frac{x_{ij} - \min(x_{ij})}{\max(x_{ij}) - \min(x_{ij})} \tag{4-6}$$

（2）对于越小越优型指标：

$$z_{ij} = \frac{\max(x_{ij}) - x_{ij}}{\max(x_{ij}) - \min(x_{ij})} \tag{4-7}$$

（3）对于越靠近某一固定值 β 越优型指标：

$$z_{ij} = 1.0 - \frac{\left|x_{ij} - \beta\right|}{\max\left|(x_{ij} - \beta)\right|} \tag{4-8}$$

（4）对于越靠近某一区间 $[\alpha_1, \alpha_2]$ 越优型指标：

$x_{ij} < \alpha_1$ 时：

$$z_{ij} = \frac{1.0 - \left|\propto_1 - x_{ij}\right|}{\max\left|[\propto_1 - \min(x_{ij})], [max(x_{ij}) - \propto_2]\right|} \tag{4-9}$$

$x_{ij} > \alpha_2$ 时：

$$z_{ij} = \frac{1.0 - \left|x_{ij} - \propto_2\right|}{\max\left|[\propto_1 - \min(x_{ij})], [\max(x_{ij}) - \propto_2]\right|} \tag{4-10}$$

3. 基于可拓层次分析法的主观权重确定

层次分析法（Analytic Hierarchy Process，AHP）是一种主观赋权方法，其特点是对评价对象进行逐层分析，对各层次内部的要素重要度进行两两对比，构造出判别矩阵并进行一致性检验，进一步确定各指标权重。传统层次分析法未考虑到人为判断的模糊性，所构建的判别矩阵没有柔性；另一方面，判别矩阵不满足一致性检验时，对判别矩阵进行调整具有较大的盲目性。可拓层次分析法（Extension AHP）在经典层次分析法的基础上，结合可拓学理论进行改进，充分考虑了人为判断的模糊性，且根据可拓层次分析法得到的判断矩阵满足一致性，无须再进行检验。

可拓层次分析法赋权步骤如下：

1）构造可拓判别矩阵

根据建立的评价指标体系，对评价目标下的评价对象进行层次结构分析，对于非指标层的某个元素，将下一层属于该元素下的各要素进行两两比较（假定该元素包含 l 个要素），根据各要素间的相对重要度构建可拓判别矩阵 $\boldsymbol{A}=[a_{ij}]_{l\times l}$。可拓判别矩阵 $\boldsymbol{A}$ 中每个元素 $a_{ij}=(a_{ij}^-,a_{ij}^+)$ 都是可拓区间数，其中 a_{ij}^-、a_{ij}^+ 为标度值，如表 4-5 所示，且 $\boldsymbol{A}$ 为互反矩阵，即

$$a_{ii}=1, a_{ji}=a_{ij}^{-1}=(1/a_{ij}^+, 1/a_{ij}^-)$$

$$i=1,2,\cdots,l; j=1,2,\cdots,l$$

表 4-5　层次分析法标度

标度	说明
1	i 和 j 相比，两个要素同样重要
3	i 比 j 稍微重要
5	i 比 j 明显重要
7	i 比 j 非常重要
9	i 比 j 绝对重要
2、4、6、8	表示两相邻标度的中间值

2）计算可拓判别矩阵特征向量

① 根据可拓判别矩阵 $\boldsymbol{A}$ 构建左右判断矩阵，即 $\boldsymbol{A}=(\boldsymbol{A}^-,\boldsymbol{A}^+)$，$\boldsymbol{A}^-=[a_{ij}{}^-]_{l\times l}$，$\boldsymbol{A}^+=[a_{ij}{}^+]_{l\times l}$。

② 计算左右判断矩阵 $\boldsymbol{A}^-$、$\boldsymbol{A}^+$ 的最大特征值 λ^-、λ^+ 以及归一化后的特征向量 $\boldsymbol{x}^-$、$\boldsymbol{x}^+$。

③ 计算参数 p 和 q 的值，即

$$p=\sqrt{\sum_{j=1}^{l}\frac{1}{\sum_{i=1}^{l}a_{ij}{}^+}} \tag{4-11}$$

$$q=\sqrt{\sum_{j=1}^{l}\frac{1}{\sum_{i=1}^{l}a_{ij}{}^-}} \tag{4-12}$$

根据上述步骤即可求得可拓判别矩阵 $\boldsymbol{A}$ 的特征向量 $\boldsymbol{S}=(px^-,qx^+)$。

3）单排序权重向量计算

对某元素下一层所属的每个要素，有区间数：

$$\boldsymbol{Q}=(Q_1,Q_2,\cdots,Q_l)^{\mathrm{T}}=\langle px^-,qx^+\rangle \tag{4-13}$$

其中，Q_l 表示该元素下一层的第 l 个要素对该元素的可拓区间权重。

令 $Q_i=\langle Q_i^-,Q_i^+\rangle$，$Q_j=\langle Q_j^-,Q_j^+\rangle$，通过下式计算区间数 Q_i 比 Q_j 重要的可能程度：

$$V(Q_i\geqslant Q_j)=\frac{2(Q_i^+-Q_j^-)}{(Q_j^+-Q_j^-)(Q_i^+-Q_i^-)} \tag{4-14}$$

取定 j 值，使得 $\forall i=1,2,\cdots,l(i\neq j)$，满足 $V(Q_i\geqslant Q_j)\geqslant 0$ 成立，则取 $P_j=1$， $P_i=V(Q_i\geqslant Q_j)$。其中，P_i 指某元素下一层的第 i 个要素对该元素的单排序，将各要素单排序归一化后可得到 $\boldsymbol{P}=[P_1,P_2,\cdots,P_l]$，表示某元素下一层各要素对该元素的单排序可拓层次主观权重向量。

4）主观权重计算

以目标层为评价因素，准则层各准则为要素，根据上述步骤，得到准则层各准则对目标层的权重向量。同理，以各准则层为评价因素，准则层下各项评价指标为要素，可得到各评价指标对所属准则的权重向量，通过乘法结合，即可得到各评价指标对目标层的主观权重。

4. 基于改进 CRITIC 法与熵值法的客观权重确定

CRITIC 法是一种根据评价指标在不同样本取值的差异性以及同一样本中各评价指标的冲突性确定各指标权重的客观赋权方法。CRITIC 法兼顾指标的差异性和冲突性，但使用带量纲的标准差反映指标的差异性具有较大不足，此外，指标间的相关系数出现负值时，会对赋权结果产生影响。改进 CRITIC 法使用无量纲的标准差系数表示指标的差异波动情况，并通过对指标间的相关系数取绝对值以避免指标负相关对指标之间的冲突性判断造成影响。

改进 CRITIC 法计算评价指标权重公式如下：

$$C_j=\frac{\sigma_j}{u_j}\sum_{k=1}^{m}(1-|r_{jk}|),\ \ j=1,2,\cdots,m \tag{4-15}$$

$$w_j^{改}=C_j/\sum_{j=1}^{m}C_j \tag{4-16}$$

其中，C_j 为第 j 个评价指标所包含的信息量；$w_j^{改}$ 为改进 CRITIC 法确定的第 j 项评价指标的权重；$\sum_{k=1}^{m}(1-|r_{jk}|)$ 表示第项指标与其他指标冲突性的量化公式。

熵值法通过指标的离散程度表示其变异度的大小，从而得到客观权重。通过将改进 CRITIC 和熵值法进行组合，可兼顾考虑各指标间的差异性和冲突性，使客观权重更为合理。

熵值法赋权步骤如下：

1）计算第 j 项指标的熵值 E_j

$$E_j=-k\sum_{i=1}^{n}p_{ij}\ln(p_{ij}) \tag{4-17}$$

其中，$k=1/\ln(m)$， $p_{ij}=\dfrac{z_{ij}}{\sum_{i=1}^{m}z_{ij}}$。

2）计算第 j 项指标的差异系数 D_j

$$D_j=1-E_j,\ \ (j=1,2,\cdots,m) \tag{4-18}$$

3）计算第 j 项指标的权重 $w_j^{熵}$

$$w_j^{熵}=\frac{D_j}{\sum_{j=1}^{m}D_j} \tag{4-19}$$

评价指标客观权重通过熵值法与改进 CRITIC 法共同确定：

$$w^{客} = (w^{熵} + w^{改}) / 2 \tag{4-20}$$

5. 组合权重确定

层次分析法等主观赋权方法受学者知识水平等主观因素的影响，而熵值法、CRITIC 法等客观赋权方法则依赖于所提供的评价客体样本数据情况，不能综合考虑数据之外的情况。单一的主客观赋权法都具有较大的局限性，通过组合赋权方式可以结合主客观赋权法的优点，在结合学者知识的同时，充分考虑样本数据的客观性，最大限度地减少信息的损失，提高评价的可靠性。

传统的权重组合方法有乘法合成法及线性加权法。

乘法合成法：

$$w_j^{组} = \frac{w_j^{主} w_j^{客}}{\sum_{j=1}^{m} w_j^{主} w_j^{客}} \tag{4-21}$$

线性加权法：

$$w_j^{组} = \varepsilon^{主} w_j^{主} + \varepsilon^{客} w_j^{客} \tag{4-22}$$

其中，ε 为各策略权重的分配系数，且 $\varepsilon^{主} + \varepsilon^{客} = 1$。

乘法合成法对各指标权重差异性较为敏感，一般应用于指标个数较多、各指标权重分配较均衡的情况；线性加权法对各权重的差异性不敏感，适合各评价策略相互独立的情况。本书中离散车间生产计划评价指标体系指标数较少，各指标权重分配不均衡，故采用线性加权法进行组合权重计算，并取 $\varepsilon^{主}$ 为 0.5。

6. 模糊综合评价

定义模糊评语集 $\boldsymbol{V} = \{V_1, V_2, V_3, V_4, V_5\}$，其中 $\{V_1 \sim V_5\}$ 分别对应{优，良，中，差，很差}，各状态隶属区间划分如表 4-6 所示。

表 4-6　隶属区间表

H 值	评语
0 ~ 0.2	很差
0.2 ~ 0.4	差
0.4 ~ 0.6	中
0.6 ~ 0.8	良
0.8 ~ 1	优

对各项评价方案进行模糊综合评价，将各方案样本标准化后的指标值作为指标评分值，结合所确定的各项指标组合权重，得到各方案的综合评分值：

$$H_i = \sum_{j=1}^{m} w_j^{组} z_{ij} \tag{4-23}$$

其中，$i = 1, 2, \cdots, n; j = 1, 2, \cdots, m$。

第二节　生产过程仿真实训项目设计

生产过程仿真实训项目，主要面向机械制造行业，智能制造工程、机械设计制造及其自动化、工业工程等专业，其目的是培养与提升学生掌握数字化建模与仿真工具的原理、使用方法，利用数字化建模与仿真手段解决智能制造系统的布局规划、参数配置、运行优化等方面的问题，培养学生在实际制造过程中的问题分析与解决能力。

通过生产物流仿真软件，创建制造系统的数字化模型，对生产过程及其物流过程进行仿真，比较多个生产方案，并进行产能的评估与分析，检查和消除物流瓶颈，提高资源的利用率进而优化生产线性能，在生产规划的早期阶段做出快速而可靠的决策，培养学生利用仿真手段进行制造系统生产优化的能力。

主要针对基础技能型人才培养、专业技术型人才培养、创新研究型人才培养，分为基础认知型、专业技能型、创新研究型三层次阶梯式的实训，如表 4-7 ~ 表 4-9 所示。

表 4-7　生产过程仿真实训项目 1

<table>
<tr><td>实训项目名称</td><td>生产过程仿真实训项目</td></tr>
<tr><td>实训层次类型</td><td>■基础技能型　□专业技术型　□创新研究型</td></tr>
<tr><td>实训对象</td><td>基础技能型人才：高职院校专科生、企业技术人员</td></tr>
<tr><td colspan="2">实训目标</td></tr>
<tr><td colspan="2">（1）掌握制造系统中各类设备的类型、组成、功能、特点和原理；
（2）掌握制造系统中的结构体系、运行原理和运行过程；
（3）掌握生产物流仿真软件的使用，能利用仿真软件实现仿真验证与分析</td></tr>
<tr><td>实训时长</td><td>3 课时</td></tr>
<tr><td colspan="2">实训基础</td></tr>
<tr><td colspan="2">先修课程：制造系统建模与仿真、现代制造系统、生产物流仿真、先进制造系统等</td></tr>
<tr><td colspan="2">实训内容</td></tr>
<tr><td colspan="2">（1）了解各类生产物流设备的特点、功能、组成和使用方法；
（2）掌握生产物流系统的运行原理与运行过程；
（3）掌握生产仿真软件的使用方法；
（4）利用生产仿真软件对制造系统进行仿真建模、仿真运行分析与验证</td></tr>
<tr><td colspan="2">评分标准</td></tr>
<tr><td colspan="2">根据学生实训中的操作规范程度、实训过程情况、实训任务完成情况和实训报告进行综合评分</td></tr>
<tr><td colspan="2">实训设备及工具</td></tr>
<tr><td colspan="2">硬件资源：计算机与图形工作站、小型立式三轴加工中心、小型五轴数控加工中心、视觉检测台、激光打标机、智能立体库、堆垛机、仓储管理系统、AGV 小车、协作机器人、上下料机器人等设备。
软件资源：建模软件 Catia/UG、车间仿真软件 aDMiS-Sim（也称 ePlant-Sim）（或生产物流仿真软件 Flexsim/PlantSimulation）</td></tr>
</table>

表 4-8　生产过程仿真实训项目 2

实训项目名称	生产过程仿真实训项目
实训层次类型	□基础技能型　■专业技术型　□创新研究型
实训对象	专业技术型人才：高等院校本科生
实训目标	
（1）掌握制造系统设备、单元、系统的类型、组成、功能、特点和原理； （2）掌握生产仿真软件的使用与开发方法； （3）能够利用生产物流仿真软件对实际制造系统进行仿真分析与优化； （4）掌握生产仿真的理论方法与优化算法	
实训时长	8 课时
实训基础	
先修课程：制造系统建模与仿真、现代制造系统、物流设施与规划、生产物流仿真、先进制造系统、计算机集成制造系统等	
实训内容	
（1）掌握各类生产物流系统和设备的特点、功能、组成和使用方法； （2）了解生产仿真的理论方法； （3）掌握生产物流仿真软件的使用和开发方法； （4）利用生产物流仿真软件对实际制造系统进行仿真、验证、分析与优化	
评分标准	
根据学生对制造系统对象的认知熟悉程度，对生产仿真理论的了解程度，对仿真软件的掌握程度，对实际制造系统仿真的应用效果综合进行评价打分	
实训设备及工具	
硬件资源：计算机与图形工作站、小型立式三轴加工中心、小型五轴数控加工中心、视觉检测台、激光打标机、智能立体库、堆垛机、仓储管理系统、AGV 小车、协作机器人、上下料机器人等设备。 软件资源：建模软件 Catia/UG、车间仿真软件 aDMiS-Sim（也称 ePlant-Sim）（或生产物流仿真软件 Flexsim/PlantSimulation）	

表 4-9　生产过程仿真实训项目 3

<table>
<tr><td>实训项目名称</td><td>生产过程仿真实训项目</td></tr>
<tr><td>实训层次类型</td><td>□基础技能型　□专业技术型　■创新研究型</td></tr>
<tr><td>实训对象</td><td>创新研究型人才：高等院校硕士、博士研究生</td></tr>
<tr><td colspan="2">实训目标</td></tr>
<tr><td colspan="2">（1）深入掌握制造系统设备、单元、系统的类型、组成、功能、特点和原理；
（2）深入掌握生产仿真软件的使用与开发方法；
（3）能够利用生产物流仿真软件对实际制造系统进行仿真分析与优化；
（4）深入掌握生产仿真的理论方法与优化算法</td></tr>
<tr><td>实训时长</td><td>16 课时</td></tr>
<tr><td colspan="2">实训基础</td></tr>
<tr><td colspan="2">先修课程：制造系统建模与仿真、现代制造系统、物流设施与规划、生产物流仿真、先进制造系统、计算机集成制造系统、软件工程、人工智能优化算法等</td></tr>
<tr><td colspan="2">实训内容</td></tr>
<tr><td colspan="2">（1）深入掌握各类生产物流系统和设备的特点、功能、组成及使用方法；
（2）深入掌握生产仿真的理论方法；
（3）深入掌握生产物流仿真软件的使用和开发方法；
（4）利用生产物流仿真软件对实际制造系统进行仿真、验证、分析与优化；
（5）利用生产仿真软件进行二次开发，实现仿真功能的深入研发；
（6）结合人工智能算法与仿真进行制造系统的智能优化</td></tr>
<tr><td colspan="2">评分标准</td></tr>
<tr><td colspan="2">根据研究生实训中的仿真理论和实操的掌握程度，实际制造系统的仿真逼真程度，仿真优化方案，仿真模块开发能力，智能仿真优化算法的实现效果等进行综合评分</td></tr>
<tr><td colspan="2">实训设备及工具</td></tr>
<tr><td colspan="2">硬件资源：计算机与图形工作站、小型立式三轴加工中心、小型五轴数控加工中心、视觉检测台、激光打标机、智能立体库、堆垛机、仓储管理系统、AGV 小车、协作机器人、上下料机器人等设备。
软件资源：建模软件 Catia/UG、车间仿真软件 aDMiS-Sim（也称 ePlant-Sim）（或生产物流仿真软件 Flexsim/PlantSimulation），二次开发接口，C++或 JAVA 等开发工具</td></tr>
</table>

第三节　生产过程仿真实训项目过程

一、实训案例描述

以智能制造系统示范线为例，针对教学任务设计的小型任务型加工车间，明确怎样的生产执行方案是最适合产线运行的，为此需要通过仿真的方式评价什么方式最适合当前生产需求。通过该案例，掌握基于 ePlant-Sim 的仿真建模、运行验证与分析优化方法。

二、实训过程与方法

1. 加载场景

登录 ePlant-Sim 离散车间仿真系统，选择【生产车间】>>【载入】，选择之前所构建的场景，然后点击【加载场景】，如图 4-22 所示。

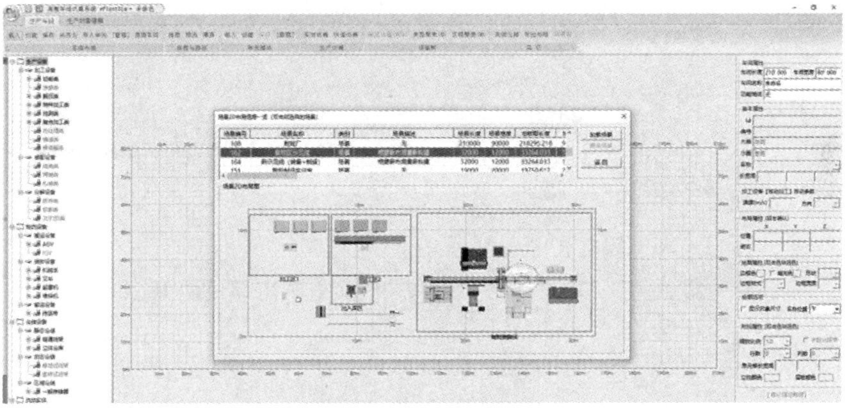

图 4-22　生产车间载入

2. 手动添加生产排程

进行完上述操作后，为了成功完成虚拟仿真，最后一步就是创建排程。首先需要进入排程页面进行排程新建，如图 4-23 所示。

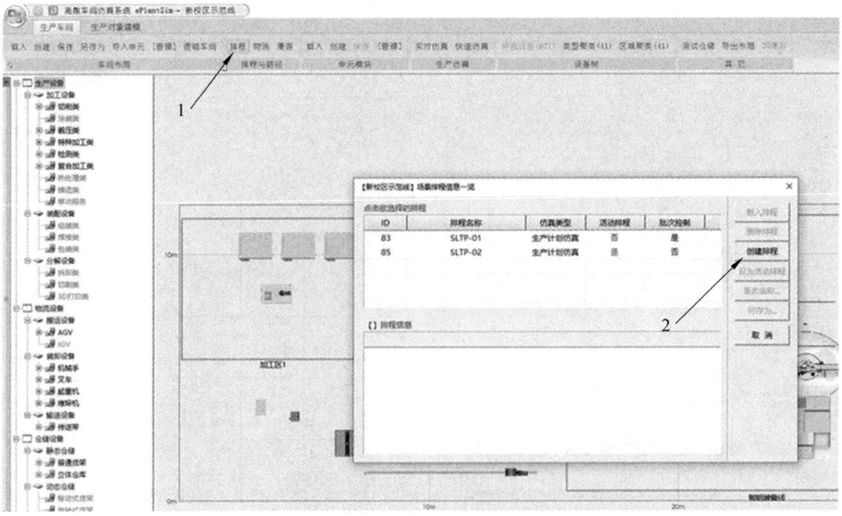

图 4-23　排程新建

进入排程设置界面，在工件信息处右键选择【添加记录】，如图 4-24 所示。然后根据实际工程需要进行各项信息的定义，如图 4-25 所示。在货架定义的时候，左侧待选设备一栏会显示所定义的仓储设备，根据实际情况选择对应的货架即可。

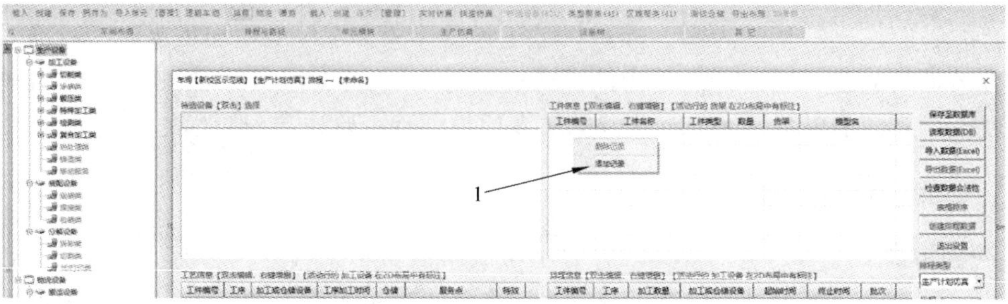

图 4-24　添加工件信息

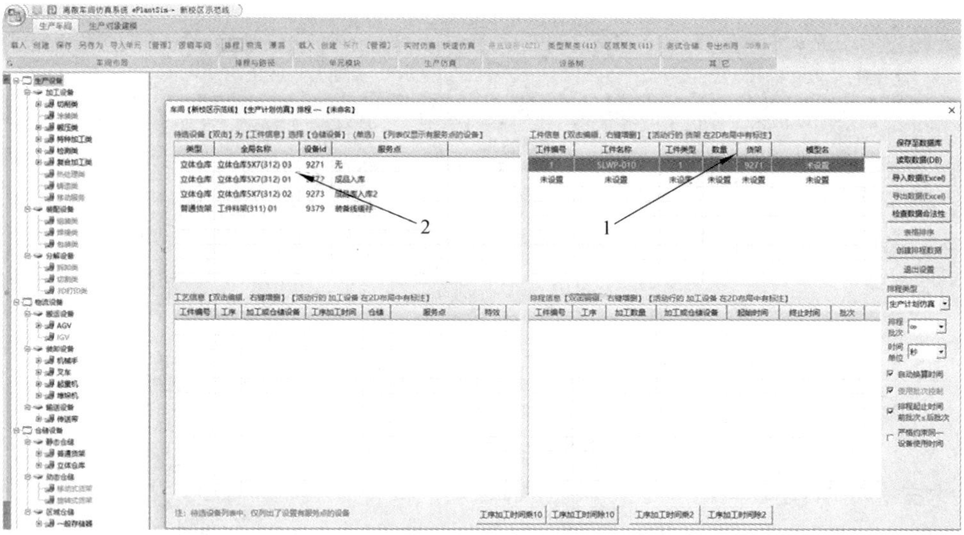

图 4-25　选择货架

下一步开始对工艺信息进行添加，添加方式同上，如图 4-26 所示。

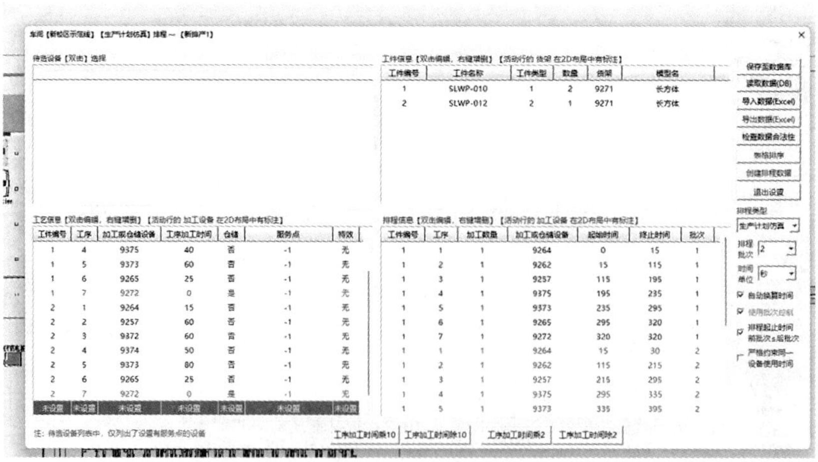

图 4-26　添加工艺信息

对工艺信息中的各项逐步进行定义，需要注意的是，同一编号下的最后一道工序必须是仓储，且加工时间为 0，如图 4-27 所示。在完成所有工艺信息的定义后点击右侧【创建排程数据】，然后点击【检查数据合法性】，出现“数据合法，可以保存!”的提示即可将排程保存至数据库，如图 4-28 所示。最后重新进入该功能区排程界面时可以看到新建的活动排程，如图 4-29 所示。

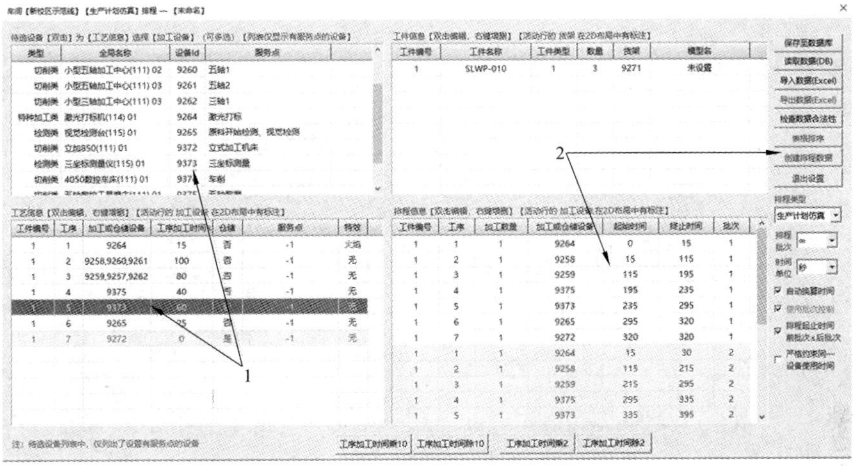

图 4-27　定义工艺信息并创建排程数据

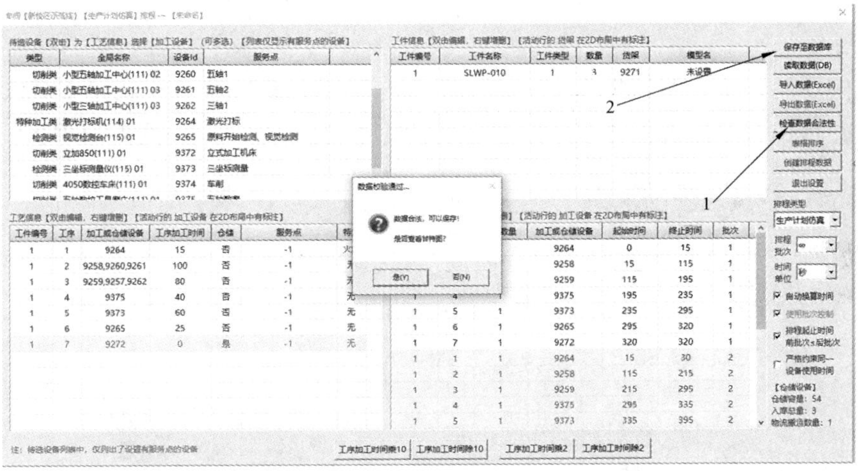

图 4-28　检查数据合法性并保存

图 4-29　查看新建排程信息

3. 生产仿真执行

根据需求，可以进行二维仿真或者三维仿真，二者区别在于占用系统资源不同，所呈现的效果也不同。

（1）登录 ePlant-Sim 离散车间仿真系统，加载车间，车间为二维显示状态，选择【生产仿真】>>【实时仿真】，即开始二维仿真，如图 4-30 所示。

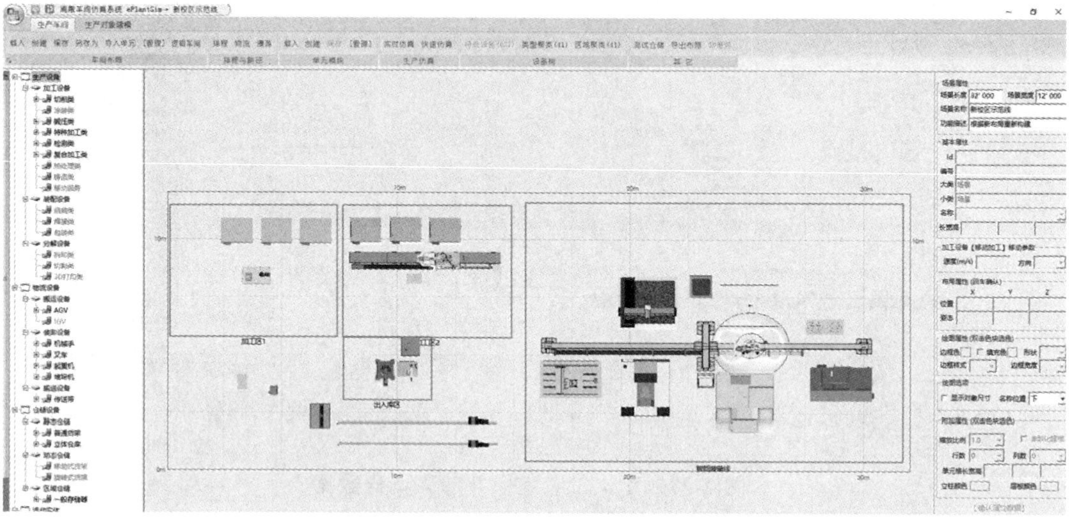

图 4-30　二维仿真示意图

（2）上侧导航栏【扩展指令】可以控制【仿真速度】，【关闭/开启路径】可以控制仿真运行设备的实时路径。浮窗看板显示车间中各设备的【运行状态】，如图 4-31 所示。

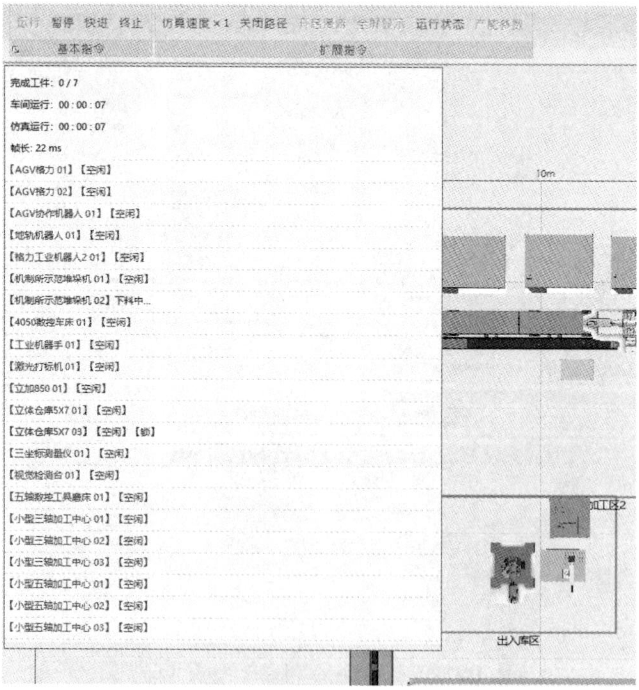

图 4-31　设备信息查看

（3）在上侧导航栏选择 图标【至三维】，切换至三维车间界面，并选择实时仿真，即进行三维仿真，如图 4-32 所示。

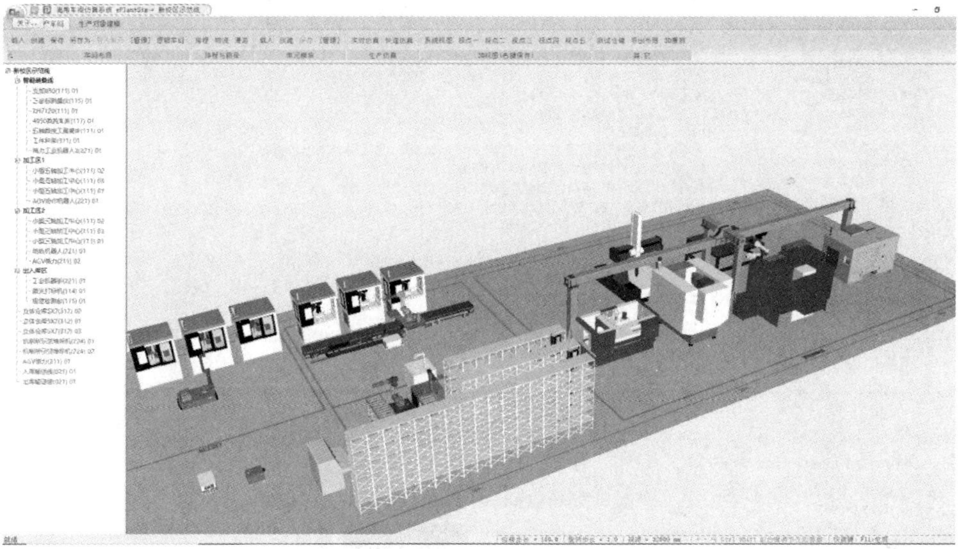

图 4-32　三维仿真界面

（4）上侧导航栏【扩展指令】可以控制【仿真速度】,【关闭/开启路径】可以控制仿真运行设备的实时路径,【开启/关闭漫游】按设置的漫游路径进行漫游。浮窗看板显示车间中各设备的【运行状态】，如图 4-33 所示。

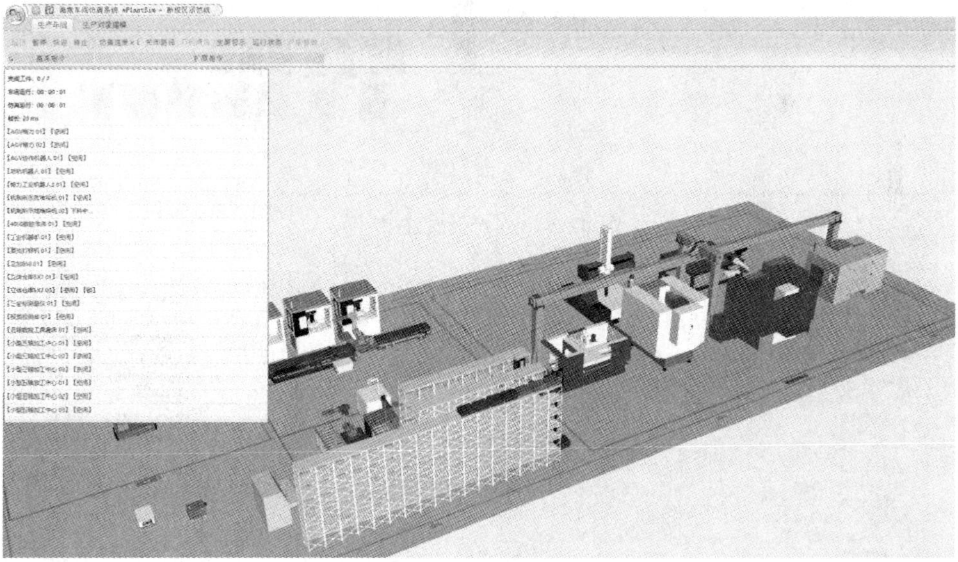

图 4-33　三维仿真状态查看

4. 仿真输出与结果分析

仿真结束后，软件会自动生成生产计划仿真报告，其中可以直观地反映设备调度信息、生产计划信息甘特图、物流设备利用率、物流里程、缓存设备利用率和加工设备利用率等信息，如图 4-34 ~ 图 4-39 所示。

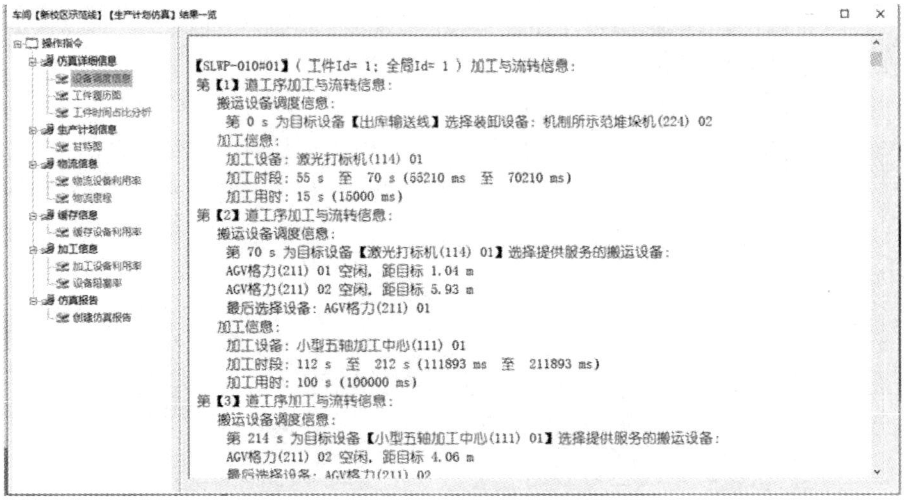

图 4-34　设备调度信息

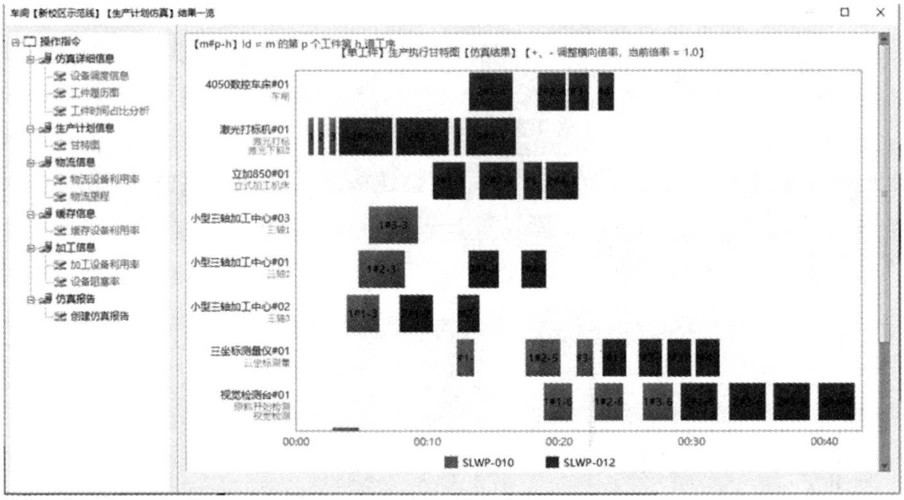

图 4-35　生产计划甘特图

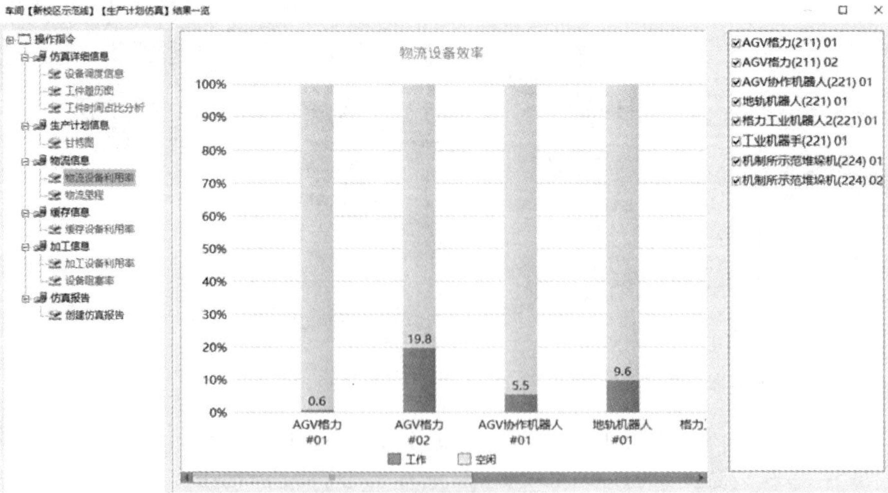

图 4-36　物流设备利用率

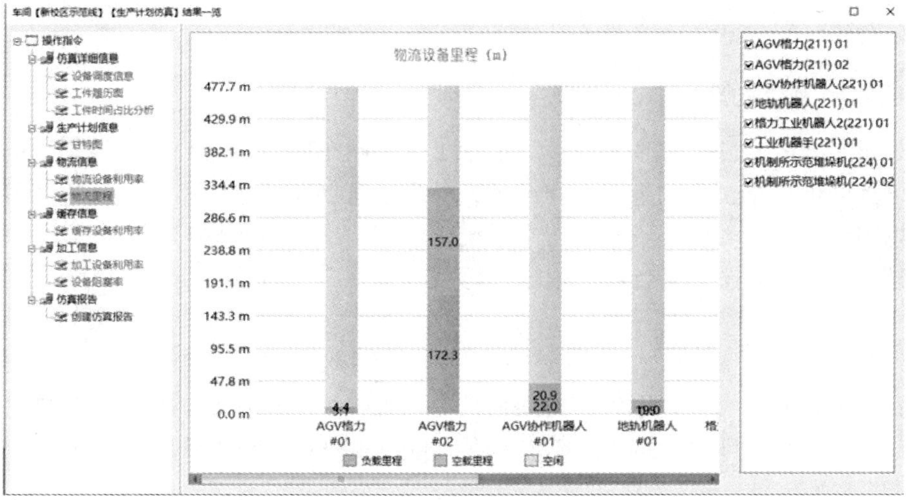

图 4-37　物流里程

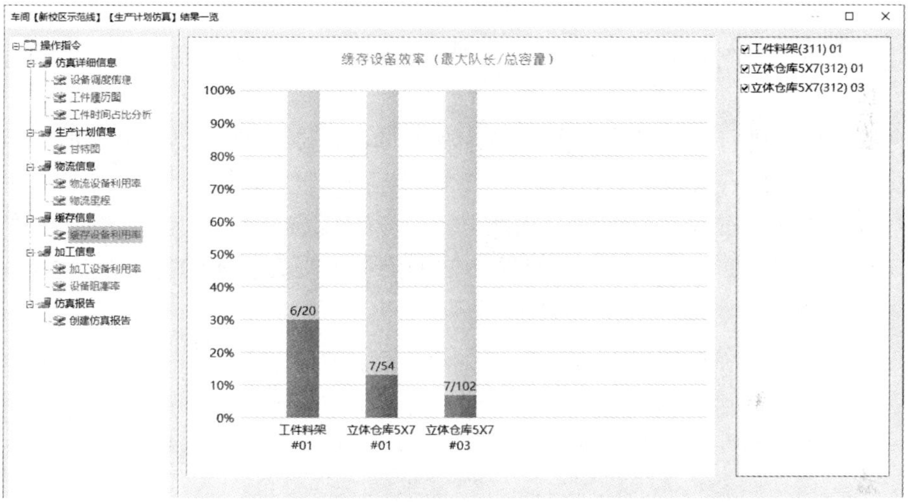

图 4-38　缓存设备利用率

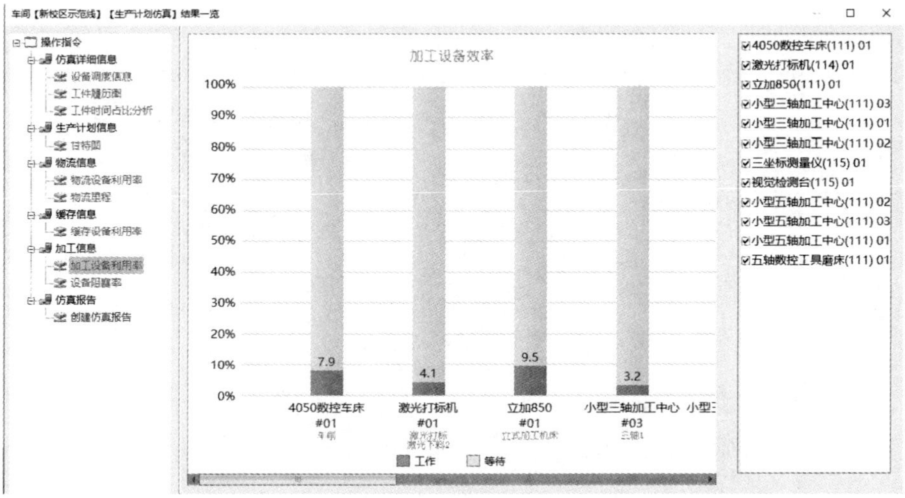

图 4-39　加工设备利用率

最后，根据需要，可以选择创建仿真报告并导出存储。

三、实训输出与处理

经过车间产线生产过程仿真实训，要求学生应能在车间产线布局与建模实训的基础上进一步开展仿真分析工作，要求生产排程合理，学生自己创建的排程能够执行仿真而不出现排程不符合规则的情况。实训完毕后，应在系统中留存由该学生所构建车间的排程数据，并能得到仿真报告作为实训输出文档之一。

四、实训报告撰写

实训后学生需要完成实训报告，实训报告的内容包括实训项目名称、学生姓名、班号、实训地点、日期、实训目的、实训内容、实训设备、实训方法和步骤以及实训结果。

第四节　实训项目题目

（1）自己设计 3 种产品的工艺流程，在 aDMiS-Sim 中创建该产品的排程，并通过有效性检查。

（2）对上述排程进行生产仿真，统计各个资源的利用率、总生产时间等指标，建立各指标的评价权重，对其进行综合评价。

（3）对自己建立的案例进行调整，包括但不限于产线布局调整、单元缓存配置、排程方案调整等方法，在不改变综合评价指标计算方法的前提下提高方案的仿真评价指标。

第五章 生产计划与排程实训项目

第一节 实训项目相关背景知识

一、柔性作业车间排程与调度问题描述

（一）柔性作业车间调度问题

车间调度问题是生产过程中为适应逐渐增加的生产规模，一体化和多样化的经济环境和市场环境、市场供需条件等需求所诞生的最重要和最著名的车间问题之一。近年来，随着 EPR（企业资源管理规划）、精益生产、敏捷制造等先进制造技术的引进和发展以及市场需求变化的频繁性增加，多品种小批量的生产模式逐步成为现代制造行业的主流模式之一，其产值占总制造产值的 75%～85%，而相关联的柔性作业车间调度技术也成为现代制造技术和管理技术的核心技术。柔性作业车间调度技术是通过优化生产车间的任务加工先后顺序和资源分配而达到减少成本、节约时间、提高利用率、增强经济效益等目的。它不仅仅是生产问题，也是一个经济学问题，对整个制造企业的科学运转和保证产品质量有重要的意义，与企业走向数字化、信息化、智能化生产是密不可分的。按照不同的标准，柔性作业车间调度技术可以被分为不同的类型，如图 5-1 所示。

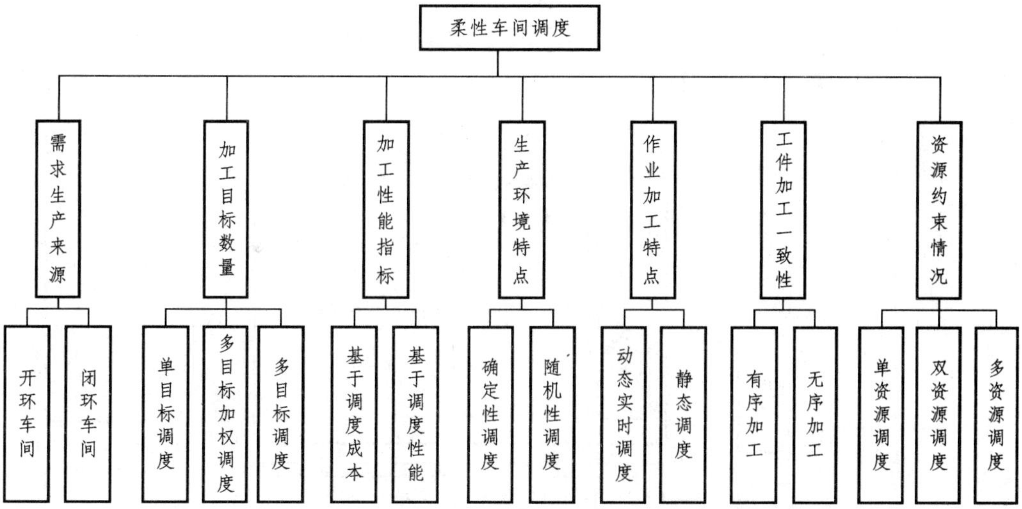

图 5-1 柔性车间调度类型

柔性作业车间调度问题是从作业车间调度问题出发根据实际生产环境所进一步演化出的问题，它可以分解为两个子问题：一是作业车间调度问题，主要解决的是生产加工中的排序问题，针对不同的生产颗粒度，实现批量工件、单工件、单工序甚至单工步的生产任务加工先后顺序分配；二是资源分配问题，即为各个生产任务的实体资源分配，如机床、机械手等，而在虚拟车间环境下，则是为各生产任务分配相应的生产七要素。近年来，为了响应市场进

步和社会的发展，柔性作业车间调度也从车间级调度扩展为工厂级甚至公司级调度，并充分考虑多资源调度和高度动态因素等实际情况，从而实现多层级、多因素、多资源的单/多工厂调度方式，其发展模型如图 5-2 所示。

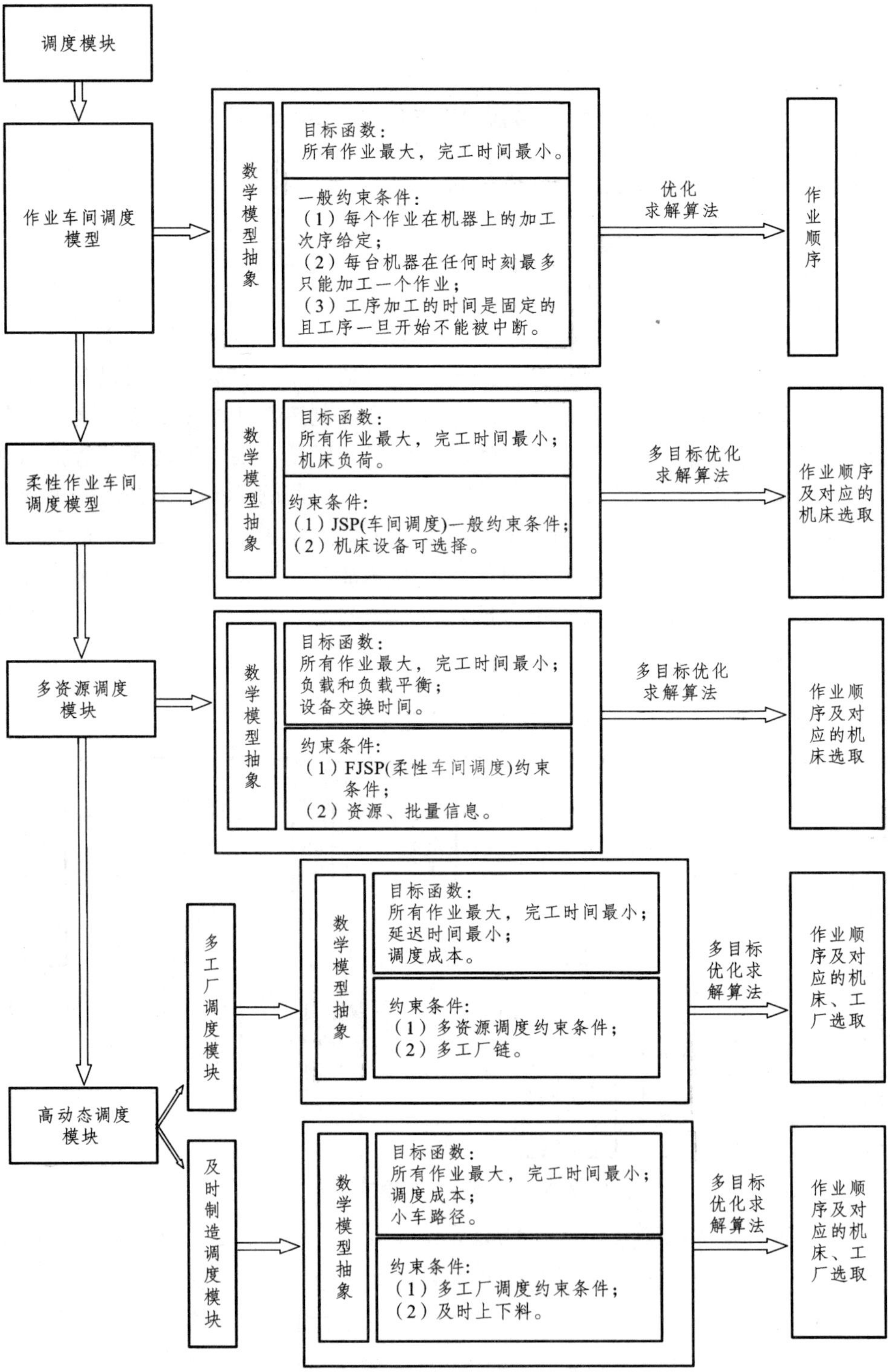

图 5-2　车间调度问题的主要发展模型

静态调度技术即排程技术，往往更加关注其数学模型的完备性和调度方法的优化能力，即如何将实际的生产场景转化为不同的目标和约束，以构建更合理的调度数学模型，在不过于注重计算时间的情况下如何设计更加优化的调度算法。

（二）静态排程问题描述

静态排程问题是指满足两个条件的柔性作业车间调度问题：① 在调度前所有的生产信息如资源信息、任务信息、工艺信息等均是已知的；② 在整个生产过程中上述已知信息是不会发生变化的，并在此基础上完成生产任务的排序和生产资源的分配。本质上，柔性作业车间调度问题属于 NP 难的离散组合优化问题，而针对不同的生产模式，静态排程问题可分为单件调度和批量调度。批量调度由批次及批量划分，具有更强的组合性，优化的复杂度会更高。静态排程调度常常会涉及三个层面的目标函数。

1. 最大/最小能力指标

此类目标是通过调度使厂商在现有的资源基础上优化，以完成某项生产能力的最大/最小化，如最小化某批生产任务/某阶段完工时间、最大化资源利用率、最小化资源负荷差等，在该类目标函数的优化中不考虑其他影响因素，如生产交付期、物流、仓储、质量等实际生产因素的影响。

2. 成本指标

此类目标是从经济层面来考虑，往往是根据转化公式将生产过程中的各个环节如加工、运输、存储、质量、能耗等相关因素转化为成本目标。而近年来随着绿色制造概念的提出和发展，能耗成本的占比逐步增加，在未来将会成为一个愈发重要的目标。

3. 客户满意度指标

此类目标函数与客户的实际需求有关系，现代制造业最常见的生产模式是根据订单制造，而客户需求订单往往会带有交付期信息。当产品过早完成会造成库存占用、保存过程中影响产品的质量等问题，而延期交付则会给厂商带来经济及信誉上的损失。此类目标的优化过程一般会带有惩罚函数或因子，从而使完工时间与交付期的偏差最小，实现精益生产的目标。

二、柔性作业车间排程与调度数学模型

柔性作业车间排程及调度数学模型可分为三个部分：生产元素、约束及目标。针对同一生产环境，无论是静态还是动态问题，其相应的生产元素均为一致；对于约束而言，动态调度会扩展静态调度的基础约束或改变静态调度约束的范围；而在目标上，动态调度问题对优化能力的要求有所降低，更注重鲁棒性等动态目标。其数学模型介绍如下：

（一）静态排程问题数学模型

由前述内容可知柔性作业车间静态排程问题可以描述成为一批不同类型的产品分配相应的可更新生产资源及安排合理的加工顺序，从而满足某个/些生产目标最优，而排程的颗粒度会决定生产元素的构成。以工序级单资源（机器）排程问题为例，从问题描述中可以看出构成数学模型的元素集合包括三个：一批待生产的工件集合、各个工件所包含的工序组成的工序集合及机床集合。其生产元素及相应的属性表达符号如表 5-1 所示。

表 5-1　生产元素及属性符号

名称	符号	说明
工件集合	$J=\{J_1, J_2, \cdots, J_n\}$	参与调度的工件集合，n 为集合的最大值。如为单件调度，则表示 n 件；如为批量调度，则表示 n 批
工件索引	j	工件 j 的表示符号，在单件调度中表示第 j 个工件，而在批量调度中则表示第 j 批工件
工件批量	B_j	只会存在于批量调度模式中，表示第 j 批的工件数量
工件工序集合	$O_j=\{O_{1,j}, O_{2,j}, \cdots, O_{jn,j}\}$	参与调度的工件 j 的工序集合，其中 jn 表示工件 j 的工序数量
工序索引	o, j	表示工件 j 的第 o 道工序
机床集合	$M=\{M_1, M_2, \cdots, M_z\}$	参与调度的机床资源集合，其中 z 表示机床的数量
机床索引	m	表示第 m 台机床
工序机床集合	$O_{o,j}M$	表示工序 $O_{o,j}$ 的可用机床集合
工序开始时间	$S_{o,j}$	表示经过调度后工序 $O_{o,j}$ 的开始加工时间
工序结束时间	$E_{o,j}$	表示经过调度后工序 $O_{o,j}$ 的结束加工时间
工序加工时间	$t_{o,j,m}$	执行工序 $O_{o,j}$ 在机器 m 上加工所需要的时间
交付期	D_j	在单件生产中表示工件 j 的交付时间，而在批量调度中表示第 j 批工件的交付时间
惩罚系数	α_j	表示工件 j 或第 j 批工件延期交货时单位时间需要付出的惩罚费用
储存系数	β_j	表示工件 j 或第 j 批工件提前完工后单位时间需要付出的存储费用
加工成本	$P_{j,m}$	表示在机床 m 上加工工件 j 单位时间的加工成本
物流成本	$T_{m1,m2,j}$	表示单件工件 j 从机床 $m1$ 运到 $m2$ 的运输成本
加工决策变量	$x_{o,j,m}$	如果工序 $O_{o,j}$ 在机床 m 上加工，则为 1，否则为 0

静态排程问题的目标主要有三类，基于上述生产元素其目标的表达方式如下：

1. 最大/最小能力目标

此类目标最常见函数为最小完工时间，即一批工件的最后一道工序的完成时间，其公式如式（5-1）所示：

$$\min(\max E_{o,j}) j \in J, o \in O_j \tag{5-1}$$

2. 成本指标

生产中所产生的成本主要包含工件的加工成本和运输成本，其优化目标公式如式（5-2）所示。

$$\min \sum x_{o,j,m1} P_{j,m1} t_{o,j,m1} + \sum x_{o,j-1,m1} x_{o,j,m2} T_{m1,m2,j} \quad j \in J; m1, m2 \in M; o \in O_j \tag{5-2}$$

3. 客户满意度指标

其计算方式为完工时间和交付期之间的偏差转化的经济值，如式（5-3）所示。

$$\min \sum (E_j - D_j)\alpha_j + \sum (D_{j'} - E_{j'})\beta_j \quad j \in J_e, j' \in J_{ne} \tag{5-3}$$

式中，J_e 表示完成时间大于交付期的工件集合，而 J_{ne} 则表示提前完工的工件集合。

然而，在实际调度需求中，往往会涉及多个相同或不同类别目标的协同优化，即多目标优化。而现阶段针对多目标优化主要包含两种处理手段：一是通过给每个目标分配相应的权重，将多目标转化为单目标优化；而另一种是通过建立解与解间的支配关系，寻找最优的 Pareto 解集，其表达分别如式（5-4）和式（5-5）所示。

$$\min f = w_1 f_1 + w_2 f_2 + \cdots + w_v f_v \tag{5-4}$$

$$\min f = [f_1, f_2, \cdots, f_v] \tag{5-5}$$

柔性作业车间静态排程问题在优化时会建立一些假设，从而对问题进行简化和抽象化，更有利于建立优化数学模型，主要包括：

（1）一个时刻一台机器只能加工某个工件，且某个工件在一个时刻只能由一台机器加工。

（2）所有参与排程的工件的所有工序在每台机器上的加工时间、调整时间和装卸时间都是已知且确定的，并且调整和装卸时间包含在加工时间内。

（3）所有工序在静态排程中一旦开始执行则不能被中断。

（4）在整个静态调度过程中，不会出现紧急插单、机床故障等动态因素，且在整个加工过程中不可更新资源均是充足的。

（5）工件的工序加工顺序是按照工艺路线制定不可逆的，且只能当上一道工序加工完成后才可开始执行下一道工序。

（6）所有机器在初始时刻都是可用的。

（7）在批量调度中，单批工件的加工时间等于单件加工时间乘以工件批量。

（8）所有工件的释放时间在调度前均是已知且不会发生变化的。

基于上述假设和问题描述，柔性静态排程问题具有以下约束：

$$\sum_{m=1}^{z} x_{o,j,m} = 1 \quad j \in J, o \in O_j \tag{5-6}$$

式（5-6）表示机器选择约束，即工件的所有工序只能选择在一台机器上加工。

$$\sum_{m=1}^{z} S_{o,j,m} x_{o,j,m} \geqslant \sum_{m=1}^{z} (S_{o-1,j,m} + t_{o-1,j,m}) x_{o-1,j,m} \quad j \in J, o \in O_j \tag{5-7}$$

式（5-7）表示工序的工艺约束，即工件的下一道工序必须在上一道工序完工后才能开始。

$$S_{o,j,m} \geqslant 0, t_{o,j,m} \geqslant 0 \quad j \in J, o \in O_j \tag{5-8}$$

式（5-8）表示工序的开始时间和加工时间均不能为负数。

$$E_{o,j,m} \geqslant E_{o',j',m} \text{ or } E_{o,j,m} \leqslant S_{o',j',m} \quad j, j' \in J; o, o' \in O_j \tag{5-9}$$

式（5-9）表示同一个时刻一台机床上不能同时加工两个工件。

基于数学模型，可实现静态下的工件加工顺序设定和机床资源分配以实现静态调度，以 10 个工件 7 台机床为例，调度结果如图 5-3 所示。

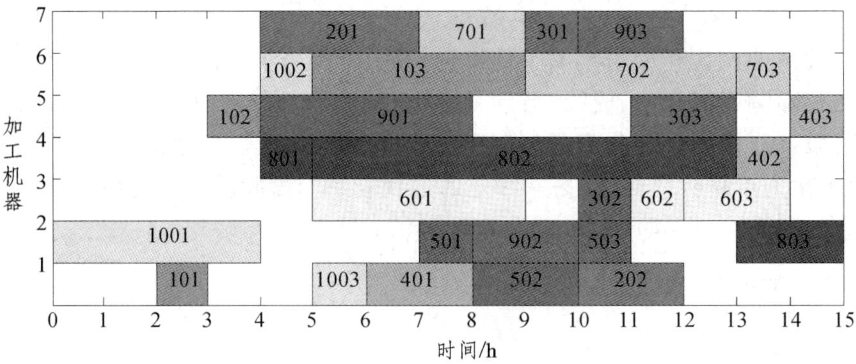

图 5-3　7 台机床加工 10 个工件调度

（二）柔性作业车间排程求解技术

柔性作业车间排程调度技术作为一种核心优化技术受到了广泛的关注，自从柔性作业车间调度问题被证明为 NP 难后，一系列优化调度技术被逐步提出和应用，如图 5-4 所示。

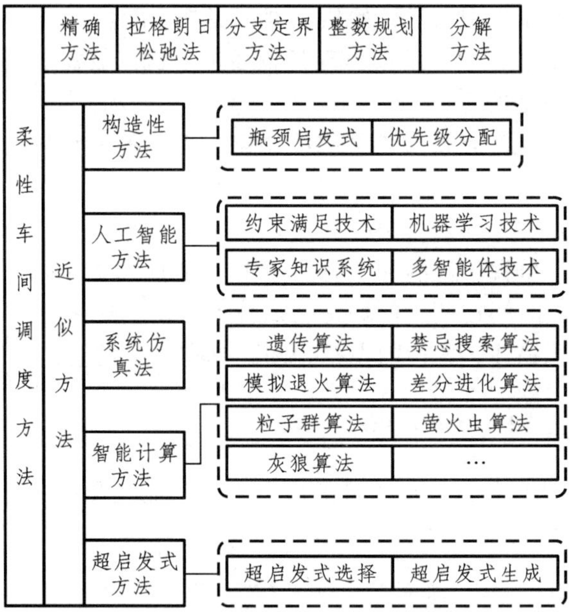

图 5-4　柔性车间静态调度方法

柔性作业车间排程调度技术大体上可以分为两大类：精确方法和近似方法。精确方法是通过一些数学方法得到调度的最优解，然而静态排程问题是一个 NP 难问题，其求解时间会随着问题规模的增加呈指数型增加，由此精确算法只适用于小规模问题求解。近似算法中，构造性启发式方法具有快速响应能力，但其优化能力有所欠缺；系统仿真法会受到生产环境的局限，降低了适用性；人工智能技术及超启发式是新兴的优化调度技术，但均需要大量的基础数据和训练环境，其有效性和通用性还需要进一步探索。由此，现阶段运用最广泛的近似算法为智能算法。

三、智能算法

智能算法主要来源于两个方面：一是人们运用物理学等学科去分析自然界的某种规律，再对它进行模拟，进而演化为计算方法达到求解问题的目的；二是根据仿生学的原理，按照自然界某些生物种群或者某些生物特征进行原理模拟设计和计算。基于此来源和智能算法的优化原理，智能算法大致可以分为三个层面，如图 5-5 所示。

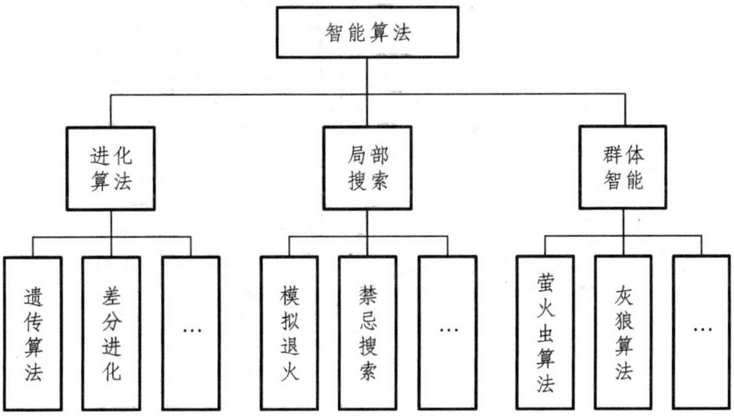

图 5-5　智能算法分类

1. 进化算法

进化算法是模拟“物竞天择，适者生存”的进化规律所诞生的一种群体智能算法，以 Holland 教授在 1975 年所提出的遗传算法为代表。进化算法的优化是在初始化的基础上不断执行选择、交叉、变异、生成下一代种群的迭代过程以获得最优解。

进化算法是依赖群体的优化算法，新种群生成和个体评估是同时进行的，具有良好的并行性；进化算法所依赖的算法参数较少，且适应度函数没有固定的公式，可根据目标函数灵活设计，极大地提升了进化算法的适用性；进化算法各个个体在交叉和变异中所起到的作用是独立和相同的，仅靠随机数控制，从而其全局搜索能力较强。

进化算法的执行流程如图 5-6 所示。

1）算法初始化

算法初始化主要包括设计进化算法所需参数和种群的初始化。种群初始化的关键是将问题解转化为合适的表达基因，即编码结构的设计。针对柔性作业车间调度问题，其最常见的编码结构为双层编码，其工序层和机器层分别如图 5-7 和图 5-8 所示。

图 5-7 表示编码后的工序加工顺序编码，即柔性作业车间调度的第一个子问题的求解结果，而图 5-8 则表示各个工序所选择的机器，根据工序层的编码、机器层的编码和各个工序的加工工时就可以构成一个完整的调度解。此外，在柔性作业车间调度中，还可能存在额外的约束和需求，需要基于此编码结构单独设计，如求解批量调度时，往往需要构建第三层的批次批量层。

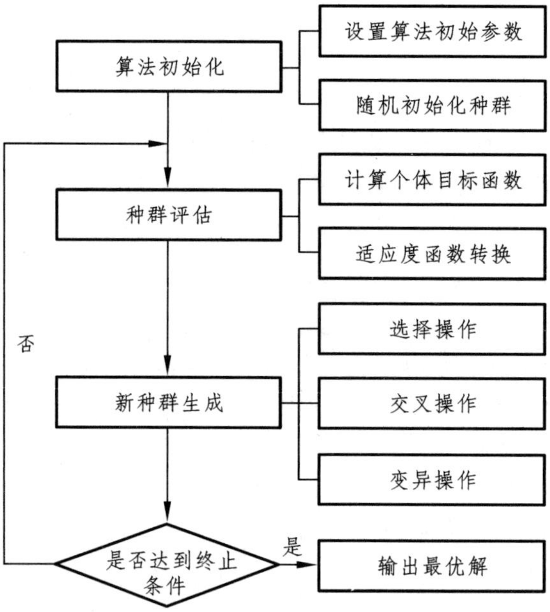

图 5-6 进化算法流程

位置	1	2	3	4	5	6	7	8	9	10	11	12
基因	3	2	3	1	4	2	1	2	3	3	4	1
工序	$O_{1,3}$	$O_{1,2}$	$O_{2,3}$	$O_{1,1}$	$O_{1,4}$	$O_{2,2}$	$O_{2,1}$	$O_{3,2}$	$O_{3,3}$	$O_{4,3}$	$O_{2,4}$	$O_{3,1}$

图 5-7 工序层基因编码图

位置	1	2	3	4	5	6	7	8	9	10	11	12
基因	2	4	5	1	3	2	1	4	5	1	4	2
加工工序	$O_{1,3}$	$O_{1,2}$	$O_{2,3}$	$O_{1,1}$	$O_{1,4}$	$O_{2,2}$	$O_{2,1}$	$O_{3,2}$	$O_{3,3}$	$O_{4,3}$	$O_{2,4}$	$O_{3,1}$
机器	M_2	M_4	M_5	M_1	M_3	M_2	M_1	M_4	M_5	M_1	M_4	M_2

图 5-8 机器层基因编码图

2）种群评估

种群评估部分则是对种群中各个解的好坏进行分析和建立适应度函数标记，以为后续的选择、生成下一代种群等遗传操作提供依据。遗传算法是基于适者生存的进化论，即适应度函数值越大，个体越优。而柔性作业车间调度问题可能是最小化、最大化甚至多目标混合目标，由此实现遗传算法在柔性作业车间调度的应用需要建立目标函数和适应度函数的转化关系式，即以下三种情况：

（1）最大化问题：此类问题适应度函数往往可以等同于目标函数，或者选择一些线性系数将目标函数放大或缩小，以增大或减少不同个体之间的适应度影响。

（2）最小化问题：此类问题需要增加一些负相关单调函数来转化目标函数，常见的函数包括求导、求负等。

（3）多目标问题：在多目标问题下，如果是采用多目标加权的方式来优化，那么建立适应度函数按照单目标的方式来处理；如果是非支配解优化，则往往需要通过分析种群中各个个体间的非支配解层数和拥挤距离等来生成虚拟适应度函数进行评估。

3）新种群生成

在遗传算法等进化算法的优化过程中，需要不断地产生和更新种群来达到进化的目的，即需要重复执行选择、交叉、变异等遗传操作。

（1）选择操作：父代个体会在交叉及变异操作中提供不同的基因片段样本，为了进一步生成更优的子代个体，需要选择种群中的较优父代个体。而常见的选择操作为轮盘赌及锦标赛两种方式，前者是将所有种群按照适应度排列，再通过随机数生成参与交叉及变异的子种群；而后者是从种群中不断地选择两个个体进行适应度对比加入子种群。

（2）交叉操作：遗传算法等进化算法中生成不同新个体和控制种群多样性的主要操作，由交叉率控制。常见的方法有单点交叉、多点交叉、循环映射交叉等多种交叉方式。在柔性作业车间调度问题中，无论采用何种交叉方式，都需要改进或修复避免产生不符合约束的非法解，其中工序层需要满足各个工件的基因数量等于其工序数量，而机器层则是不能生成工序可用机床外的机器编码。工序层单点交叉如图 5-9 所示。

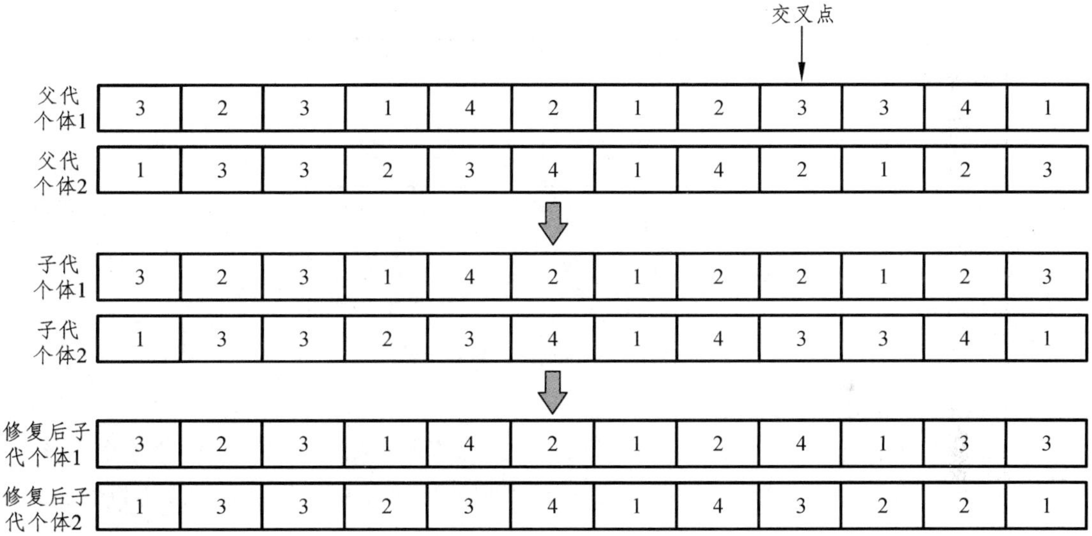

图 5-9　工序层单点交叉

（3）变异操作：在遗传算法的进化过程中产生一定的随机性扰动来实现原有解邻域内的搜索，由变异率控制。在柔性作业车间调度中，各个工件的工序数量是固定的，如果采用一个新的基因替代原有基因必为非法解，由此往往采用两个工序交换；而在机器层的变异则为参与变异的工序选用一个新的可用机器。工序层的变异如图 5-10 所示。

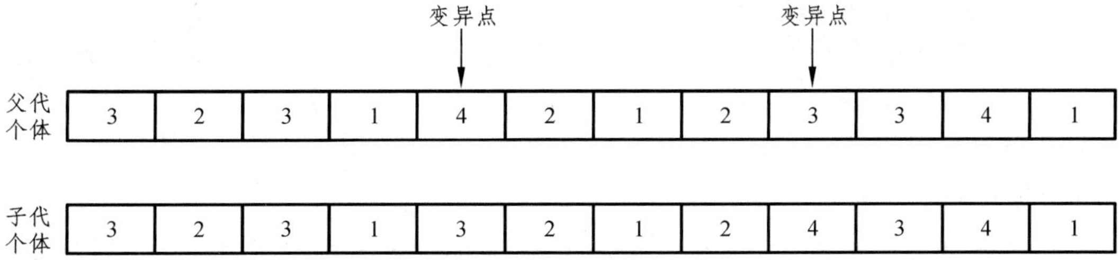

图 5-10　工序层变异

2. 局部搜索

不同于进化算法，基于局部搜索的智能算法仅仅建立在个体的概念上，而随着智能算法的发展，由于缺乏群体性，导致局部搜索算法越来越倾向于作为一种改进因子结合至其他进化算法或群体智能等智能算法中，而不独立使用进行搜索。局部搜索算法的起源是贪心算法，即基于初始个体不断地通过邻域结构等方式产生新的个体，并用较优的新个体替换原有个体直至收敛。由于缺乏群体性和受到贪心的影响，贪心算法非常容易陷入局部最优。为了克服此缺陷，在局部搜索算法方面会采用一些手段来限制接受最优解，因此局部搜索算法常见流程如图 5-11 所示。

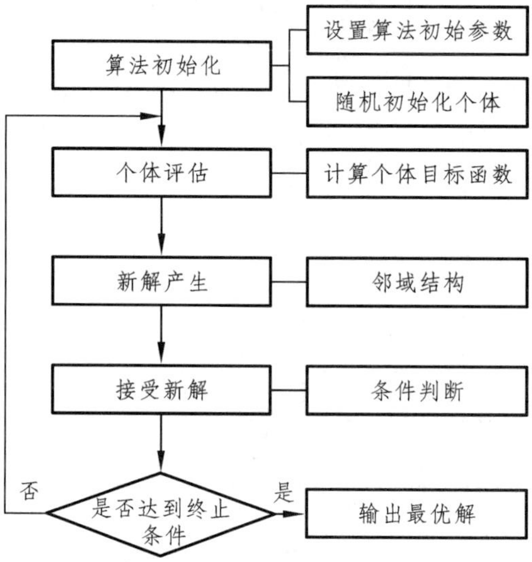

图 5-11　局部搜索算法流程

1）种群初始化及个体评估

这两部分与进化算法并没有明显的区别，只是在局部搜索算法中仅初始化单个个体。同时，个体的评估是为了后续与新个体对比，往往不需要做转化处理，而直接使用目标函数值。

2）新解产生

在局部搜索算法中，缺乏种群中其他个体基因特征参考，需要设计其他方法产生新解。基于邻域结构的随机新解产生是局部搜索算法中最常见也是最重要的一种方式。在柔性作业车间调度问题中，常用的邻域结构设计会依赖两个方面：一是邻域的搜索方式，常见的如交换搜索、插入搜索等；二是邻域的选择依据，如调度结果的关键路径、各个机器的负荷量等。

3）接受新解

在贪心算法中，如果新解要优于原解，则会接受新解，此项操作会导致局部搜索算法容易陷入局部最优。由此其他的衍生局部搜索算法会增加一些限制条件来判断是否接受新解，如模拟退火算法会依据控制温度参数和目标函数差值计算出一个接受新解的概率，而禁忌搜索算法会将当前较优解放入禁忌表中，然后采用新解继续局部搜索直至原解从禁忌表释放。

3. 群体智能

与进化算法相同，群体智能是另一类依赖于种群的智能算法，它是通过模拟实际中各种生物或其他物体的群体特性所产生的一系列算法。由于模拟群体特性各异，群体智能算法并没有共性的评价和寻优计算函数，但大多数群体智能算法均是通过种群内的较差个体向较优个体靠拢来达到搜索，其流程如图 5-12 所示。

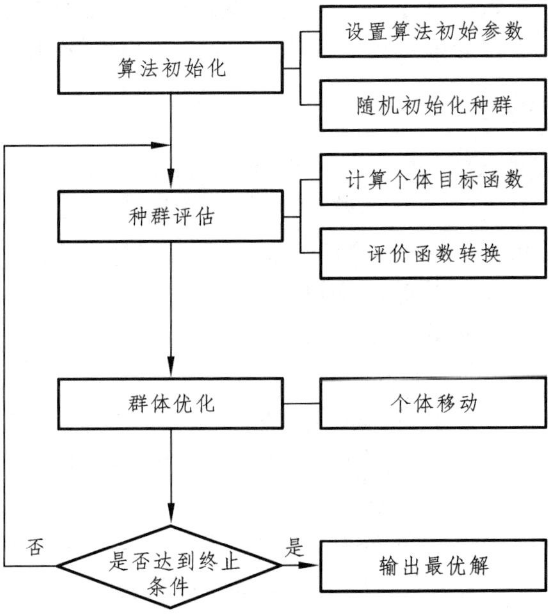

图 5-12　群体智能算法流程

1）算法初始化

群体智能的算法初始化与进化算法一致，基于设定的编码结构随机产生初始种群。

2）种群评价

在群体智能算法中，不同的算法会基于所计算的目标函数转化成不同的评价函数来评估种群个体的优劣。相较于进化算法，群体智能的评价有以下几点不同：

（1）群体智能的评价值一般会对后续的移动过程产生影响，即个体的移动目标和基因的变化量均会依赖于个体的评价值。

（2）在群体智能的评价转化函数中，普遍存在衰减机制或增强机制，即相同个体在不同代数下的评价值是不同的，如萤火虫算法的荧光素浓度、蚁群算法的信息素等。

（3）大多群体智能的评价函数会增加个体与其他个体、个体与种群之间的相互关系，如两个个体的欧几里得距离等。

3）群体优化

在群体智能算法中，较劣的个体会在群体优化步骤中根据群体移动公式等更新它的基因，以向较优个体靠拢，而种群中的最优个体则会发生随机移动，以探索其邻域内是否存在进一步优化的个体。

4. 方法优劣性描述

上述算法中所存在的优劣性如下：

（1）进化算法：具备良好的通用性和并行性，参数较少，优化能力较强，但进化算法不具备特殊设计优化过程，导致对于某些特殊问题（如旅行商问题）的优化能力不及群体智能算法（如蚁群算法）。

（2）局部搜索：算法运算速度快，且能够避免陷入局部最优，但缺乏群体优化性，导致其只适用于小规模问题，而对于大规模问题，它的优化性将会急剧下降。

（3）群体智能：具备独特的搜索过程，针对其适应的问题具有强大的优化能力，但是算法参数过多，且移动的过程容易陷入局部最优，降低了算法的适用性。

四、柔性作业车间调度求解技术

动态调度技术分为实时调度和预反调度两种模式。预反调度又称为重调度，是指在生产加工前会通过静态排程得到一套调度结果，而在动态因素发生之后，会在结果的基础上执行调度修复不可执行或劣化的部分，产生新的结果。在实时调度中，不存在静态调度方案，直接按照生产系统中工件和设备的状况以及相关信息在每个决策时刻执行调度。在柔性作业车间动态调度问题中，预反调度模式运用更加广泛，由此本书所涉及的动态调度技术均是基于预反调度模式下的调度技术。

预反调度模式的基础是建立在静态排程结果之上的，当静态排程结果发生了相应的动态事件后，需要进行调度修复结果。而调度方法的选取则依赖于问题的动态程度，当问题是处于比较稳定的系统时（动态因素发生频率较低），更加看重调度方法的优化性能；而系统是高度动态时，调度方法的快速响应性和鲁棒性则更加受到重视。常见的调度方法分为以下三种：

（1）启发式动态调度：主要以优先级规则等为主，具有快速响应能力但不具备优化能力，能够获得较满意的调度解，比较适用于高度动态下的调度环境。

（2）元启发式动态调度：主要包括进化算法或群体智能等智能算法。该类算法具有强大的优化能力，但其迭代过程需要一定的计算时间，且元启发式算法众多随机操作会进一步影响调度结果的稳定性和鲁棒性，由此适用于动态因素发生频率比较低的环境中。

（3）机器学习动态调度：此类调度技术基于启发式调度，通过学习的方式在不同的状态下选择不同的调度规则或启发式，从而实现在启发式的计算时间下优化调度，但其训练需要基础数据，降低了该方法的适应性。

同时，柔性作业车间调度主要是面向多品种、小批量的生产模式，且单件流的重调度可以看作在不同约束条件下的再一次静态排程。由此本章着重于批量重调度方法，它在调度过程中会引起排程结果的任务批量发生变化。基于项目团队现有研究和两种现阶段柔性作业车间动态调度中最常见的因素——插单批量重调度技术简介如下。

考虑插单的批量重调度混合遗传算法流程如图 5-13 所示。

1. *种群初始化*

在批量调度中，某批任务单件加工时间长或批量过大导致加工这批零件时某台设备的使用时间很长，可能导致后续设备长期处于空闲状态，从而造成利用率过低。由此需要设计分批策略对该批任务进行拆分，拆分时选取拆分的任务集可依赖三个准则：

（1）单件工件加工最长准则：在此准则下，由于同一类工件的不同工序加工时长不一致，选取工艺信息中最长的工序加工时间作为此类工件的划分基准，以选择拆分任务集。此类拆分并没有考虑批量的影响，有可能会选择到批量较小的任务集，从而对整体结果影响较小。

（2）批量最多准则：在此准则下，选择最多任务数量作为任务集的拆分标准，但此类拆分没有考虑最长工序加工时间的影响，可能某类任务的最长工序加工时间较短，即便批量较大，对结果的影响程度也较小。

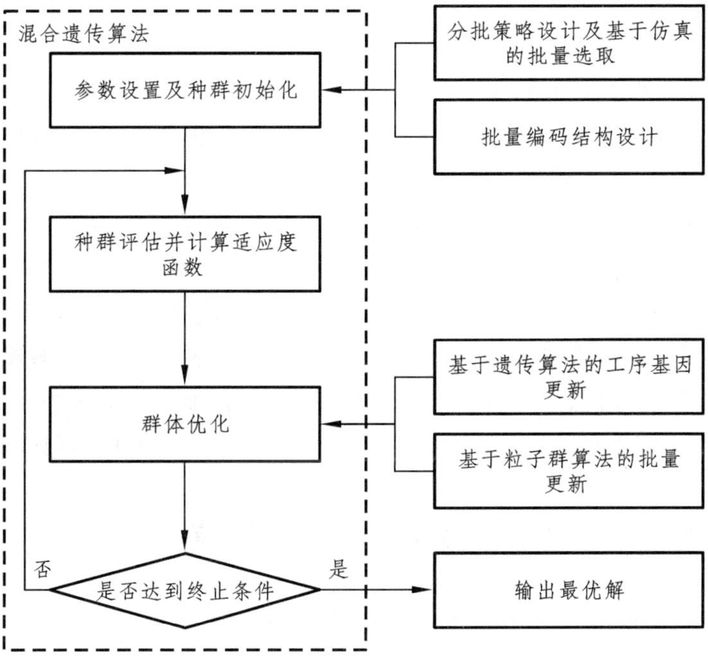

图 5-13　混合遗传算法流程

（3）加工时间最长准则：在此准则下，选择任务最长工序加工时间与选择任务批量的乘积作为划分依据，由此可保证最大化减少机床占用时间。

选择参与分批的任务后，会基于任务数量对任务的批次数量进行设计，而基于相关批量调度问题发现，当批次数量大于 4 后，对优化结果没有明显影响，由此选择批次数量为 4。在此基础上，结合图 5-13 和所选择的批次数量，设计一种融入批次的双层基因编码，如图 5-14 所示。

位置	1	2	3	4	5	6	7	8	9	10	11	12
工序	3.1	2	3.1	1	3.2	2	1	2	3.3	3.3	3.4	1
机器	2	4	5	1	3	2	1	4	5	1	4	2

图 5-14　融入批次的双层基因编码

在图 5-14 中，3.1 表示工件 3 的第一批工件的第一道工序。

2. 种群优化

在该类编码下，基因中工序的加工顺序及机器的选择仍然依照传统遗传算法的选择、交叉、变异等步骤进行新解生成和种群进化；而各批次的批量则参考粒子群算法的方向矢量和速度矢量的变化公式进行随机变化，通过控制速度矢量和为零保证分批数量总和不变，同时加快分批数量向最优解的收敛速度。

当在某个时刻发生插单动态因素时，则提取所有未加工的工序和插入的任务集，根据上述方法执行重调度，生成新的调度结果。

五、智能排程系统

（一）智能排程系统面临的挑战

随着多品种、小批量的生产模式逐步成为离散制造行业的主体生产模式，增加了整个动静态排程问题的复杂度和计算度，并且不同的离散车间下存在不同的工艺条件，为排程的普适性带来巨大的挑战，同时在生产过程中，存在大量繁多的动态因素，为生产的动态排程带来更多的影响，主要体现在：

（1）资源（班组人员、服务单元等加工资源）有限的多品种并行生产模式，由于不同的离散制造企业甚至同一离散制造企业不同的产品具备不同的工艺约束，导致了两个主要问题：

① 如何抽取不同离散制造车间的共性约束，建立尽可能通用化的生产排程数学模型；

② 如何选取求解质量高的排程策略，如何建立合理的算法库以尽可能适应不同工艺约束下的排程问题求解。

（2）生产过程中存在大量的不确定因素，而不同离散制造场景中的动态因素可能不同且动态因素的发生具备不确定性，导致了两个重要问题：

① 选取哪些较为常见的、发生频率较高的动态因素作为动态因素库，并由此建立对应的动态因素下的动态排程数学模型；

② 如何选取相应的动态排程策略，使动态排程解的质量较高且动态排程响应迅速。

（二）智能排程策略选取

上述分析的离散制造业普遍存在着单件小批量生产、定制化生产和产品交付期短所面临的排程问题，以团队前期所研究的相应方法和项目经验作为基础，我们提出以算法、规则和人机交互相结合的排程模式，其主要描述如下：

（1）在资源有限的离散生产模式下，为了满足在不同工艺约束下尽可能通用化的排程，采用建立相应的静态策略库去应对不同性能要求和工艺要求的排程，排程策略库采用以智能算法和优先级规则结合的方式，以满足高质量排程结果的需求。

（2）针对大量不同动态因素频发的生产过程，建立动态因素库，并针对不同动态因素建立对应的策略库，策略库主要采用不同的优先级规则，满足快速响应并得到合理有效的结果。

（3）设立人工排程方法和调度结果修正，由此可以对特殊工艺约束的离散制造线和策略库中没有考虑到的动态因素进行排程调度，使其通用化程度更高。

（三）智能排程模块划分

智能排程是将需要加工生产的任务分配给相应的生产资源以进行高效生产，同时需要对生产过程中所发生的动态事件如急件插单、撤单、设备故障等做出及时响应，还需要对排程后的结果进行验证和任务下达。核心模块是对所有生产任务进行排程与动态调度处理以形成流畅运转、高效、合理的生产过程。总体功能如图 5-15 所示，主要包括人工排程管理、自动排程管理、排程结果管理以及动态排程管理。调度所需要的实时数据从 MES 里面读取。

（1）人工排程管理：本模块主要是对人工生产排程进行管理，根据所选择的生产任务，人工选择其加工班组、加工服务单元，分配其生产资源，生成排程结果。

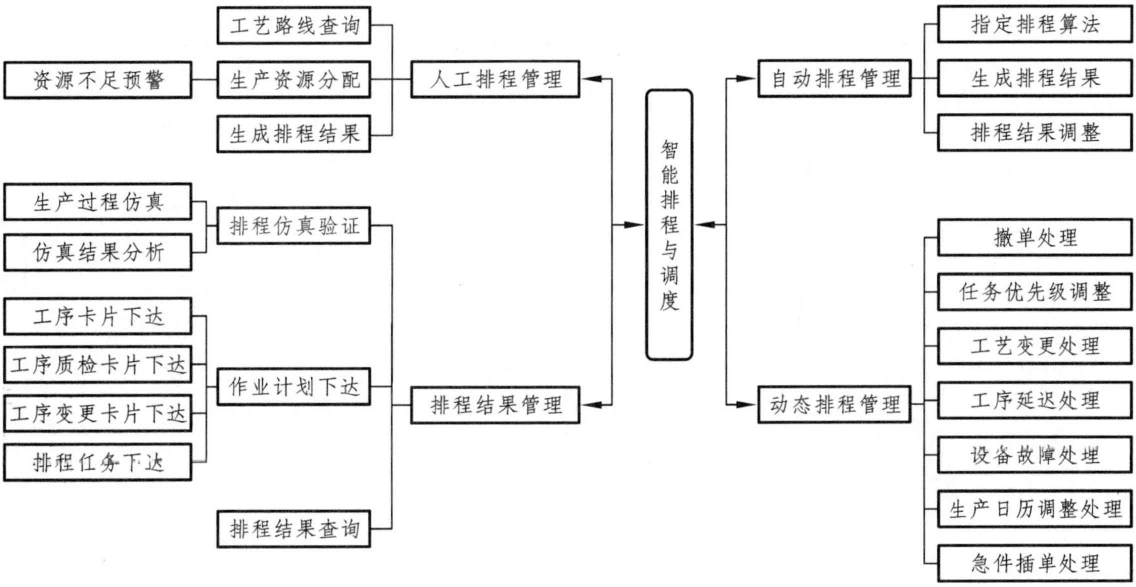

图 5-15　总体功能模块

（2）自动排程管理：本模块主要是对生产任务进行自动排程，用户选择相应的排程策略和生产任务，由系统执行策略生成相应的排程结果。

（3）排程结果管理：本模块主要是对人工排程、自动排程和动态排程所产生的排程结果进行管理，包括修正相应的排程结果，下达对应的生产任务，验证排程结果的合理性（MES 二期）。

（4）动态排程管理：本模块主要对响应生产过程发生的动态因素进行管理，根据不同的动态因素执行相应的动态排程策略，得到排程结果。

第二节　生产计划与排程实训项目设计

利用车间智能排程软件对生产任务进行生产排程、排程优化等实训，在车间作业计划资源无限排程问题建模的基础上，将资源扩展为有限资源。分析资源柔性时作业调度的目标和约束条件，并对问题进行数学抽象与简化，建立柔性资源下作业计划排程问题数学模型，培养学生采用启发式方法或者人工智能方法进行模型的求解实训。

主要针对基础技能型人才培养、专业技术型人才培养、创新研究型人才培养，分为基础认知型、专业技能型、创新研究型三层次阶梯式的实训，如表 5-2 ~ 表 5-4 所示。

表 5-2　生产计划与排程实训项目 1

<table>
<tr><td>实训项目名称</td><td>生产计划与排程实训项目</td></tr>
<tr><td>实训层次类型</td><td>■基础技能型　□专业技术型　□创新研究型</td></tr>
<tr><td>实训对象</td><td>基础技能型人才：高职院校专科生、企业技术人员</td></tr>
<tr><td colspan="2">实训目标</td></tr>
<tr><td colspan="2">（1）掌握制造系统生产作业排程的不同类型、特点和组织方法；
（2）掌握生产排程优化方法的类型、特点、原理和实施方法；
（3）掌握车间智能排程软件的使用方法</td></tr>
<tr><td>实训时长</td><td>3 课时</td></tr>
<tr><td colspan="2">实训基础</td></tr>
<tr><td colspan="2">先修课程：现代制造系统、先进制造系统、计算机集成制造系统、生产计划与控制等</td></tr>
<tr><td colspan="2">实训内容</td></tr>
<tr><td colspan="2">（1）各类制造系统生产作业排程的不同类型、特点和组织方法；
（2）生产排程优化方法的类型、特点、原理和实施方法；
（3）车间智能排程软件的使用方法；
（4）利用车间智能排程软件对生产任务进行生产排程、排程优化等实训</td></tr>
<tr><td colspan="2">评分标准</td></tr>
<tr><td colspan="2">根据学生实训中的操作规范程度、实训过程情况、实训任务完成情况和实训报告进行综合评分</td></tr>
<tr><td colspan="2">实训设备及工具</td></tr>
<tr><td colspan="2">硬件资源：计算机、小型立式三轴加工中心、小型五轴数控加工中心、视觉检测台、激光打标机、智能立体库、堆垛机、仓储管理系统、AGV 小车、协作机器人、上下料机器人等设备。
软件资源：智能 MES、Pycharm/matlab/idea 软件</td></tr>
</table>

表 5-3　生产计划与排程实训项目 2

<table>
<tr><td>实训项目名称</td><td>生产计划与排程实训项目</td></tr>
<tr><td>实训层次类型</td><td>□基础技能型　■专业技术型　□创新研究型</td></tr>
<tr><td>实训对象</td><td>专业技术型人才：高等院校本科生</td></tr>
<tr><td colspan="2">实训目标</td></tr>
<tr><td colspan="2">（1）掌握制造系统生产作业排程的不同类型、特点和组织方法；
（2）掌握生产排程优化方法的类型、特点、原理和实施方法；
（3）掌握车间智能排程软件的使用方法</td></tr>
<tr><td>实训时长</td><td>3 课时</td></tr>
<tr><td colspan="2">实训基础</td></tr>
<tr><td colspan="2">先修课程：制造系统及自动化、现代制造系统、先进制造系统、计算机集成制造系统、生产计划与控制等</td></tr>
<tr><td colspan="2">实训内容</td></tr>
<tr><td colspan="2">（1）各类制造系统生产作业排程的不同类型、特点和组织方法；
（2）生产排程优化方法的类型、特点、原理和实施方法，能够利用编程软件开发启发式排程算法；
（3）利用编写的启发式优化算法对生产任务进行生产排程等实训</td></tr>
<tr><td colspan="2">评分标准</td></tr>
<tr><td colspan="2">根据学生实训中的操作规范程度、实训过程情况、实训任务完成情况和实训报告进行综合评分</td></tr>
<tr><td colspan="2">实训设备及工具</td></tr>
<tr><td colspan="2">硬件资源：计算机、小型立式三轴加工中心、小型五轴数控加工中心、视觉检测台、激光打标机、智能立体库、堆垛机、仓储管理系统、AGV 小车、协作机器人、上下料机器人等设备。
软件资源：智能 MES、Pycharm/matlab/idea 软件</td></tr>
</table>

表 5-4 生产计划与排程实训项目 3

<table>
<tr><td>实训项目名称</td><td>生产计划与排程实训项目</td></tr>
<tr><td>实训层次类型</td><td>□基础技能型 □专业技术型 ■创新研究型</td></tr>
<tr><td>实训对象</td><td>创新研究型人才：高等院校硕士、博士研究生</td></tr>
<tr><td colspan="2">实训目标</td></tr>
<tr><td colspan="2">（1）掌握制造系统生产作业排程的不同类型、特点和组织方法；
（2）掌握生产排程优化方法的类型、特点、原理和实施方法；
（3）掌握车间智能排程软件与算法的集成及使用方法</td></tr>
<tr><td>实训时长</td><td>3 课时</td></tr>
<tr><td colspan="2">实训基础</td></tr>
<tr><td colspan="2">先修课程：制造系统及自动化、现代制造系统、先进制造系统、计算机集成制造系统、生产计划与控制、软件工程、人工智能算法等</td></tr>
<tr><td colspan="2">实训内容</td></tr>
<tr><td colspan="2">（1）各类制造系统生产作业排程的不同类型、特点和组织方法；
（2）生产排程优化方法的类型、特点、原理和实施方法，能够利用编程软件开发元启发式排程算法；
（3）利用编写的元启发式优化算法对生产任务进行生产排程，并能开发相应的算法接口与系统进行集成等实训</td></tr>
<tr><td colspan="2">评分标准</td></tr>
<tr><td colspan="2">根据学生实训中的操作规范程度、实训过程情况、实训任务完成情况和实训报告进行综合评分</td></tr>
<tr><td colspan="2">实训设备及工具</td></tr>
<tr><td colspan="2">硬件资源：计算机、小型立式三轴加工中心、小型五轴数控加工中心、视觉检测台、激光打标机、智能立体库、堆垛机、仓储管理系统、AGV 小车、协作机器人、上下料机器人等设备。
软件资源：智能 MES、Pycharm/matlab/idea 软件</td></tr>
</table>

第三节　生产计划与排程实训项目过程

一、实训案例描述

柔性作业车间排程与调度实训旨在通过学生利用 Matlab、Python 等编程软件，在不同工况输入情况下，设计不同的优化算法，包括设计不同算法的迭代次数、种群规模等参数，通过计算机自动获取较优的排程调度结果。

二、实训设备与工具

Pycharm 软件、智能制造系统实训教材。

三、实训过程与方法

（一）柔性作业车间调度问题建模

柔性作业车间调度问题可描述为把 n 个工件分配到 m 台机器上进行加工，每个工件从加工到完成需要经历若干道工序，工序之间的顺序是预先确定，并且每道工序存在一种或多种机器选择，分别对应不同的完成时间，通过确定各工序的机器选择、工序在机器上的加工顺序以及开始加工时间，来达到一个或多个性能优化的目的。

数学模型中各个数学参数的定义如下：

（1）n 为工件总数；

（2）n_i 为工件 i 所包含的工序总数；

（3）m 为机器总数；

（4）$J=\{J_1, J_2, \cdots, J_i, \cdots, J_n\}$，$i \in \{1, 2, \cdots, n\}$ 为工件集合，J_i 表示第 i 个工件；

（5）$O=\{O_{1,1}, O_{1,2}, \cdots, O_{i,j}, \cdots, O_{n,lni}\}$，$j \in \{1, 2, \cdots, ni\}$ 为工件 i 的工序集合，$O_{i,j}$ 表示工件 i 的第 j 道工序；

（6）$M_l=\{M_1, M_2, \cdots, M_k, \cdots, M_m\}$，$k \in \{1, 2, \cdots, m\}$ 为机器集合；

（7）$t_{i,j,k}$ 为工件 i 的第 j 道工序在机器 k 上的加工时间；

（8）$x_{l,i,j,k}$ 为决策变量，取值为 0 或 1，若值为 1，则表示工序 $O_{l,i,j}$ 选择了机器 $M_{l,k}$，若值为 0，则表示工序 $O_{l,i,j}$ 选择不在机器 $M_{l,k}$ 上加工；

（9）$OST_{i,j}$ 为工件 i 的第 j 道工序的加工开始时间；

（10）$OCT_{i,j}$ 为工件 i 的第 j 道工序的加工结束时间；

（11）C_i 为工件 i 的完工时间。

目标函数：最小化最大完工时间。

$$f = \min[\max_{1 \leqslant i \leqslant n}(C_i)] \tag{5-10}$$

约束条件：

① 工件的每道工序加工的顺序约束。

$$OST_{l,i,j,k} + x_{l,i,j,k} \times t_{l,i,j,k} \leqslant OCT_{l,i,j,k} \tag{5-11}$$

$$OCT_{i,j} \leqslant OST_{i,j+1} \tag{5-12}$$

② 工件某道工序一旦开始加工，直到本工序加工完成不可中断。

$$OST_{l,i,j,k} + t_{l,i,j,k} = OCT_{l,i,j,k} \tag{5-13}$$

③ 机器的加工约束，表示工件同一时刻只能在一台机器上加工。

$$\sum_{i=1}^{m_k} x_{l,i,j,k} = 1 \tag{5-14}$$

（二）柔性作业车间调度求解

基于遗传算法的柔性作业车间排程与调度代码如下所示。

1. 初始化排程调度算法程序

```
Jm = np.zeros((36, 11))
for i in range(0, 36):
    for j in range(0, 11):
        Jm[i][j] = df.loc[i, j]
```

2. 设置遗传算法参数

```
NIND = 20  # 种群规模
maxgen = 50  # 进化次数，即迭代次数
pcross = 0.8  # 交叉概率选择，0和1之间
pmutation = 0.6  # 变异概率选择，0和1之间

PNumer = 6  # GAI工件数
MNumer = [6, 6, 6, 6, 6, 6]  # GAI工序数
JmNumber = 10  # GAI机器数
# # trace = np.zeros((2, MAXGEN))
WNumber = 0  # 工序总个数
for i in range(0, PNumer):
    WNumber += MNumer[i]

Chorm = np.zeros((NIND, 2 * WNumber))

for k in range(0, WNumber):
    xxx.append([])
for k in range(0, WNumber):
    xx = []
    for r in range(1, JmNumber + 1):
        if not np.isnan(Jm[k][r]):
            xx.append(r)
    xxx[k] = xx
```

3. 编　码

```
for j in range(0, NIND):
    WPNumberTemp = np.copy(MNumer)
    for i in range(0, WNumber):
        # 随机产生工序
        val = random.randint(0, PNumer - 1)
        while WPNumberTemp[val] == 0:
            val = random.randint(0, PNumer - 1)
        # 工序
        Chorm[j, i] = val
        WPNumberTemp[val] -= 1
        # 机器
        Temp = (val + 1) * 100 + (MNumer[val] - WPNumberTemp[val])
        # 工序号
        for k in range(0, WNumber):
            if Temp == Jm[k][0]:
                SizeTemp = 0
                # print(k)
                # print(Jm[k][0])
                # print(SizeTemp)
                # print("*****")
                for r in range(1, JmNumber + 1):
                    if not np.isnan(Jm[k][r]):
                        SizeTemp += 1
                Chorm[j, i + WNumber] = random.randint(0, SizeTemp - 1)
                # print(SizeTemp)
```

4. 适应度值计算

```
def fit():
    global Chorm
    tmax_table = []
    # 取工序基因
    for i in range(0, NIND):
        S = Chorm[i]
        # print(S)  # ******************
        WNumber = len(S)
        WNumber = int(WNumber / 2)
        S = S[0:int(WNumber):1]
        # print(S)  # ***********************
        # 计算调度工序时间
        for j in range(0, WNumber):  # 工序遍历
            for k in range(0, WNumber):
                if P[j] == Jm[k][0]:
                    Tempp = Jm[k][1::1]
                    # print(Tempp)
                    Temp = []
                    for q in range(0, JmNumber):
                        if not np.isnan(Tempp[q]):
                            Temp.append(int(Tempp[q]))
                    # print(Temp)
                    t = Temp[int(M[j])]  # 取加工时间
                    # 本工序加工时间和前工序完成时间
                    # a_text = (xxx[int(k)][int(M[j])]) - 1
                    TMval = TM[(xxx[int(k)][int(M[j])]) - 1]
                    TPval = TP[int(S[j])]
                    # 时间大于本工序开始时间
                    if TMval > TPval:
                        val = TMval
                    else:
```

```
                    val = TPval
                # 计算时间
                PVal[0][j] = val
                PVal[1][j] = val + t
                # 记录机器时间和工序时间
                TM[xxx[int(k)][int(M[j])] - 1] = PVal[1][j]
                TP[int(S[j])] = PVal[1][j]
        tmax_table.append(np.max(TM))
    print(tmax_table)
    tmax_min = np.min(tmax_table, axis=0)
    tmax_min_b = np.argmin(tmax_table, axis=0)
    tmax_ave = np.mean(tmax_table, axis=0)

    f_table = []
    for i in range(0, NIND):
        f_table.append(1 / tmax_table[i])
    # print(f_table)
    f_sum = np.sum(f_table)
    ff_table = []
    for i in range(0, NIND):
        ff_table.append(f_table[i] / f_sum)
    # print(ff_table)
    return ff_table, tmax_min, tmax_min_b, tmax_ave

def Tmax_jisuan(S1):
    M = S1[int(WNumber):(2 * WNumber):1]
    temp = np.zeros(PNumer)
    P = np.zeros(WNumber)
    for j in range(0, WNumber):
        temp[int(S1[j])] += 1
        P[j] = (S1[j] + 1) * 100 + temp[int(S1[j])]
    TM = np.zeros(JmNumber)
    TP = np.zeros(PNumer)
    PVal = np.zeros((2, WNumber))
    for j in range(0, WNumber):
        for k in range(0, WNumber):
            if P[j] == Jm[k][0]:
                Tempp = Jm[k][1::1]
                # print(Tempp)
                Temp = []
                for q in range(0, JmNumber):
                    if not np.isnan(Tempp[q]):
                        Temp.append(int(Tempp[q]))
                # print(Temp)
                t = Temp[int(M[j])]  # 取加工时间
                # 本工序加工时间和前工序完成时间
                a_text = (xxx[int(k)][int(M[j])]) - 1
                TMval = TM[(xxx[int(k)][int(M[j])]) - 1]
                TPval = TP[int(S1[j])]
                # 时间大于本工序开始时间
                if TMval > TPval:
                    val = TMval
                else:
                    val = TPval
                # 计算时间
                PVal[0][j] = val
                PVal[1][j] = val + t
```

```
                # 记录机器时间和工序时间
                TM[xxx[int(k)][int(M[j])] - 1] = PVal[1][j]
                TP[int(S1[j])] = PVal[1][j]
    return np.max(TM)


# ------------------------调用适应度值------------------------
tmax_min_jilu = []
tmax_ave_jilu = []


def jilu():
    a, b, c, d = fit()
    best = Chorm[c]
    # print(best)
    tmax_min_jilu.append(b)
    tmax_ave_jilu.append(d)
    return a


def bestjie():
    a, b, c, d = fit()
    best = Chorm[c]
    # print(best)
    return best
```

5. 交　叉

```
def jiaocha(a):
    global Chorm
    # 交叉概率决定是否交叉
    jiaochama = random.randint(0, 1)
    if jiaochama < pcross:
        # 取两交叉的个体
        idx = np.random.choice(np.arange(NIND), size=2, replace=False, p=a)
        print(idx)
        S1 = Chorm[idx[0]]
        S2 = Chorm[idx[1]]
        # 初始化新个体
        S11 = np.zeros(2 * WNumber)
        S22 = np.zeros(2 * WNumber)
        # 交叉位置
        Pos = random.randint(0, WNumber - 1)
        # 新个体中间片段
        for j in range(0, Pos):
            S11[j] = S1[j]
            S22[j] = S2[j]
            S11[j + WNumber] = S1[j + WNumber]
            S22[j + WNumber] = S2[j + WNumber]
        for j in range(Pos, WNumber):
            S11[j] = S2[j]
            S22[j] = S1[j]
            S11[j + WNumber] = S2[j + WNumber]
            S22[j + WNumber] = S1[j + WNumber]
        # 比较S11相对于S1，S22相对于S2多余和缺失的基因
        S3 = np.copy(S11)
        S4 = np.copy(S1)
        S5 = np.copy(S22)
        S6 = np.copy(S2)
        S7 = np.copy(S1)
```

```
S8 = np.copy(S2)
for j in range(0, WNumber):
    for k in range(0, WNumber):
        if S4[j] == S3[k]:
            S4[j] = -1
            S3[k] = -1
            S4[j + WNumber] = -1
            S3[k + WNumber] = -1
            break
for j in range(0, WNumber):
    for k in range(0, WNumber):
        if S6[j] == S5[k]:
            S6[j] = -1
            S5[k] = -1
            S6[j + WNumber] = -1
            S5[k + WNumber] = -1
            break
for j in range(0, WNumber):
    if S3[j] != -1:
        for k in range(0, WNumber):
            if S4[k] != -1:
                S11[j] = S4[k]
                S11[j + WNumber] = S4[k + WNumber]
                S3[j] = -1
                S4[k] = -1
                S3[j + WNumber] = -1
                S4[k + WNumber] = -1
                break
```

```
for j in range(0, WNumber):
    for k in range(0, WNumber):
        if S11[j] == S7[k]:
            S11[j + WNumber] = S7[k + WNumber]
            S7[k] = -1
            break
for j in range(0, WNumber):
    if S5[j] != -1:
        for k in range(0, WNumber):
            if S6[k] != -1:
                S22[j] = S6[k]
                S22[j + WNumber] = S2[k + WNumber]
                S5[j] = -1
                S6[k] = -1
                S5[j + WNumber] = -1
                S6[k + WNumber] = -1
                break
for j in range(0, WNumber):
    for k in range(0, WNumber):
        if S22[j] == S8[k]:
            S22[j + WNumber] = S8[k + WNumber]
            S8[k] = -1
            break
S11_tmax = Tmax_jisuan(S11)
S22_tmax = Tmax_jisuan(S22)
S1_tmax = Tmax_jisuan(S1)
S2_tmax = Tmax_jisuan(S2)
if S11_tmax < S1_tmax:
    Chorm[idx[0]] = S11
if S22_tmax < S2_tmax:
    Chorm[idx[1]] = S22
```

6. 变　异

```
def bianyi(a):
    global Chorm
    bianyima = random.randint(0, 1)
    if bianyima < pmutation:
        # 取一个个体
        idx1 = np.random.choice(np.arange(NIND), size=1, replace=False, p=a)
        print(idx1)
        Sb = Chorm[idx1[0]]
        print(Sb)
        S_b = np.copy(Sb)
        pos = np.random.choice(np.arange(WNumber), size=2, replace=False)
        pos1 = pos[0]
        pos2 = pos[1]
        # 工件交换
        S_b[pos1], S_b[pos2] = S_b[pos2], S_b[pos1]
        # 加工机器调整
        S_b[pos1 + WNumber], S_b[pos2 + WNumber] = S_b[pos2 + WNumber], S_b[pos1 + WNumber]
        # print(S_b)
        # 判断个体加工工序是否符合要求
        temp = np.zeros(PNumer)
        P = np.zeros(WNumber)
        for j in range(0, WNumber):
            temp[int(S_b[j])] += 1
            P[j] = (S_b[j] + 1) * 100 + temp[int(S_b[j])]
        # print(P)
        for k in range(0, WNumber):
            for l in range(0, WNumber):
                if P[k] == Jm[l][0]:
                    if S_b[k + WNumber] >= len(xxx[l]):
                        S_b[k + WNumber] = random.randint(0, int(len(xxx[int(l)]) - 1))
        print(S_b)
        S_b_tmax = Tmax_jisuan(S_b)
        Sb_tmax = Tmax_jisuan(Sb)
        if S_b_tmax < Sb_tmax:
            Chorm[idx1[0]] = S_b
```

四、实训输出与处理

排程输入实例、算法迭代图、排程结果甘特图分别如图 5-16、图 5-17、图 5-18 所示。

	1	2	3	4	5	6	7	8	9	10
			3							5
	10									
		9								
Job1				5			4			
						3		3		
					10					
		6								
			8							
					1			4		
Job2						5	6			
	3									
				3						3
			1						4	
				5			7			
						5		6		
Job3	5									
		9								11
					1					
				7						
	4								3	
			4				6			
Job4		3						5		
					1					
						3				
					6					
		10					12			
			7							9
Job5						8			8	
	5									
				4				7		
		2								
				4			7			
						6			9	
Job6	1									
					5			8		
			3							

图 5-16　排程输入实例

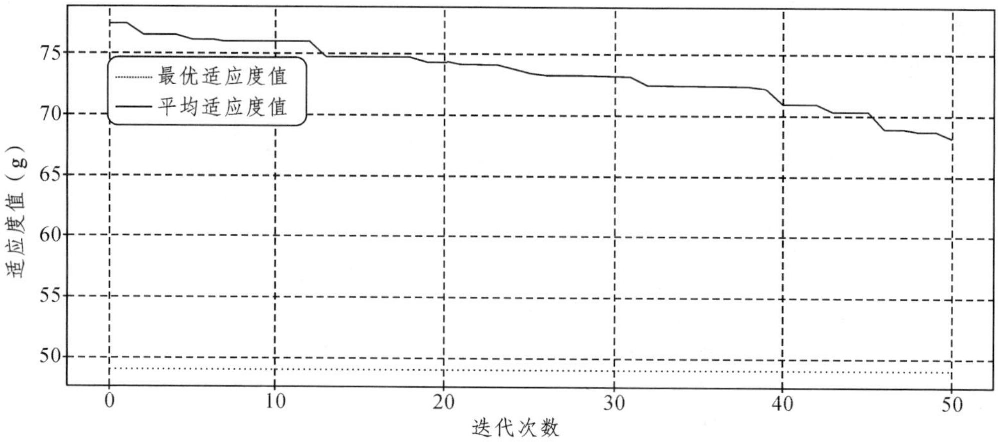

图 5-17　算法迭代图

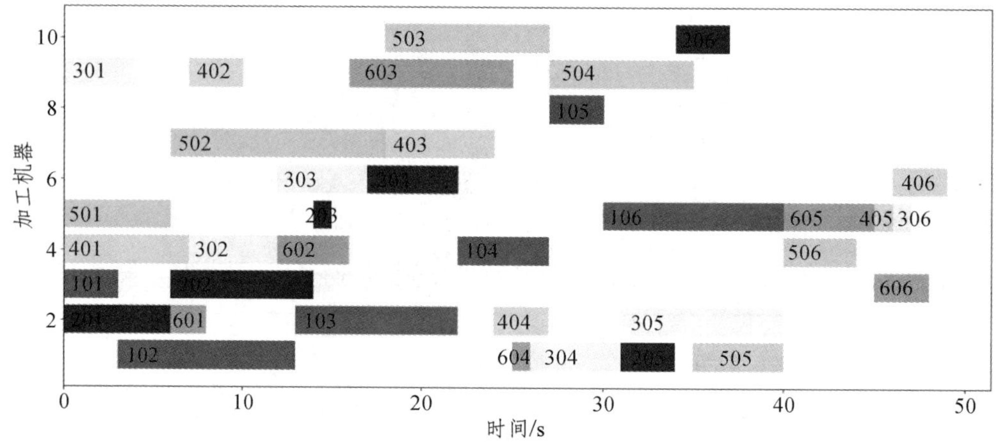

图 5-18　排程结果甘特图

五、实训报告撰写

实训后学生需要完成实训报告，实训报告内容包括实训项目名称、学生姓名、班号、实训地点、日期、实训目的、实训内容、实训设备、实训方法和步骤以及实训结果。

第四节　实训项目题目

（1）结合本章描述的车间调度建模方法，建立一个典型装配车间调度数学模型。

（2）结合本章描述的车间调度建模方法，建立一个典型柔性作业车间调度数学模型。

（3）在上述 1、2 模型基础之上，使用 Python/Matlab 编写一个基于启发式优化算法的排程调度求解方法。

（4）在上述 1、2 模型基础之上，使用 Java 编写一个基于启发式优化算法的排程调度求解方法，并集成到智能 MES 平台应用。

（5）在上述 1、2 模型基础之上，编写一个基于群智优化算法的排程调度求解方法。

第六章 MES 生产执行实训项目

第一节 实训项目相关背景知识

一、生产制造执行简介

生产执行系统（Manufacturing Execution System，MES），是面向车间的生产过程管理与实时信息交互的系统，主要解决车间生产任务排程与执行过程监控的问题。MES 的概念是美国先进制造研究协会（AMR）于 1990 年 11 月首次正式提出的；1992 年，美国成立了以宣传 MES 思想和产品为宗旨的贸易联合会——MES 国际联合会（MESA International）；1997 年，MESA 发布了 6 个关于 MES 的白皮书，对 MES 的定义与功能、MES 与相关系统间的数据流程、应用 MES 的效益、MES 软件评估与选择以及 MES 发展趋势等问题进行了详细阐述；1999 年，美国国家标准与技术研究所（NIST）在 MESA 白皮书的基础上，发布了有关 MES 模型的报告，将 MES 的有关概念规范化；2000 年，美国国家标准协会（ANSI）致力于 MES 标准化工作（ANSI/ISA-95），陆续发布了 SP-95 系列标准。MES 的标准化进程、ERP（企业资源计划）技术的成熟、智能化技术的发展及其广泛应用正成为 MES 发展的强大推动力。

MES 国际联合会对 MES 的定义如下："MES 是一些能够完成车间生产活动管理及优化的硬件和软件的集合，这些生产活动覆盖从订单发放到生产成品的全过程。它通过维护和利用实时准确的制造信息来指导、传递、响应并报告车间发生的各项活动，同时向企业决策支持过程提供有关生产活动的任务评价信息"。

这意味着：① MES 在整个企业信息集成系统中承上启下，是生产活动与管理活动信息沟通的桥梁；② MES 的目的在于优化管理活动，强调精确的实时数据；③ MES 是围绕企业生产为企业直接带来效益的价值增值过程，强调控制和协调。

本实训采用的工具为西南交通大学复杂装备智能制造与工业软件团队自主开发的智能 MES 软件 aDMiS-MES，本书以某齿轮加工车间为例说明该 MES 的运行原理，以便借助该系统功能模块快速掌握生产运行和组织方式。

某典型离散制造系统，用于加工和装配汽车多品种小批量的各种类型的齿轮。在此车间，除了常见的机加工工序如车、铣、倒棱等外，还有一些车间外的服务，如齿轮加工后需要送热处理车间进行淬火，然后再回车间；另外，主从动齿轮加工之后，需要进行装配工序，其主体是一个离散型车间，该车间工序过程如图 6-1 所示。

针对这类复杂的离散制造车间，智能 MES 作为企业生产执行系统，任务执行前需要得到 ERP 生成的"粗"计划作为其计划的源头和基础，并根据现场任务的进度安排到 ERP 系统中领料；车间任务完成后，MES 需要将完工信息反馈给 ERP 进行入库登记，ERP 自动关联到相应订单并进行完工处理，从而实现计划的闭环控制管理。MES 同时需要从 PLM/PDM/CAPP

中获取产品信息和结构化工艺文件数据，也可以采用手动输入与交换文件导入的方式进行。SCADA 系统负责与设备等资源实时通信，实时记录资源状态与报警，关键信息在处理之后，传递给 MES 进行归档与业务逻辑处理，同时 MES 中通过虚拟车间映射模型重构形成的生产控制逻辑、作业参数、配方等信息也可以交由 SCADA 系统执行。MES 也可以管理质量检验任务，获取产品质量相关信息，并促进生产工艺改进和质量保证。MES 还可能与供应链系统、APS 系统等进行数据交换。

结合现有 MES 标准，aDMiS-MES 系统以虚拟车间映射和重构为基础实现了生产计划、生产排程、物料配送、工序执行、质量管理、库存管理等生产执行过程所需的必要功能。本系统的功能模块如图 6-2 所示。

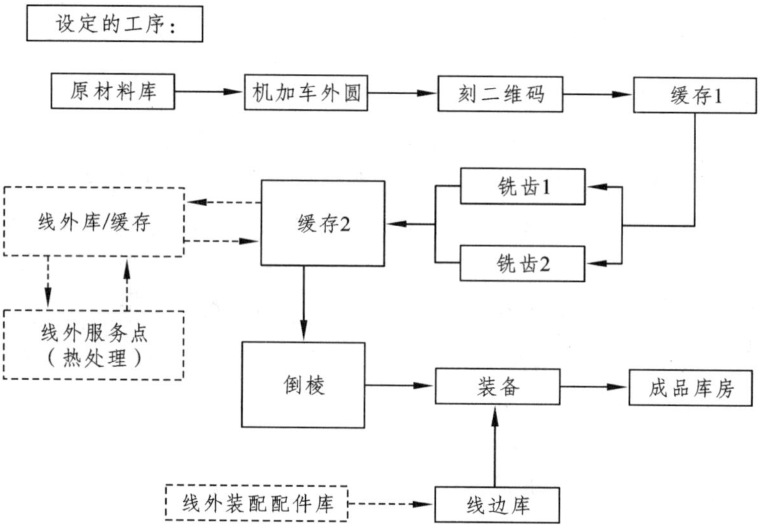

图 6-1　某齿轮加工车间工序

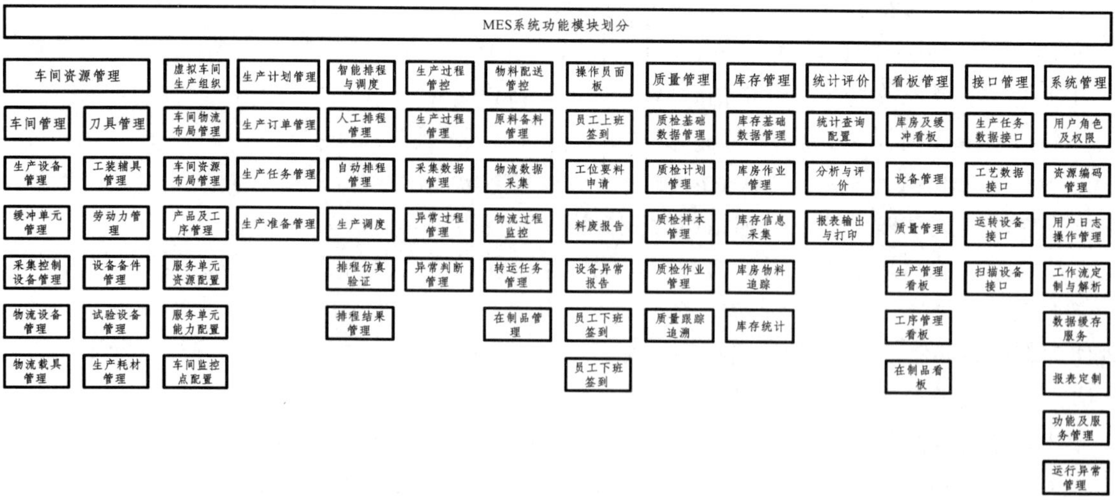

图 6-2　MES 功能模块规划

MES 各功能相互之间以及与外部相关业务系统之间的关系如图 6-3 所示。

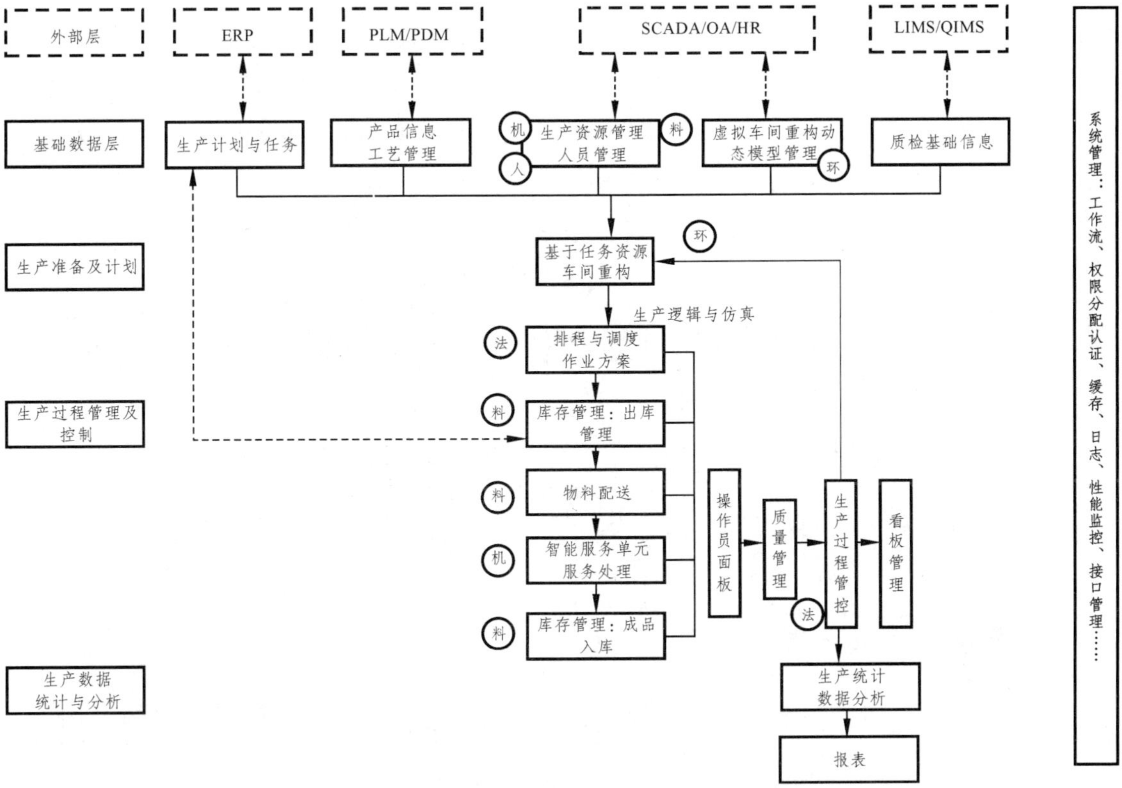

图 6-3　MES 功能之间以及同外部业务系统之间的相互关系

二、车间资源管理

（一）车间资源分类

根据排程及物流任务需求，车间资源分为车间/区域、生产工艺设备（处理器）、缓冲资源（缓冲器）、物流设备（执行器）、生产控制终端（控制器）、信息采集终端（采集器）、流动性资源七类，如图 6-4 所示。

（1）车间/区域：由工厂确定的物理的、地理的或逻辑的分组，对加工区域、物流路径进行划分。

（2）生产工艺设备（处理器）：生产加工或检测设备，如车、铣、镗、刨、磨、焊接等机床设备以及相关检验检测设备，用于工艺工序的执行。

（3）生产缓冲资源（缓冲器）：为生产加工设备或检测设备等处理器提供物料、工装的缓冲服务（存储），类型包括库房和工序间缓冲区。

（4）物流设备（执行器）：包括传送带、堆垛机、AGV 叉车、机械手等装卸和转运设备，计量计重设备，包装与集装设备。

（5）生产控制终端（控制器）：包括工控机、生产看板、移动控制终端。

（6）工件采集终端（采集器）：包括扫码枪、RFID 读码器、机器视觉设备、条码打印机等采集加工或运输中工件信息的终端。

（7）流动性资源（流动实体）：这类资源是在生产过程中随任务流动的生产服务资源，包括生产过程中的工装辅具、刀具、作业人员、生产耗材等资源。

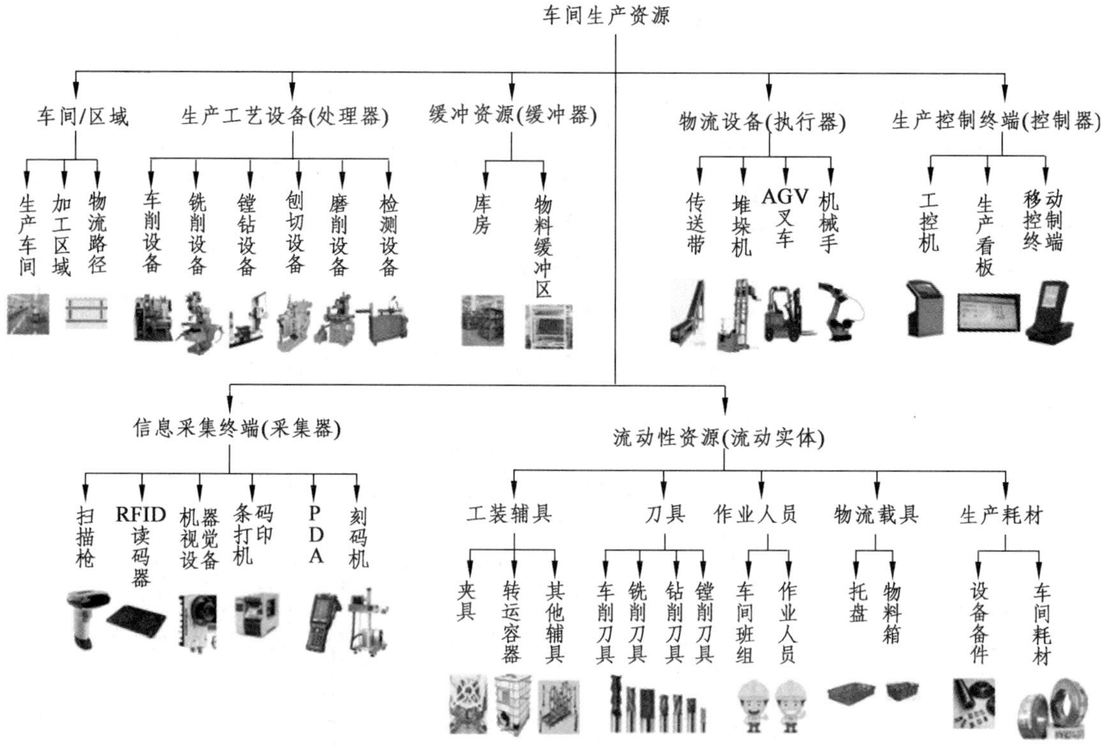

图 6-4　车间生产资源

① 工装辅具：生产加工中用到的工装辅具，包括夹具、模具、钳工工具、检具等。

② 刀具：生产工艺类设备上所用的各种刀具。

③ 作业人员：对作业人员技能分类、人员基本信息、所在班组信息进行管理。

④ 生产耗材：在生产加工过程中不可重复使用的资源，包括车间耗材（如手套、油漆等）、设备备件两类。

（二）车间资源管理功能划分

遵照图 6-4 所示的车间资源谱系，同时按照 MES 软件系统基于总线的扁平化组织方式，车间资源管理系统的功能，如图 6-5 所示。

（1）车间管理：对车间信息及车间中生产区域划分信息进行管理。

（2）生产设备管理：本模块主要对生产设备分类、设备台账、设备状态、设备维护计划、设备维护、设备报废、设备调拨等信息进行管理。

（3）缓冲单元管理：本模块主要对缓冲单元分类、缓冲资源台账、工位/料位划分、缓冲资源报废等信息进行管理。

（4）物流设备管理：本模块主要对物流转运设备进行管理，包括对物流设备分类、物流设备台账、物流设备状态、设备维护登记、设备报废和调拨等信息进行管理。

（5）物流载具管理：本模块主要对物流运输过程中的载具如托盘、集装箱等进行管理，包括对载具分类、载具台账、载具库存、载具报废等信息进行管理。

（6）工装辅具管理：本模块主要对生产加工中需要使用的工装夹具等进行管理，包括对工装辅具分类、工装辅具台账、工装辅具库存、工装辅具报废和调拨等信息进行管理。

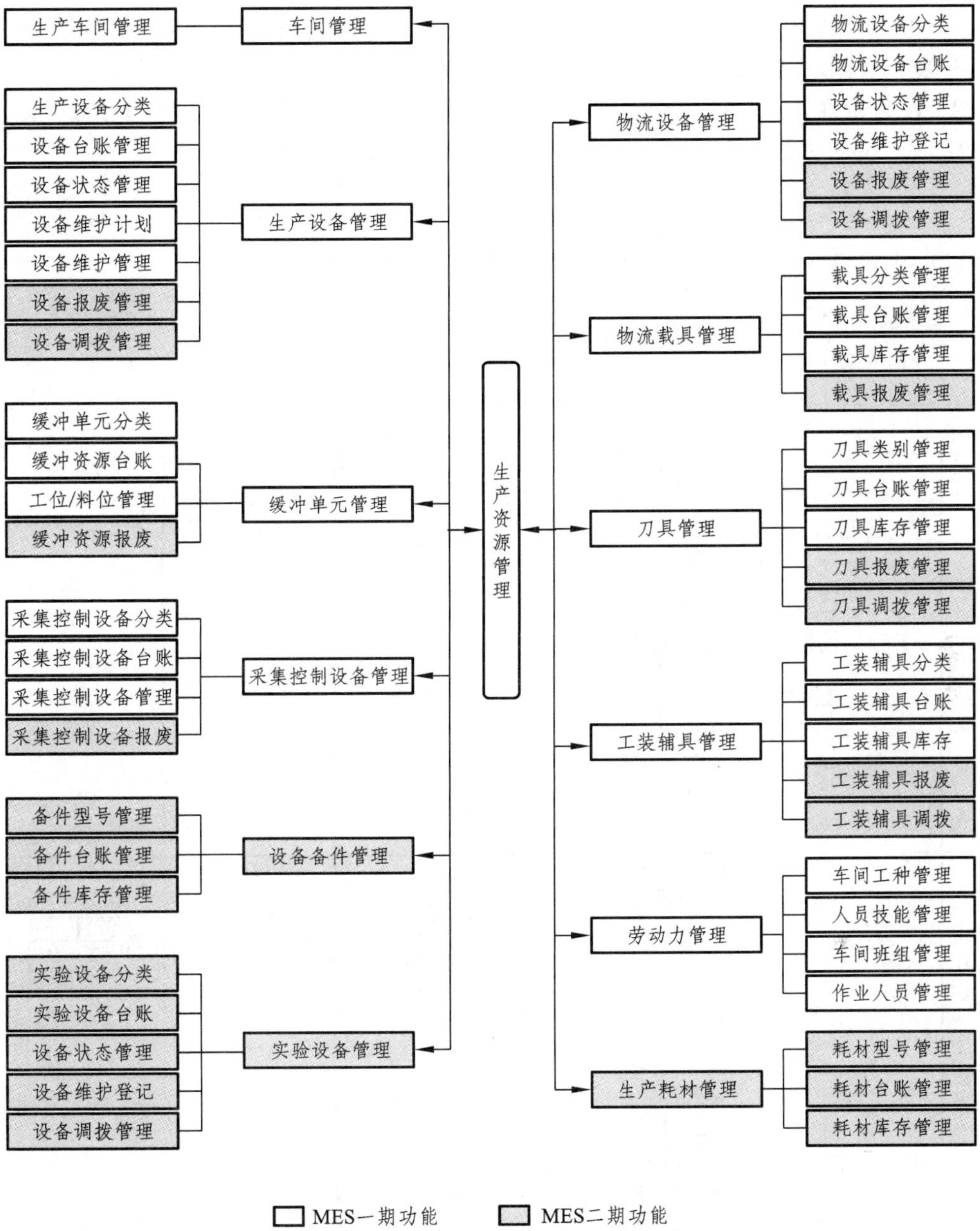

图 6-5　MES 功能组成

（7）刀具管理：本模块主要对生产加工中需要使用的刀具信息进行管理，包括对刀具分类、刀具台账、刀具库存、刀具报废、刀具调拨等进行管理。

（8）劳动力管理：本模块主要对车间工种、人员技能、车间班组和员工基本信息进行管理。

（9）采集控制设备管理：本模块主要对生产过程中的工控机、LED 显示屏、PAD、扫码设备、RFID 设备、机器视觉设备等进行管理，包括对采集控制设备分类、采集控制设备台账、采集控制设备报废等进行管理。

（10）实验设备管理：本模块主要对实验设备、仪器进行管理，包括对实验设备分类、实验设备台账、设备状态、设备故障维护和报废等信息进行管理。

（11）生产耗材管理：本模块主要对生产过程中所使用的耗材，如电缆、紧固用的标准件等进行管理，包括对耗材型号、耗材台账、耗材库存等进行管理。

（12）设备备件管理：本模块主要对生产加工设备、试验设备等维护维修过程中使用的备件进行管理，包括对备件型号、备件台账、备件库存等进行管理。

（三）生产设备管理

下面以生产设备管理为例说明车间生产资源的一般管理方式。

1. 业务流程分析

生产设备台账管理的业务流程如图 6-6 所示，设备的生命周期分为三个阶段。

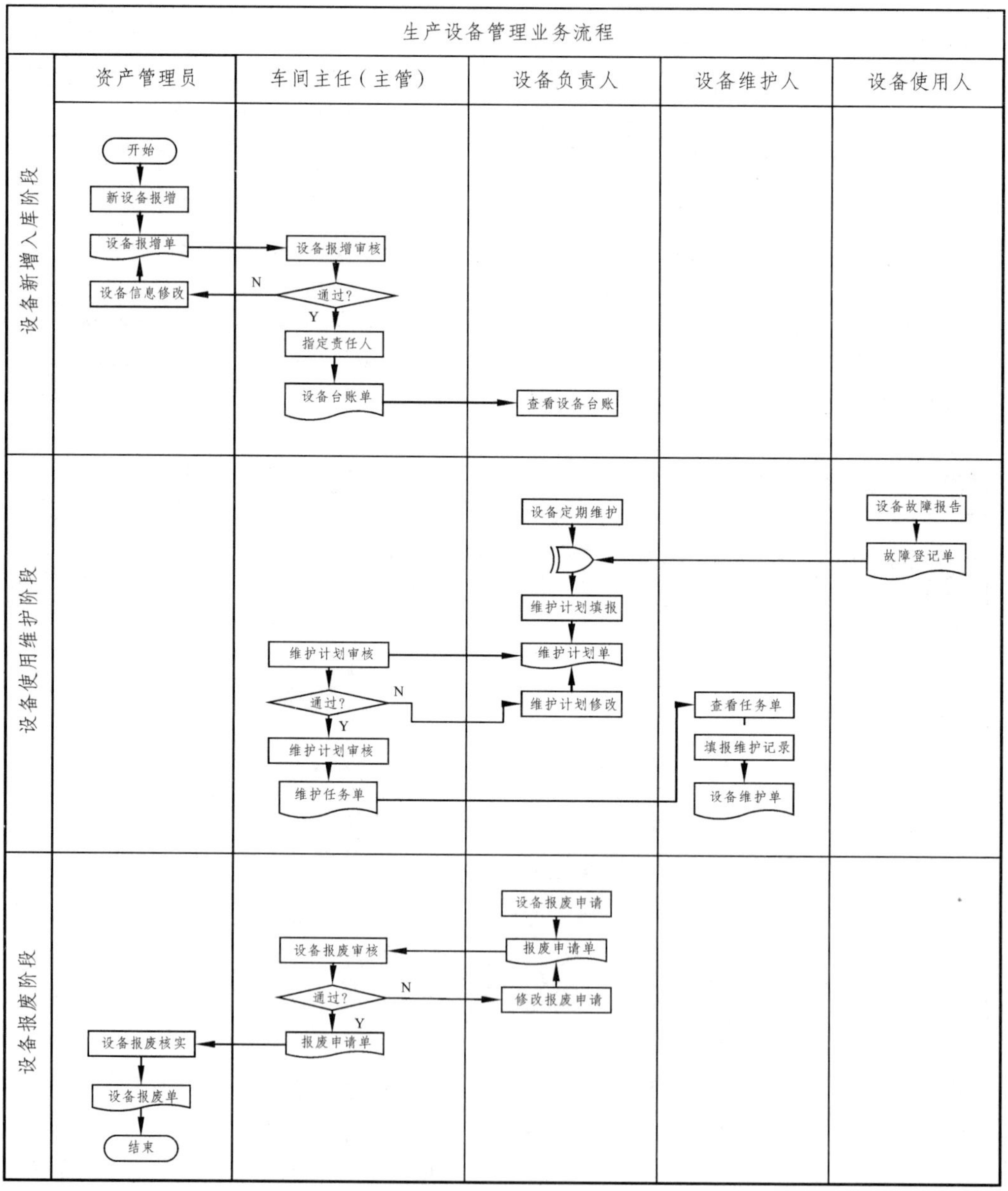

图 6-6　生产设备管理流程

（1）设备新增入库：资产管理员在设备到货验收合格后，根据此设备之前的采购申请，填报设备台账报增，并分配到相关的车间；车间主任审核确认设备到位，指定设备责任人。

（2）设备使用维护：在设备使用过程中出现设备故障，由使用人报告故障信息，责任人根据故障或定期维护要求，制订设备维护计划，车间主任（或主管）审核计划，指定维护人下达维护任务；设备维护人对设备进行维护，填报故障原因及维护详情。

（3）设备报废：设备超过使用年限或重大故障无法修复时，由设备责任人填报设备报废申请；车间主任（或主管）审核后进行公司工装辅具报废销账手续。

2. 功能模块分解

生产设备管理模块的功能主要包括生产设备分类、生产设备台账、设备状态维护、设备维护计划、设备维修管理、设备报废管理、设备调拨管理等功能，其包含的主功能如表 6-1 所示。

表 6-1　生产设备管理模块功能列表

功能名称	子功能	功能点描述
1. 生产设备分类	包括设备分类名称、图标信息	
2. 生产设备台账	台账管理主界面，提供设备报增、修改、删除、审核、查看等服务	
	2-1 设备台账新增	为设备台账新增建立设备出生档案的功能
	2-2 设备台账审核	为车间主任（主管）提供审核管理功能
	2-3 设备台账修改	为尚未入账的设备台账提供修改功能
	2-4 设备台账查看	为已入账的设备台账提供查看功能
3. 设备状态维护	设备状态维护主界面，提供设备状态查看以及设备故障报警登记功能	
	3-1 状态分类维护	提供设备状态分类的自定义管理功能
	3-2 设备故障登记	提供设备故障登记管理功能
4. 设备维护计划	维护计划主界面，管理设备的点检、调试、维修计划信息	
	4-1 维护计划新增	包括新增保养计划、新增故障维修两个子入口
	4-2 维护计划审核	提供设备台账的审核功能
	4-3 维护类型管理	提供设备维护类型的自定义管理功能
5. 设备维修管理	维护任务主界面，管理设备故障下的维修信息	
	5-1 维护详情填报	提供设备故障描述、维修环境信息的记录功能
	5-2 维护详情查看	提供设备维护详细信息的查看功能
6. 设备报废管理	提供设备的报废申请、报废申请的审核、销账管理	
7. 设备调拨管理	提供设备的调拨申请、调拨申请的审核等管理	

三、基于服务单元的生产虚拟组织

（一）车间生产组织面临的挑战

随着消费者对产品要求的不断提高和市场竞争的日益激烈，离散制造业普遍存在着单件小批量生产、定制化生产和产品交付期短的问题（代表性行业有航空工业、航天工业、机床工业、建筑机械工业、船舶工业、金属加工行业等），这给车间的生产组织带来了巨大的挑战，主要体现在：

（1）多品种并行生产。由于很多企业的产品是针对客户配置，不同的产品有不同的工艺需求，车间的生产资源置身于多个品种之中，在这种情况下，需要解决两个重要问题：

① 如何有效组织/描述生产资源，以实现生产工艺需求下资源的快速匹配。

② 如何实现多品种并行生产下资源冲突、资源异常的监控与调度。

（2）订单完成情况和生产周期的不确定性。由于客户的需求具有不稳定性，生产计划所明确的节点与主要资源人、机、料的配套周期不一致等，生产周期往往具有不确定性，可能需要占用更多的资源，加大了生产控制的难度。

（二）面向资源快速重组的虚拟车间生产组织管理

上述分析的离散制造业普遍存在着单件小批量生产、定制化生产和产品交付期短的问题，对车间生产资源的快速重组和柔性调度提出了很高的需求。为实现车间资源的柔性管理，适应多品种并行生产过程中资源的快速匹配和重组支持，本模块以团队前期研究的车间多虚拟服务单元统一建模方法为基础，对车间资源虚拟化重构，以虚拟服务单元的方式进行生产组织管理。

（1）车间映射和重构的内涵：对生产组织、生产逻辑、生产工艺等关系的抽象和映射。即将车间控制设备、加工设备、物流设备、仓储设备、物流布局、物料、生产逻辑等映射成控制器、处理器、执行器、缓存器、物流路径网络、流动实体和虚拟服务节点七个基本逻辑要素，按照工艺和物流关系在虚拟服务节点上绑定要素，形成虚拟服务单元，并建立生产工序、生产单元、生产物流动态关联关系，以实现生产任务与生产资源和物流的动态匹配。

（2）虚拟服务单元中服务节点的作用：通过虚拟服务节点实现车间生产资源快速重组和柔性调度。

① 通过虚拟服务节点关联各服务对象，组成一个虚拟的服务单元；

② 虚拟服务节点上定义了服务发生的区域和服务的内容；

③ 虚拟服务节点定义了服务的逻辑顺序；

④ 虚拟服务节点将服务单元与物流路径关联起来；

⑤ 虚拟服务节点与流动实体及其工序关联起来。

（三）虚拟化生产组织管理功能划分

为实现车间柔性生产调度，系统的功能模块包括车间区域与物流布局管理、车间资源布局管理、生产服务单元管理、产品及工序管理、工件服务单元关系查询、SCADA 监控点管理几部分，如图 6-7 所示。通过生产资源虚拟化和服务功能的逻辑组合，实现以多服务单元为核心的敏捷生产管控。

（1）车间区域及物流布局管理：本模块主要对车间生产区域以及物流布局信息进行管理，以 2D 图形化模式支持生产区域、物流路径的定义，支持物流布局查看，管理路径与物流设备之间的关系。

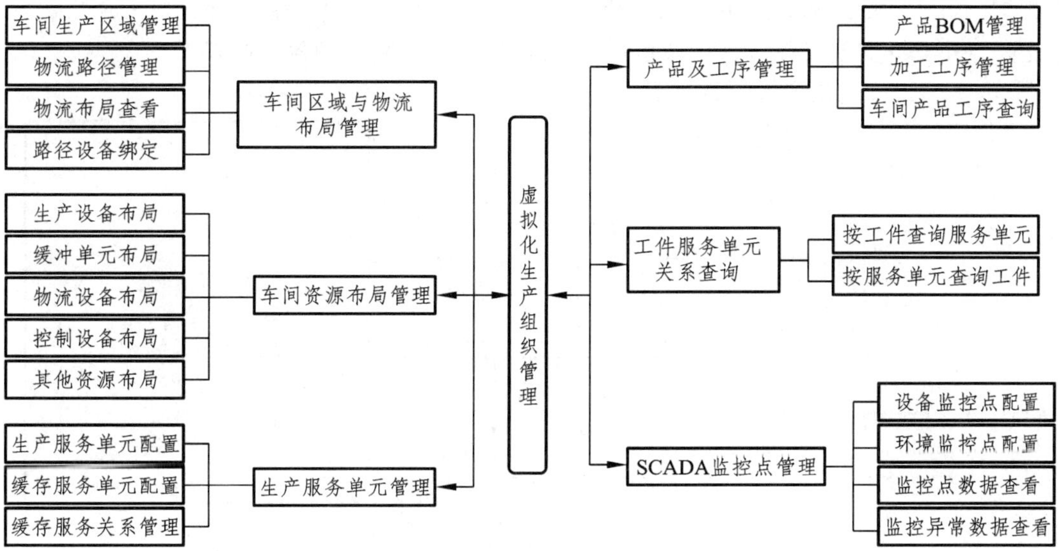

图 6-7　车间组态生产模型管理功能

（2）车间资源布局管理：本模块主要对生产加工设备、缓存单元、物流设备、控制设备以及其他生产资源在车间的布局进行管理，以 2D 图形化模式提供设备在车间中的物理映射。

（3）产品及工艺管理：本模块提供产品 BOM（物料清单）结构维护，以及产品零部件工艺路线和工序管理功能。

（4）生产服务单元管理：本模块提供生产服务单元配置、缓存服务单元配置、缓存服务关系管理功能，服务单元以生产加工设备或缓存设备为核心，每个最小服务单元对应一台生产加工设备或一台缓存设备，由一台工控机负责对服务单元的工作进行管理；此外，服务单元可配置进料/出料物流服务点、扫码设备、装料设备、卸料设备。

（5）工件服务单元关系查询：本模块提供工件与生产服务单元之间的生产服务关系查询功能，支持按工件和工序查询服务点，按服务点查询能服务的工件和工序。

（6）SCADA 监控点管理：本模块提供设备监控点配置、环境监控点配置、监控数据查看以及异常数据查看功能。

（四）虚拟服务单元配置与管理

主要对车间各类资源按生产服务需求进行虚拟化。虚拟化分为两层：一是以生产设备或缓存设备为核心的进料/出料位、扫码设备、装卸设备资源聚集成原子级虚拟化服务单元；二是建立原子级生产服务单元与缓存服务单元之间的进料缓存服务和出料缓存服务之间的聚集，形成面向工艺和物流的更上层聚类，为第二层虚拟化。在此模型下，生产服务单元将作为 MES 后续生产排程、调度、生产监控、质量追溯业务的执行单位。

1. 服务单元的分类资源配置需求

按照生产组织中生产工艺任务执行和缓存服务分工不同，服务单元分为生产服务单元和缓存服务单元两类。

1）生产服务单元

生产服务单元资源构成：生产服务单元是以生产加工或者检测为核心的原子服务单元，

其结构如图 6-8 所示，每个服务单元必须具备的要素是 1 台（套）生产设备和 1 台控制终端、1 个或多个进出料物流服务点，可选配进/出料扫码设备、装料设备、卸料设备。

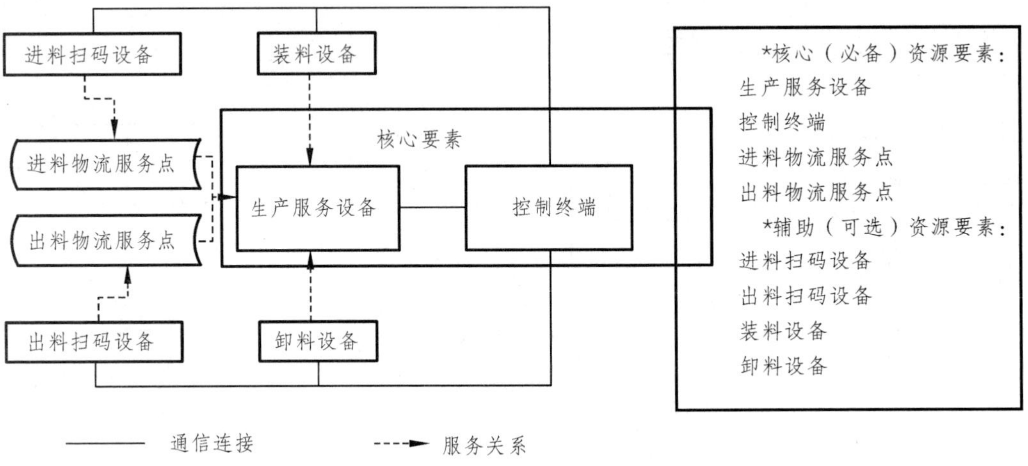

图 6-8　生产服务单元资源配置要素构成

生产服务单元采集控制：扫码设备、装料设备、卸料设备均通过接口与控制终端（如工控机）相连，通过接口连接配置、数据采集项配置、数据控制项配置实现数据的采集。

（1）接口连接配置：配置设备连接访问地址，通过地址可实现终端与设备的连接。

（2）数据采集项配置：配置设备向采集终端/服务器发送信息的内容项。

（3）数据控制项配置：配置控制终端向设备（如装卸机械手）发送指令内容项。

2）缓存服务单元

缓存服务单元资源构成：缓存服务点是以缓存单元（仓库）为核心的服务单元，其结构如图 6-9 所示，每个缓存服务单元必须具备的要素是 1 个缓存单元、1 台控制终端、1 个或多个进出料物流服务点，可选配进/出料扫码设备、装料设备、卸料设备。

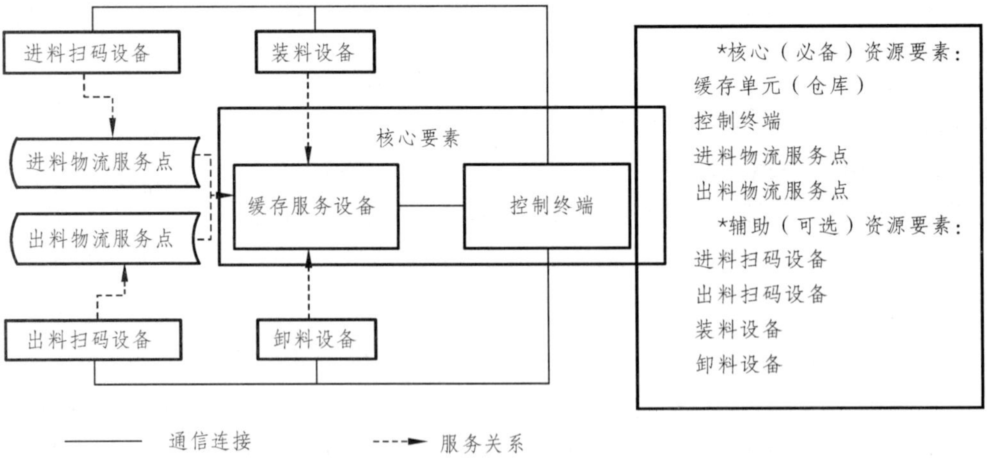

图 6-9　缓存服务点资源配置要素构成

缓存服务单元采集控制：扫码设备、装料设备、卸料设备均通过接口与控制终端（如工控机）相连，通过接口连接配置、数据采集项配置、数据控制项配置实现数据的采集。

（1）接口连接配置：配置设备连接访问地址，通过地址可实现终端与设备的连接。

（2）数据采集项配置：配置设备向采集终端/服务器发送信息的内容项。

（3）数据控制项配置：配置控制终端向设备（如装卸机械手）发送指令内容项。

2. 业务流程分析

本模块使用者为车间主任/主管、排程人员、物流配送人员等。其中，服务点的创建、服务点资源的配置由车间主任/主管负责，生产服务点及缓存服务点的资源配置流程如图 6-10 所示。

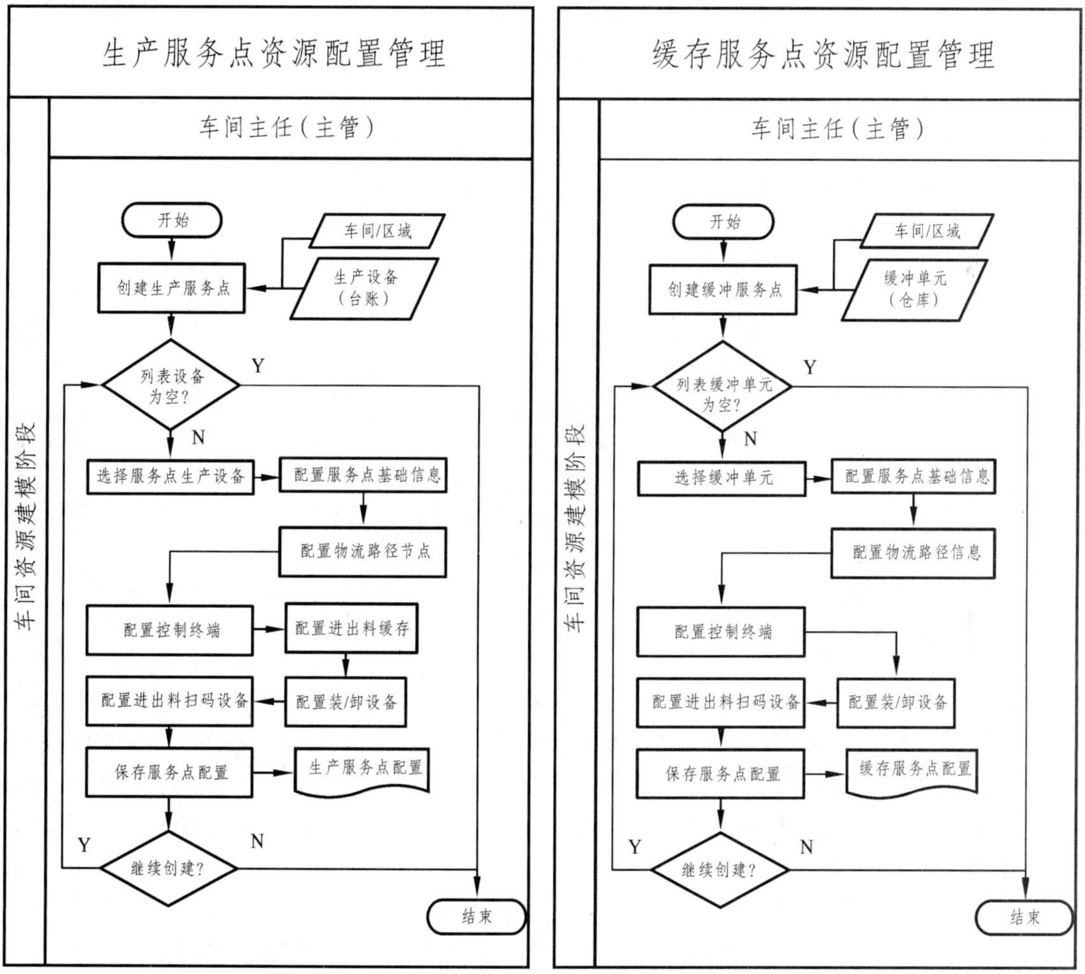

图 6-10　服务点资源配置管理

3. 功能模块分解

本模块主要对车间虚拟服务单元资源配置进行管理，实现从物理资源向虚拟生产服务单元的逻辑映射。按前述分析，服务单元点包含生产服务单元和缓存服务单元，其功能如表 6-2 所示。

表 6-2　虚拟服务单元资源配置管理模块功能列表

功能名称	子功能	功能点描述
1. 生产服务单元管理	提供生产服务单元新建、资源配置绑定、配置信息修改和查看等功能	
	1-1 生产服务单元新建	提供生产服务单元基本信息管理、控制终端绑定、进出料物流路径映射，并提供进/出料扫描设备配置、装/卸料设备配置管理功能
	1-1-1 控制终端选择	提供虚拟服务单元控制终端的选择配置功能
	1-1-2 扫码设备选择	提供虚拟服务单元进出料位扫码设备选择配置功能
	1-1-3 装卸设备选择	提供虚拟服务单元进出料位扫码设备选择配置功能
	1-2 生产服务单元编辑	提供虚拟生产服务单元资源配置的编辑功能
	1-3 生产服务单元配置查看	提供生产服务单元资源配置的查看功能
2. 缓存服务单元管理	提供缓存单元新建、资源配置绑定、配置信息修改和查看等功能	
	2-1 缓存服务单元新建	提供缓存服务单元基本信息管理、控制终端绑定、物流路径映射，并进行进/出料扫描设备配置、装/卸料设备配置
	2-2 缓存服务单元修改	提供缓存服务点资源配置的修改功能
	2-3 缓存服务单元配置查看	提供缓存服务点资源配置的查看功能
3. 缓存服务关系管理	建立原子级生产服务单元与缓存服务单元之间的进料缓存服务和出料缓存服务之间的聚集，提供缓存服务单元与生产服务单元之间的关系管理	
	3-1 缓存关系添加/编辑	提供具体缓存服务单元与生产服务单元的入料缓存和出料缓存配置关系管理

四、生产计划管理

生产计划及工艺管理模块的主要功能是从 ERP 系统中接收相应的生产计划（如无 ERP 系统直接接口，可通过 Excel 表格导入），能够实现计划信息的变更、计划撤销、计划委外等计划管理功能，并实现生产计划的组批和分批；同时，能够实现生产排程前的生产准备确认，包括生产服务单元、人员和相关物料的资源匹配、生产日历的管理及排班信息管理等功能。总体功能如图 6-11 所示，主要包括计划信息管理、生产准备管理和生产信息管理等。

（1）生产计划管理：本部分主要对生产计划的相关信息管理，包括生产计划接收、计划信息维护（计划信息修改、计划是否撤销、计划是否委外）、作业信息维护（作业信息修改）、计划的组批分批管理、计划排程后的超时预警和信息反馈。

（2）生产信息管理：本部分主要对生产所需的相关日历信息及班组排班信息进行管理，包括生产日历信息的导入、班组排班的新增和修改。

（3）生产准备管理：本部分主要为参与排程的生产计划及作业进行资源匹配，包括对生产计划所需的相关资源进行查询（包括服务节点、班组及物料信息），对资源不足的生产计划将生成对应的物料催送单，对资源充足的生产计划执行相应的排程/调度。

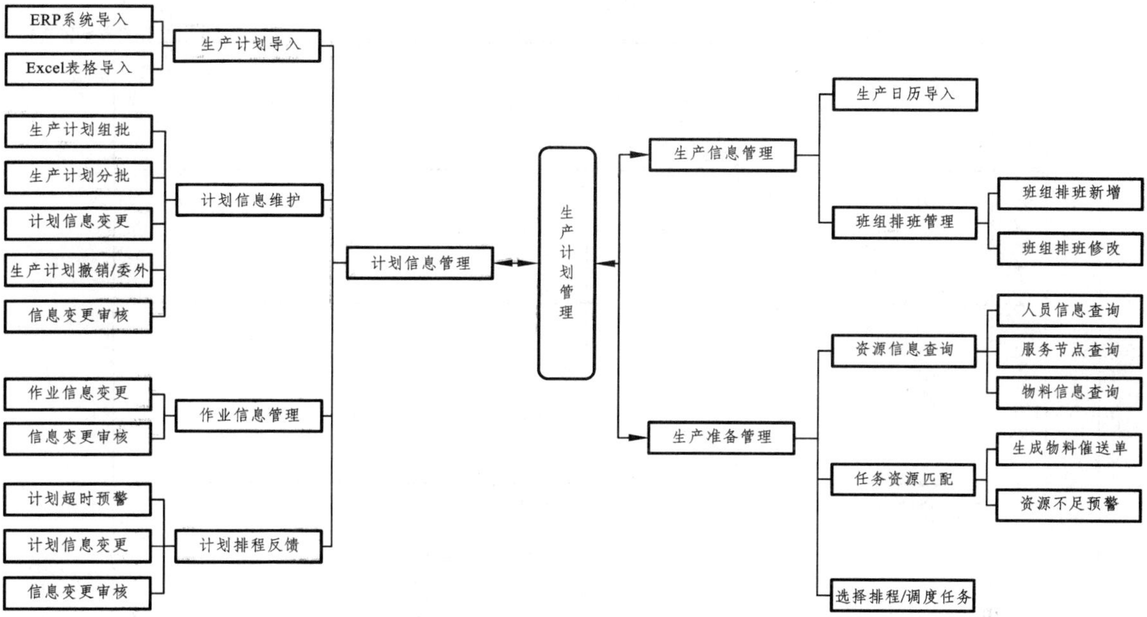

图 6-11　生产计划管理模块总体功能

（一）生产计划业务分析

生产计划管理及排程的业务流程如图 6-12 所示，整个周期分为三个阶段：生产计划阶段、排程阶段、作业执行反馈阶段。

（1）生产计划阶段：生产计划人员通过 ERP 系统或其他外部方式将生产计划导入本 MES 系统中，实现对计划信息的变更、计划的组批和分批处理、修改批次的相关信息（如优先级等），当修改的信息得到审核批准后，得到对应的生产计划单，对该生产计划单进行相关资源匹配，匹配结果满足的生产计划将执行排程，该阶段被划分到生产计划管理模块中。

（2）排程阶段：排程人员根据生成的生产作业单、工艺人员提供的对应工艺信息单、库房人员提供的库存物料单、设备负责人提供的可用资源单选择对应的排程策略库执行排程，生成对应的排程结果单并进行派工。同时，对生产过程中发生的动态因素，如设备故障、急件插单、撤单等能够选择对应的调度算法执行调度，根据生成的调度结果单修改对应的派工单，该阶段被划分到智能排程模块中，其实现原理详见第五章生产计划与排程内容。

（3）作业执行反馈阶段：操作人员执行派工作业，并对执行情况进行报工，车间主任根据未完工作业表生成插单作业并执行调度；同时对于影响订单的作业需上报生产管理人员进行订单信息修改，该阶段被划分到智能排程模块中，其实现原理详见第五章生产计划与排程内容。

（二）生产计划管理功能分解

生产计划管理模块包含的主要功能如表 6-3 所示。

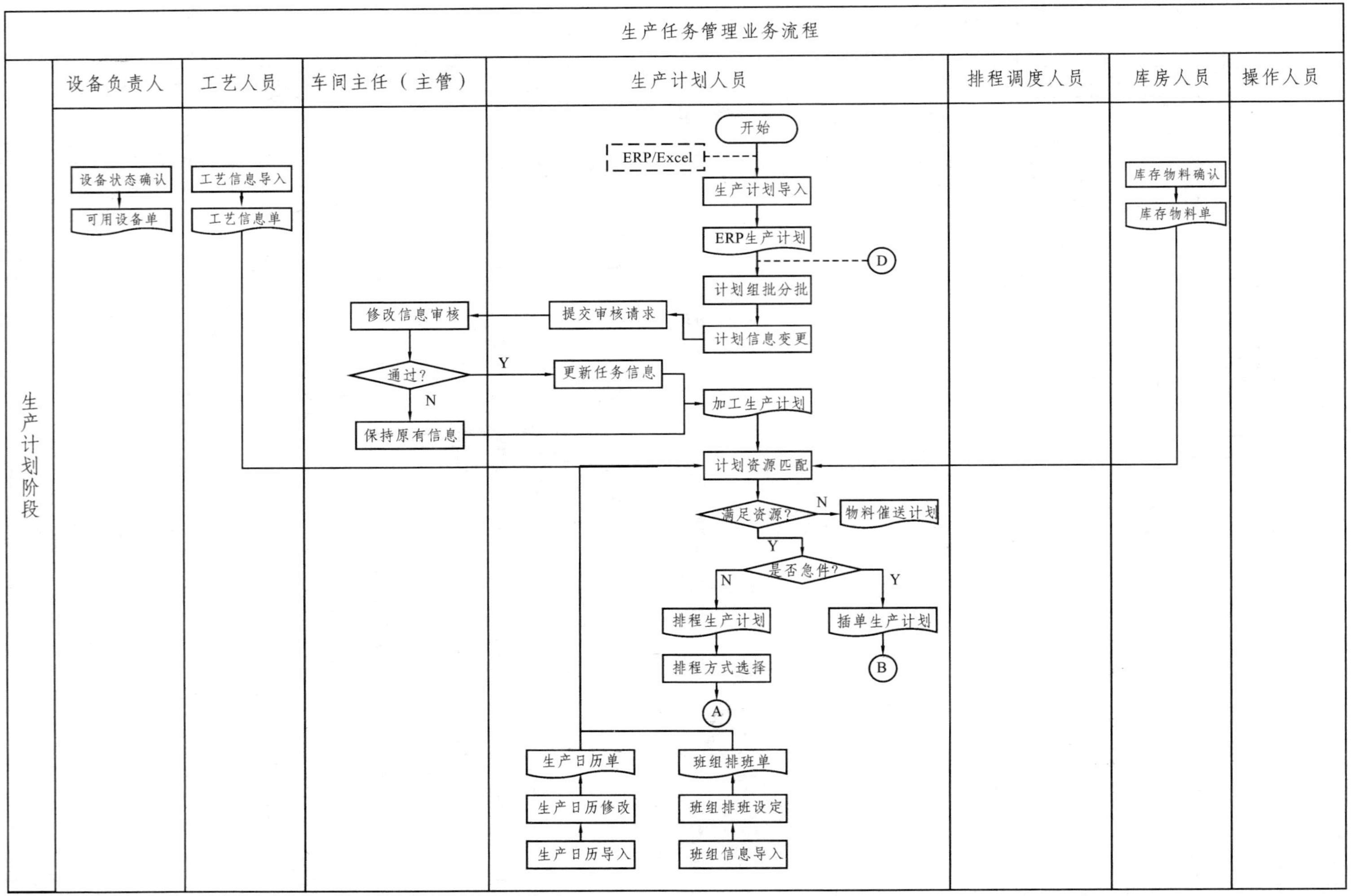

生产任务管理业务流程
设备负责人
工艺人员
车间主任（主管）
生产计划人员
排程调度人员
库房人员
操作人员
生产计划阶段
设备状态确认
可用设备单
工艺信息导入
工艺信息单
开始
ERP/Excel
生产计划导入
ERP生产计划
D
计划组批分批
计划信息变更
提交审核请求
修改信息审核
通过?
Y
N
更新任务信息
保持原有信息
加工生产计划
计划资源匹配
库存物料确认
库存物料单
满足资源?
物料催送计划
是否急件?
排程生产计划
插单生产计划
排程方式选择
A
B
生产日历单
生产日历修改
生产日历导入
班组排班单
班组排班设定
班组信息导入

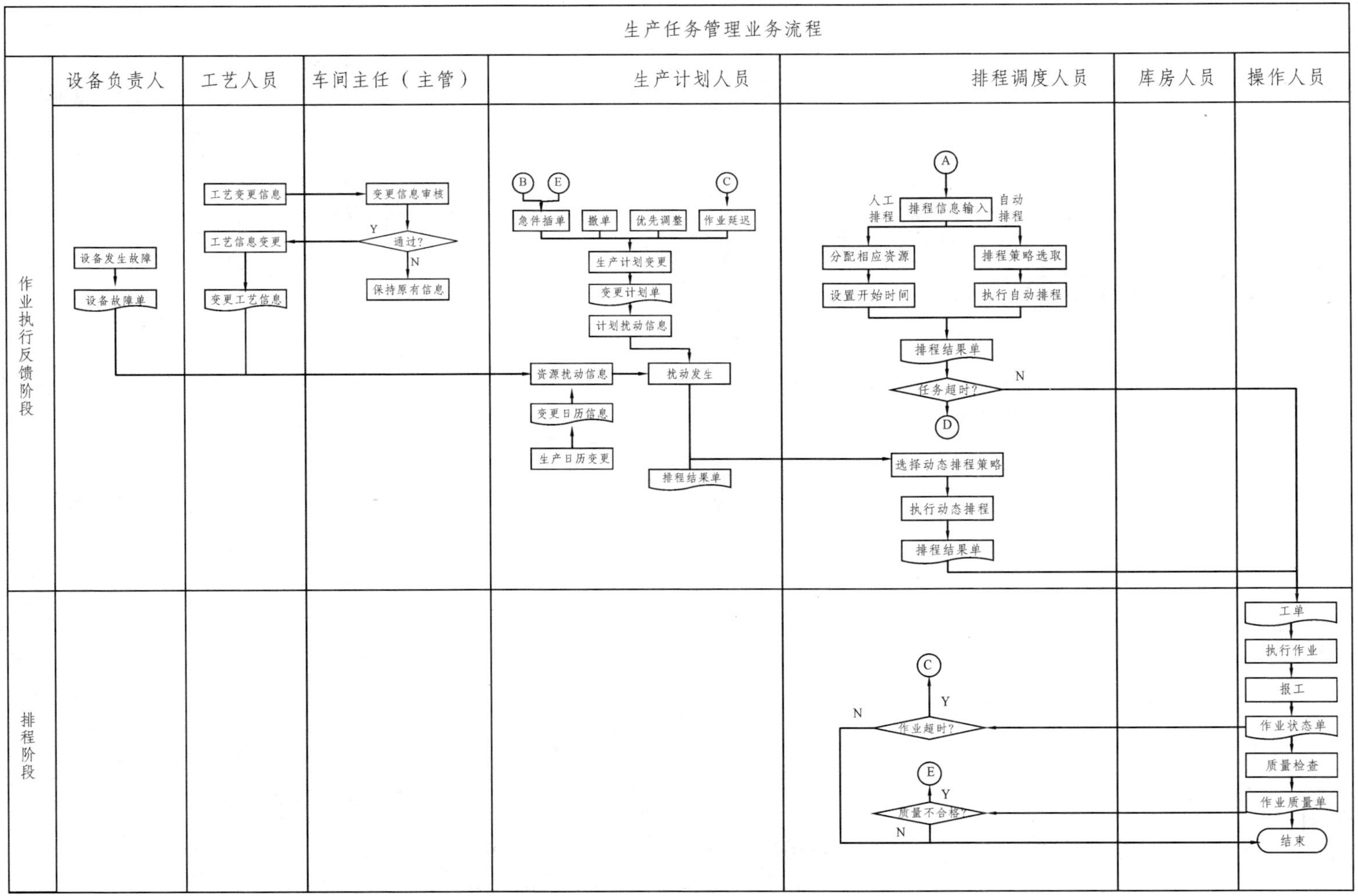

图 6-12　生产任务管理流程

表 6-3　生产计划管理功能列表

功能名称	子功能	功能点描述
1. 计划信息管理	对从外部系统导入的生产计划及其相应作业的信息进行管理	
	1-1 生产计划接收	从外部系统接收相应的生产计划
	1-2 计划信息维护	能够实现生产计划部分信息的修改，生产计划的撤销和委外，生产计划的组批和分批，对修改后的生产计划进行审核
	1-3 作业信息管理	对生产计划中的相关作业信息进行修改
	1-4 计划排程反馈	对排程后的生产计划进行反馈，包括排程超时预警，对其进行相应信息的修改
2. 生产信息管理	对生产所需要的生产日历和班组排班等相应生产信息进行管理	
	2-1 生产日历导入	从外部系统导入相应的生产日历
	2-2 班组排班管理	对班组的排班进行管理，包括班组排班新增和修改
3. 生产准备管理	对排程之前的生产计划进行生产资源查询和资源匹配	
	3-1 资源信息查询	查询生产计划中所需物料信息以及人员、服务单元的状态信息
	3-2 计划资源匹配	对生产作业所需资源进行匹配，对资源不足的作业发出预警，并能生成相应的物料催送单
	3-3 选择排程计划	选择满足生产资源的计划进行排程或插单操作，实现原理详见第五章生产计划与排程内容

五、库房管理

库存管理从加工对象角度实现了原材料库、外协外购件库房、在制品库、成品库、不合格品库的管理；从生产过程所需辅具辅材角度提供了刀具库、工具辅具库、耗材库的管理。总体功能主要包括库房基础数据管理、库房作业管理、库房信息采集、库房物料跟踪追溯和库房统计等，如图 6-13 和图 6-14 所示。

（1）库房基础数据管理：为物料堆放、移动等相关库房作业提供物料属性与库位属性匹配的计算规则，满足各种物料的合理堆放要求，并为排程模块提供物料齐套检查的库房数据支持。

（2）库房作业管理：依据采购来料、作业计划、机组产出、发货计划、配送计划等物料移动需求，确认信息与实物的一致性，编制进料、领料、调拨、补料、换料、退料、盘点等作业计划，执行库存的日常业务管理。其主要功能包括获取物料移动需求、确定库房作业计划类别、生成库房作业计划、形成与库房作业计划类别相关的作业单，以及指令下达、变更、取消和执行过程监控等。

（3）库房信息采集：库房操作人员采用手工或编码识别（条码、二维码、RFID）等采集手段，集中管理库房作业操作时采集的相关信息，包括的主要功能有（可参考物流配送管控模块中物流数据采集功能）：按照库房作业要求，自动获取编码识别设备的采集结果；将采集结果推送、上报至库房作业；对采集的作业数据进行确认、维护和管理。

（4）库房物料跟踪追溯：对库房作业计划完成情况进行动态实时监控；对物料位置转移、库位状态变更等计划作业的过程信息进行跟踪，准确反映库房当前堆放情况；监控库存物料的分布、变化的实时和历史情况；查看库房作业计划完成的实时和历史情况。

（5）库房统计：收集库房作业数据，进行查询、统计与分析管理，并进行汇总统计，生成报表，为决策分析提供依据。

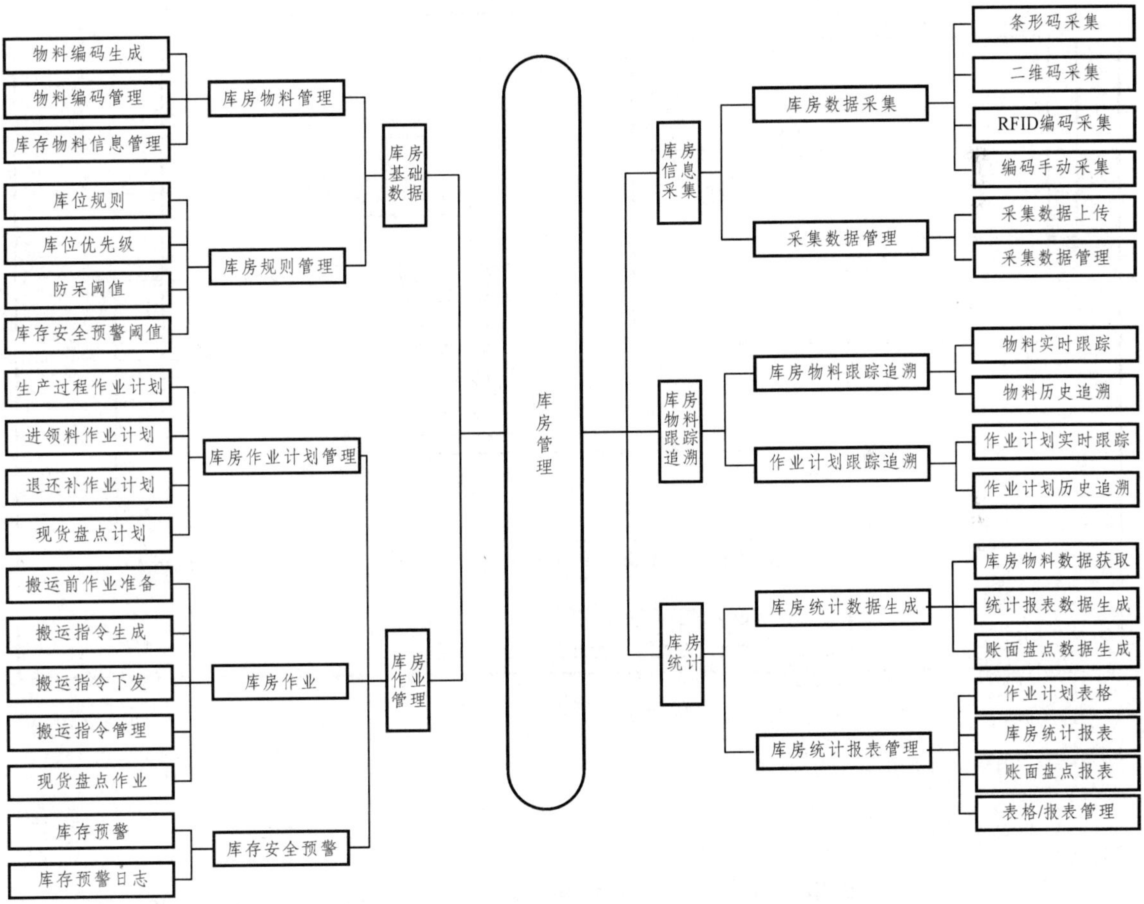

图 6-13　库房管理模块功能

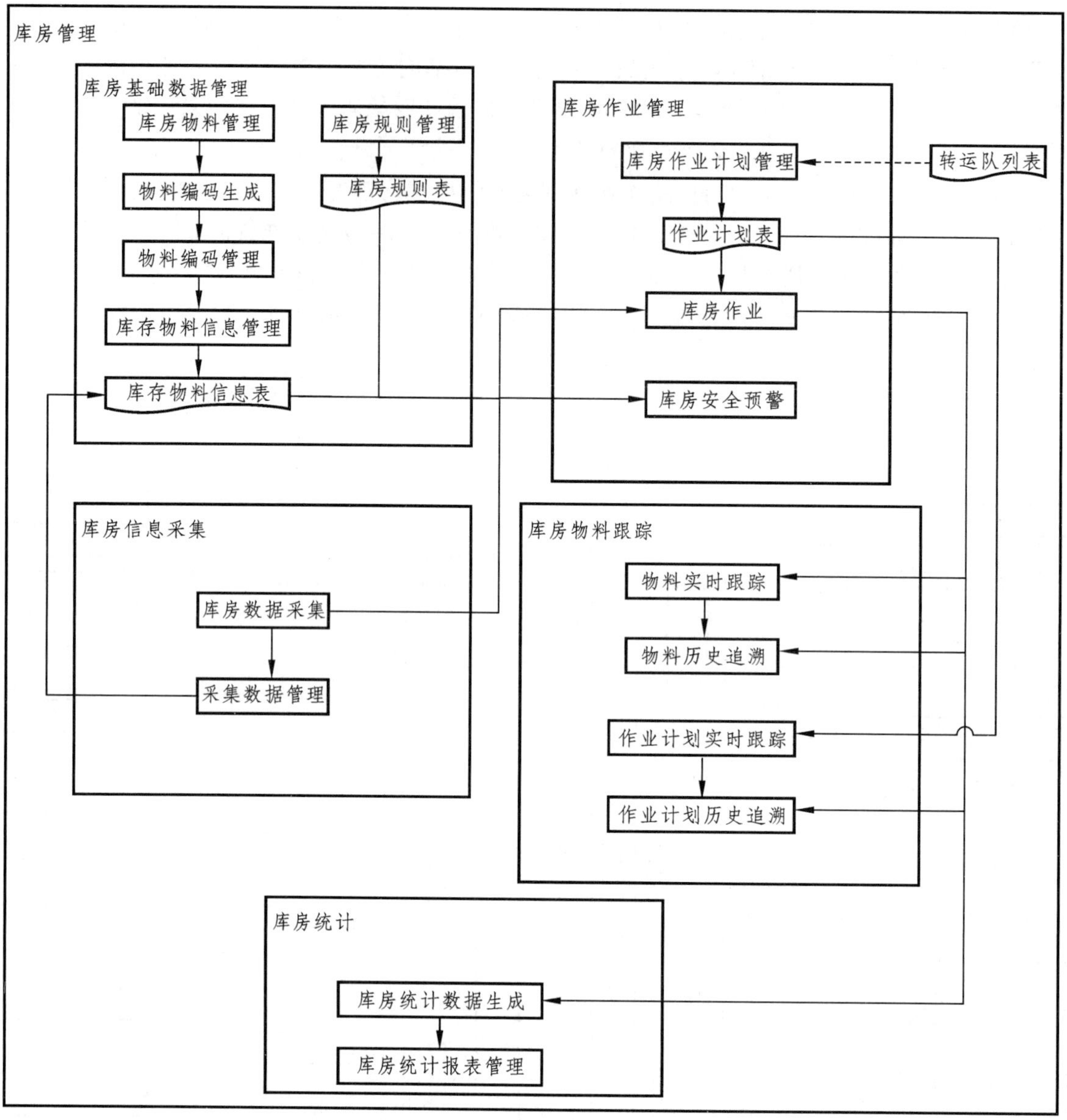

图 6-14　库房管理主要流程

六、智能生产管控

（一）生产管控功能划分

生产过程管控是依据生产任务（排程的结果）对生产过程进行数据采集、过程管控和可视化展示，同时需要对异常状态进行判定与报警。其核心功能是依据采集的生产过程数据对生产任务与物流任务执行情况以及异常状态进行跟踪、查询、展示和管理。其功能如图 6-15 和图 6-16 所示，主要包括生产过程管理、采集数据管理、异常判定规则与异常状态管理等功能。

（1）生产过程管理：作为同排程与调度模块的接口，接收生产任务转换为物流任务，并进行管理；实现物流任务（生产任务）的监控；初步实现生产过程中的可视化监控。

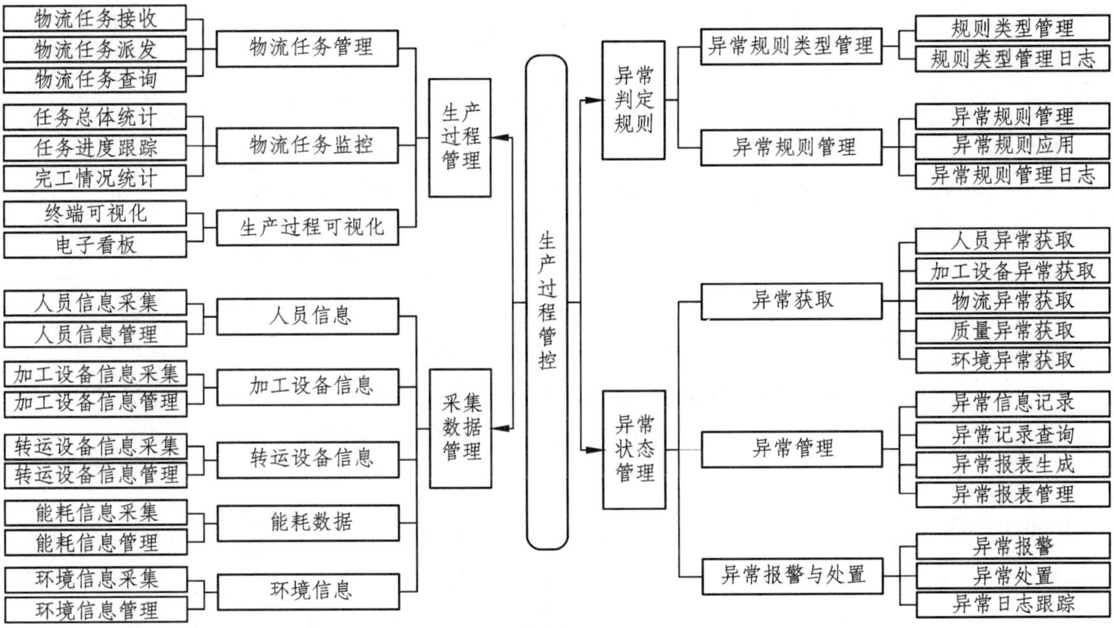

图 6-15　生产过程管控模块功能

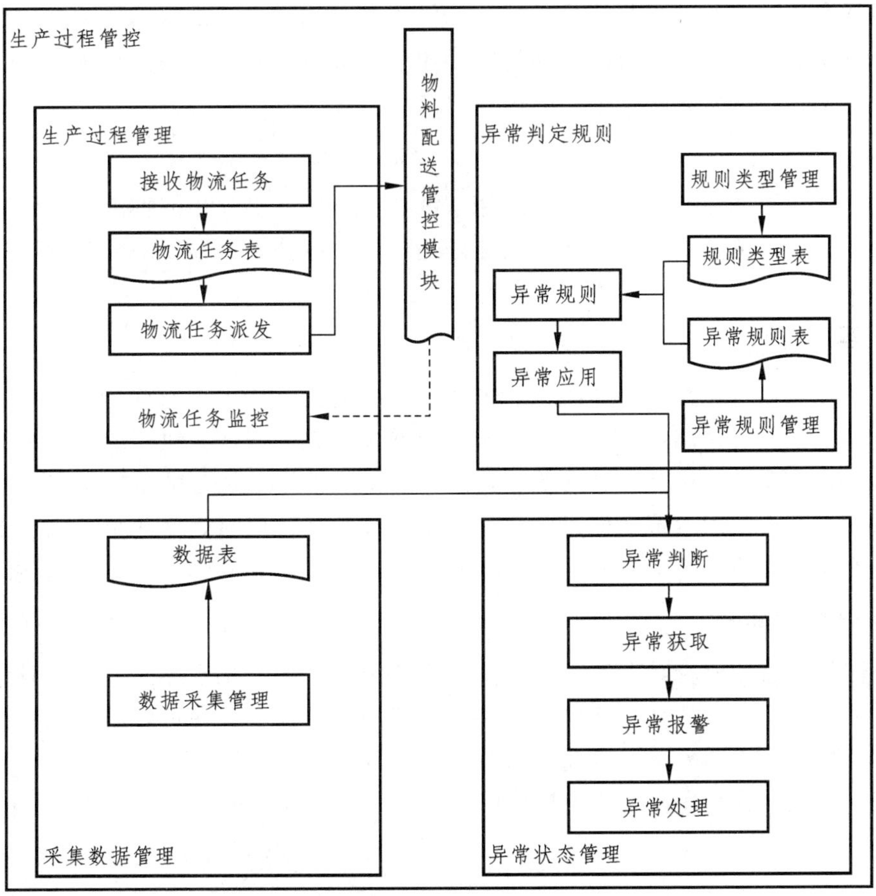

图 6-16　生产过程管控模块主要流程

（2）采集数据管理：获取生产过程中的人员、加工设备、物流设备、能耗、环境数据，数据主要来自 SCADA，需考虑同 SCADA 的接口。

（3）异常判定规则：针对异常状态，定义可能的异常判定的规则类型，建立不同的异常判定规则，并对其进行管理。

（4）异常状态管理：依据异常判定规则，根据采集的数据，对人员、加工设备、物流、质量、环境出现的异常状态进行判定和管理，同时考虑异常状态报警，并对常见的异常问题进行处置。

（二）业务流程分析

智能排程与调度模块根据各种资源信息生成物流的配送任务，将其导入本模块中。本模块接收物流配送任务，并可进行相应的增删改查。主要考虑提供如下功能：

1. 物流任务接收

接收待处理的物流任务，可进行定时刷新。物流任务是控制物流执行过程的基础数据，所有物流相关动作的发起均来自物流任务。物流任务来自智能排程与调度模块，涵盖配料送料、加工工序、在制品库（不包括缓存区）、成品入库的整个生产过程。目前的排程结果是准备下达给班组并指导工人加工的排程方案，可细化到某时某工人在某设备上加工某工序，同时需要配备何种工装工具及刀具，准备哪些物资辅料。比较好的排程结果还会包括该工序的详细制造指令（FO），信息更为详备。同时，排程调度的结果由于急件、插单和异常情况的存在，可能会变更，因此需提供变更、刷新的功能。

2. 物流任务派发

推送物流任务至物流配送跟踪模块，用于生成更具体、更细化的物流转运任务。物流任务派发的触发方式可以考虑两种形式：物流配送模块主动获取、本模块主动推送（物流配送模块被动接收）。

3. 物流任务监控

主要包括以下内容：任务总体统计，即对已完成的物流任务进行统计，后续会应用于相关报表的产生，通常以时间区间统计该范围内车间中所有生产任务执行的总体情况，并能生成报表；任务进度跟踪，以生产任务为单位统计车间中涉及该任务的生产情况，并能生成报表；任务进度查询、报表生成与管理功能；完工情况统计，以时间区间统计该范围内车间中所有已完工产品（成品）的生产情况，并能生成报表，为生产任务的达成度判断提供依据。

4. 生产过程可视化

根据物流任务监控模块对生产任务的完成情况进行可视化的展示，主要包括终端可视化，即以不同的界面组织形式，实现不同类型终端的可视化功能，并联机实时展示与更新，界面和展示内容可定制；电子看板，即将查询到的物流任务监控数据推送至以固定界面形式显示的电子看板，界面形式与切换功能由授权用户在终端（Server/PC、移动设备）进行控制。

（三）功能模块分解

本模块主要功能是与排程与调度模块接口，接收生产任务并转换为物流任务，再进行管理；实现物流任务（生产任务）的监控；初步实现生产过程中的可视化监控。该模块包含的主要功能如表 6-4 所示。

表 6-4　生产过程管理模块功能列表

功能名称	子功能	功能点描述
1. 物流任务管理	将智能排程与调度模块的生产任务转换为物流的配送任务，将其接收到本模块中，进行相应的增删改查，并将任务发送到物流配送模块	
	1-1 物流任务接收	获取待完成的生产任务，接收物流配送任务需要的信息（转换任务），以物流任务单（号）区分
	1-2 物流任务派发	将任务放入任务池，把物流任务池中的物流任务主动发送到物流配送模块
	1-3 物流任务查询	按物流任务的各种条件进行查询，如生产任务单号、发布时间、执行状态等
2. 物流任务监控	对已完成的物流任务情况进行统计，并生成相关报表	
	2-1 任务总体统计	以时间区间统计该范围内车间中所有的生产任务执行的总体情况，并能生成报表
	2-2 任务进度跟踪	以生产任务为单位统计车间中涉及该任务的生产情况，并能生成报表
	2-3 完工情况统计	以时间区间统计该范围内车间中所有已完工产品（成品）的生产情况，并能生成报表
3. 生产过程可视化	根据物流任务监控模块对生产任务的完成情况进行可视化展示	
	3-1 终端可视化	以不同的界面组织形式，实现不同类型终端的可视化功能，并联机实时展示与更新，界面和展示内容可定制
	3-2 电子看板	将查询到的物流任务监控数据推送至以固定界面形式显示的电子看板

七、智能生产物流

（一）物流配送管控功能划分

物流配送是处理物流相关任务、物料在各服务节点运送以及物流数据追溯的模块。主要根据智能排程与调度模块产生的物料需求计划或物流任务实现物流对象的配送与状态跟踪。其总体功能如图 6-17 所示，主要包括原料备料管理、物流数据采集、转运任务管理、物流过程监控、在制品管理等。

（1）原料备料管理：原料备料任务来自生产任务，完成对加工原料的备料操作，主要包括备料任务生成和备料任务执行功能。

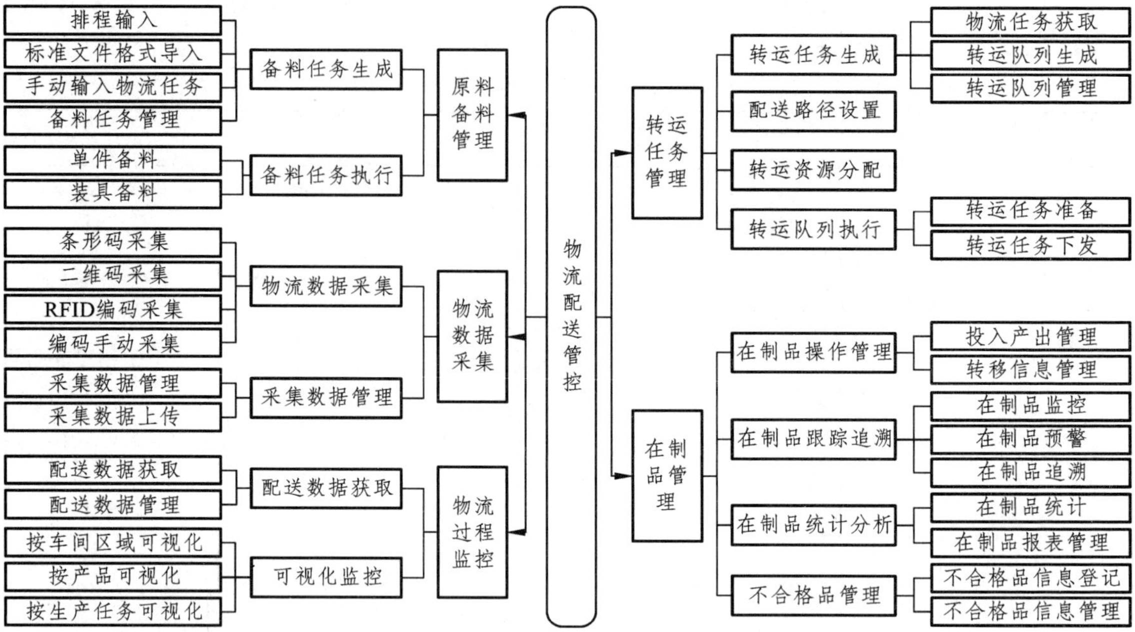

图 6-17　物流配送管控模块功能

（2）转运任务管理：将从生产过程管理模块中的物流任务管理功能中获取的物流任务转换为可直接下发执行的转运任务与转运队列。根据实际的生产方式，提供两种方式驱动转运队列的派发执行，即根据物流任务包含的时间节点自动将物料配送到对应工位（自动配送）、工位发布叫料指令时再进行配送（指令配送）。

（3）物流数据采集：物流过程中主要采集的数据以编码形式存在，编码用于区分工件、装具、物流位置、物流设备等出现在物流中的对象。编码的载体一般有条形码、二维码、RFID 卡片等形式，也可能包括图像识别。物流数据采集的硬件一般包括扫码枪、RFID 读码器、视频摄像头等，需要针对不同软件系统（Windows、Linux 等）、不同设备硬件接口（串口、网口、USB 等）配置相应的接口程序。

（4）物流过程监控：记录所有物料的转运信息，获取物料配送数据，并可进行数据的追溯，类似物流的转运日志功能；同时提供物流过程的可视化功能。

（5）在制品管理：根据物流数据采集的结果对处于加工过程中的在制品进行管理（在制品指正在加工、尚未完成以及准备进一步加工的物料），主要包括在制品操作管理、在制品跟踪追溯管理、在制品统计分析预警、不合格品管理功能等。

物流配送管控模块关系逻辑如图 6-18 所示。

（二）物流配送管控功能需求描述

根据智能排程与调度模块产生的物料需求计划或物流任务实现物流对象的配送与状态跟踪，其包含的主要功能如表 6-5 所示。

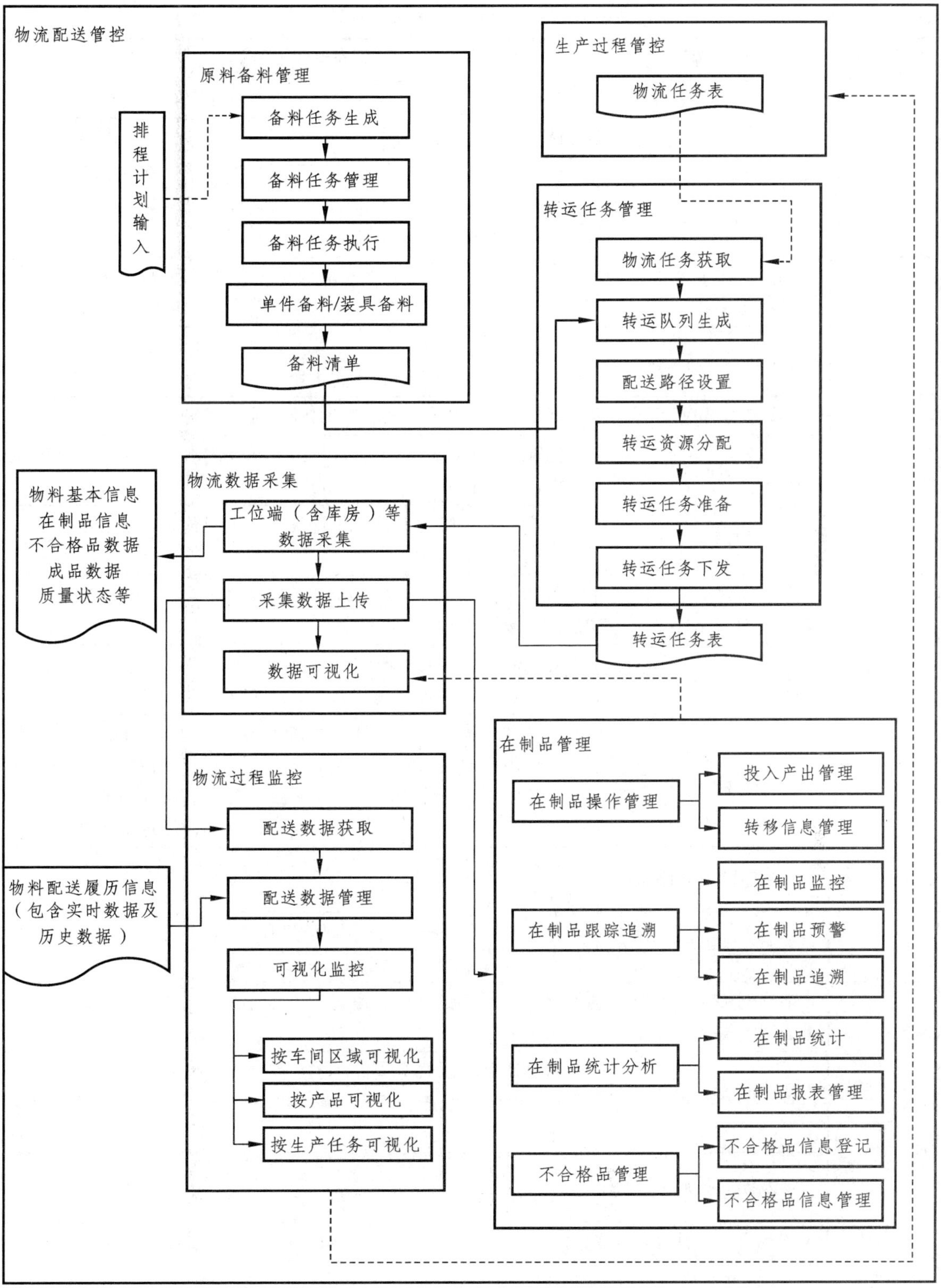

图 6-18　物流配送管控模块流程

表 6-5　物流配送管控模块功能列表

功能名称	子功能	功能点描述
1. 原料备料管理	完成对加工原料的备料操作，主要包括备料任务生成和备料任务执行功能	
	1-1 备料任务生成	提供排程输入、标准格式文件导入、手动输入备料任务；备料任务管理对已输入的备料任务进行管理，形成备料任务单
	1-2 备料任务执行	提供备料任务单执行功能、备料任务执行结果查看功能、管理备料任务的执行结果功能
2. 转运任务管理	将从生产过程管理模块的物流任务管理功能中获取的物流任务转换为可直接下发执行的转运任务	
	2-1 转运任务生成	物流任务获取（被动接收与主动获取功能）及查询功能；转运队列生成功能及增删改查功能（对增、删、改功能进行限定）
	2-2 配送路径设置	设置、优化物流配送的路线功能，主要参考依据为车间模型
	2-3 运转资源分配	配置、优化物流配送所使用的转运设备功能，主要参考依据为车间转运设备资源
	2-4 运转队列执行	用于派发、管理生成的转运队列，主要包含转运任务预判、转运队列派发功能
3. 在制品管理	根据物流数据采集的结果对处于加工过程中的在制品进行管理（在制品指正在加工、尚未完成以及准备进一步加工的物料）	
	3-1 在制品操作管理	对投入产出信息进行浏览、查询、统计图示的管理功能；对在制品实时转移信息进行查看的管理功能
	3-2 在制品跟踪追溯	在制品监控功能（可按生产任务、时间段、工序、工位等进行查询）;在制品预警功能主要包括工位缺料、送料延时等预警；在制品追溯，对在制品投入、加工、质检、转移、产出全过程在不同层面上（生产任务、批次、单件）的履历追溯管理功能
	3-3 在制品统计分析	按时间段等组合查询字段对在制品信息进行统计，并形成报表
	3-4 不合格品管理	输入、存储不合格品的基本信息，并能进行不合格品信息查询、修改、删除等功能
4. 物流数据采集	物流过程中主要采集的数据以编码形式存在，编码用于区分工件、装具、物流位置、物流设备等出现在物流中的对象	
	4-1 物流数据采集	通过条形码、二维码、RFID 直接读取编码信息进行采集，个别编码可能由于刻码、污损等原因不能正常读取，同时提供交互输入界面
	4-2 物流数据管理	实时获取、存储采集的数据；为其他功能提供实时的采集数据（在制品信息、采集数据可视化功能）
5. 物流过程监控	记录所有物料的转运信息，类似物流的转运日志功能；同时提供物流过程的可视化功能	
	5-1 配送数据获取	对配送的实时与历史数据进行模糊与精确查询、更新管理功能
	5-2 可视化监控	车间全局布局可视化实时显示、更新所有物料放置位当前的物流信息；按产品可视化、按生产任务可视化

八、生产质量管控

质量管理是本系统中处理各种质量控制相关的模块，主要根据可设定的质量标准与质检要求，对可能产生质量问题的各个生产环节进行质量检验计划下达、管理与执行，能通过质检结果对生产过程进行控制，并对质量问题进行管理、追溯、分析和报警。其总体功能如图 6-19 所示，主要包括质量基础数据、质检计划管理、质量跟踪追溯、质检作业管理等功能。

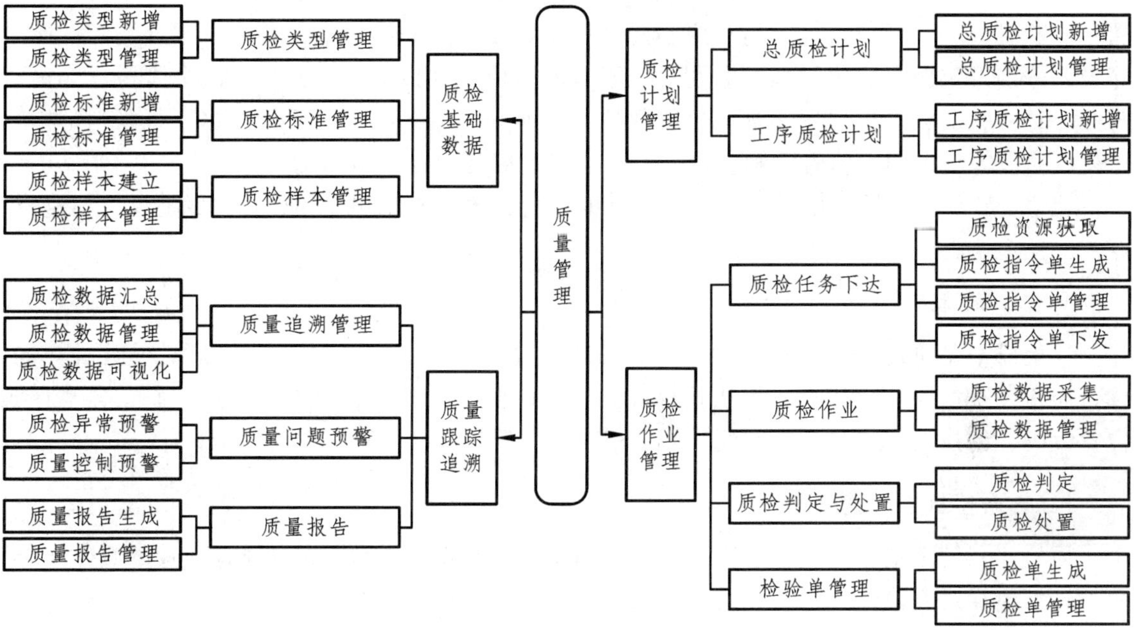

图 6-19　质量检验模块功能

（一）质检基础数据

结合最终用户、产品用途的要求，设计符合产品生产过程检验、成品检验标准与交货要求的质检规范，包括质量检验的类型、标准、取样要求等。

1. 质检类型管理

实现对质检类型的管理功能。用户可以自行建立不同的质检类型。不同质检类型对应不同的质量检验标准、质量检验等级，并且质检类型不同，导致质检结果的判断方式和标准也不同。

2. 质检标准管理

质检标准用于具体判定物料质检结果是否合格，可以将质检标准按照上述质检类型分类管理。根据不同的检验方法，质检标注的描述方式也不同。

质量检验一般采用阈值来判定检验结果是否合格。该功能可设定不同检验对象（工件）、不同检验参数（尺寸、形位公差、粗糙度等）、不同质量等级（优、良、合格、不合格等）的阈值，即上下限，当检验结果值处于某阈值的上下限之间时，将其判定为对应的检验结果。目前考虑的属性可包括质检标准名称、质检标准编码、检验方法、可能的质量问题描述、标准值、最大值、最小值、质量等级、建议处置方式、创建人、修改人、创建时间、修改时间等。

检验方法：物理检验、化学检验、感官检验等。

质量问题：尺寸超差、成分超标、表面缺陷等。

标准值：质检数据标准值。

最大值：质检数据上限。

最小值：质检数据下限。

质量等级：质检数据处于最大值和最小值之间时的质量等级（优、良、合格、不合格等）。同一检验对象的不同质量等级需对应不同的质量标准，例如优、良、合格、不合格四种质量等级会分别设定四个质检标准，分别对应不同的质检数据标准值，并且这四个质检标准是针对同一种检验对象的，根据实际的质检数据对比四个质检标准中的质检数据，可以判定检验对象的质量等级，即检验对象和质检标准、质量等级可以是一对多的关系。

建议处置方式：针对质量等级为不合格的质检对象，提供初步的处置方式建议，如返修、返工、让步接收、降低等级、报废等。

3. 质检样本管理

质检样本是质量检验的具体对象，考虑的属性可包括产品名称、产品编码、质检样本名称、质检样本编码、质检批次、质检标准名称、质检标准编码、样本采集点编码、样本存放位置编码、创建人、修改人、创建时间、修改时间等。

（二）质检计划管理

质检计划管理主要是生产过程中检验计划的制订和管理，用于驱动质检作业的具体实施。质检计划包括总质检计划与工序质检计划。

结合质检标准制订质检计划，安排生产过程中的质检任务，针对原料、在制品、成品的质检任务，选取部分或全部物料进行抽样检验。工序质检计划制订与总质检计划、质检标准有密切关系，可结合实际情况灵活调整质检计划。

总质检计划是包含产品生产全过程中所有位置、所有时段、所有种类的全部质检要求与安排，来自产品加工工艺。工序质检计划是按照总质检计划、具体工序/工位逐步分解形成的质检计划集合，即针对某产品的所有工序质检计划可以组成总质检计划，总质检计划与工序质检计划是一对多的关系。针对某个具体产品的总质检计划，来自工艺设计的质量检验要求，包含了工艺中所有提出的每道工序需进行的质量检验需求，主要属性包括产品名称、产品编码、总质检计划名称、总质检计划编码、工序质检计划名称、工序质检计划编码等。

工序质检计划是由总质检计划分解产生；也可以不生成总质检计划，直接生成产品的每个工序质检计划。根据需要质检的工序计划、质检类型（质检项目）、质检方式、质检样本等相关信息，选择对应的质检标准，并同新增的工序质检计划进行绑定，若质检标准不存在，则可以链接到质检标准管理功能中进行修改或添加。工序质检计划主要包括的属性有：产品名称、产品编码、总质检计划名称、总质检计划编码、工序质检计划名称、工序质检计划编码、质检标准名称、质检标准编码、检验制度、检验周期、检验类型、检验位置、检验数量、检验阶段、创建人、修改人、创建时间、修改时间等。

检验制度：自检、互检、专检等。

检验周期：日检、周检、月检、季检等。

检验地类型：集中检验、现场检验、流动检验（巡检）等。

检验位置：工位/工序编码。

检验数量：全数检验、抽样检验、免检。

检验阶段：进料检验（IQC）、过程检验（IPQC）、成品检验（FQC）。

（三）质检作业管理

质检作业管理是生产制造实施过程中协调、指导、管理、跟踪质量运行的过程与活动。根据质检计划要求，实施质检作业。主要包括：

① 质检任务下达：根据质检计划，分配质检资源（人员、设备），形成质检任务与相关单据。根据工序质检计划，获取资源管理模块中检验人员、检验设备等数据。根据工序质检计划，分配检验人员、检验设备，生成质检任务工作指令单。质检指令单的格式类似报表，可自定义。对质检指令单可进行管理，即具备基本的增删改查、输出打印等管理功能。进一步结合工序质检计划，下发质检任务指令单给相应工序、工位的终端。

② 质检作业：执行质检任务，获取、填报、管理质检数据。质检作业主要实现质检执行过程中的数据采集、数据管理、检验结果汇总并生成质量检验单。作业中需抽取质检样本，并纳入质检样本管理，可参考质检样本管理功能。其中，质检数据采集的内容除了工序质检计划、质检指令单中的属性外，主要还包括质检样本名称、质检样本编码（条形码、二维码、RFID）、质检批次、质检实际数据、检验人员、检验时间等。质检数据的采集分为两种方式：自动采集，即自动获取检验设备的质检数据，这种方式需同检验设备进行接口；手动采集，即提供质检数据的录入界面，由质检人员手工录入质检数据。

③ 质量判定与处置：结合质检数据、工序质检计划、质检标准，给出质检结论；依据质检结论对已判定质量等级的质检对象做相应处理（合格、返修、返工、报废等）与管理。质量判定一般包括自动判定和人工判定。自动判定：通过质检实际数据与量化标准数据（质检标准）比对，自动得到判定结果，并结合质检标准中的质量等级属性自动获取质检对象的质量等级。人工判定：针对无量化标准数据的质检结果数据，通过人工交互方式给出判断并输入结果，其质量等级同样参照质检标准中的质量等级（优、良、合格、不合格）。质检处置，一般根据质检标准中的建议处置方式属性给出相应的初步处置建议，同时，用户也可以选择、输入或修改处置方式，如返修、返工、让步接收、降低等级、报废等。当质检不合格时，提出异常报警，并交由生产管控模块统一处理。

④ 质检单管理：根据质量判定与处置，填写质检单并进行管理。质检单是质量检验结果的汇总，是质检对象的质检结果的总体表达。根据收集汇总的质检数据，生成质量检验单。汇总的质检数据来自质检标准、质检样本、工序质检计划、质检任务、质检指令单、质检数据以及质量判定与处置结论。质量检验单的格式类似报表，可自定义。

（四）质量跟踪追溯

质量跟踪追溯是对生产过程中的质检信息进行跟踪，对包括质检信息发生的时间、地点、作业者等信息进行跟踪管理。通过质量追溯，获知产品在整个生产组织过程中发生的所有质检事件以及质检详细内容与状态，为分析质量异常原因提供历史数据。

① 质检数据汇总：根据工序总质检计划，获取其中包含的生产过程各阶段（进料检验、

过程检验、成品检验）、各工序/工位对应的工序质检计划、质量检验单的全部数据，形成全生产过程质量检验汇总数据。其主要属性包括工序总质检计划名称、工序总质检计划编码、生产计划、工序质检计划名称、工序质检计划编码、质检标准名称、质检标准编码、检验方法、质检样本名称、质检样本编码、质检批次、样本采集点编码、加工人员、加工时间、样本采集人员、样本采集时间、样本存放位置编码、质检实际数据、质量问题描述、质量等级、处置方式、检验人员、检验时间等。

② 质检数据管理：根据汇总的质检数据，对其进行不同层次的浏览、查询操作，例如可按生产计划、批次、样本个体、加工人员、质量等级、检验人员、时段等不同层面对全生产过程进行质量状况的查询与追踪。汇总的质检数据不允许修改和删除。

③ 质检数据可视化：将质检数据管理中查询的不同层次质检数据进行可视化。目前可考虑按照基本的直方图、饼图方式，表示各工序/工位、加工人员的质检等级、合格率/不合格率的统计。

第二节　MES 生产执行实训项目设计

MES 软件是智能制造系统中的核心工业软件，其功能众多，操作复杂。该实训主要培养学生对 MES 系统的认知与使用能力。本实验按照学生 3 人一组的形式进行分组，每个小组分别扮演不同的角色，分为车间管理员、计划调度员、库房管理员、工位操作员、物流配送员、质量检验员，各角色分别负责车间基础资源的管理、订单与生产计划排程、库房备料、物料配送、生产执行报工、质量检验等。首先，各个小组分角色独立完成各个部分的准备；然后，各个小组配合完成一个完整的 MES 生产执行系统的操作过程；最后，完成 MES 生产执行系统的实验报告。

实训过程中，首先采用幻灯片、图片与视频等方式给学生介绍 MES 生产执行系统的体系结构、功能组成、系统运行流程与操作方法等知识，使学生对 MES 生产执行系统有比较完整的认识。然后，在现场实际 MES 生产执行系统中，分小组和角色演练一个完整的 MES 生产执行系统的操作流程，包括车间基础资源的录入与管理、车间生产组织与配置、生产订单输入、生产计划与排程、库房备料、物料齐备与配送、工人生产执行报工、工件质量检验等。通过这些实验过程，学生将理论与实验相互印证，以达到巩固 MES 生产执行系统认知与操作的能力。

本实验中，各个实验小组在 MES 生产执行系统中的角色各不相同，学生可以交换不同角色进行反复学习与演练，使每个学生掌握完整的生产执行系统相关的知识点。

主要针对基础技能型人才培养、专业技术型人才培养、创新研究型人才培养，分为基础认知型、专业技能型、创新研究型三层次阶梯式的实训，如表 6-6 ~ 表 6-8 所示。

表 6-6　MES 生产执行实训项目 1

<table>
<tr><td>实训项目名称</td><td>MES 生产执行实训项目</td></tr>
<tr><td>实训层次类型</td><td>■基础技能型　□专业技术型　□创新研究型</td></tr>
<tr><td>实训对象</td><td>基础技能型人才：高职院校专科生、企业技术人员</td></tr>
<tr><td colspan="2">实训目标</td></tr>
<tr><td colspan="2">（1）掌握车间 MES 生产执行系统的组成、特点、功能；
（2）掌握基于服务单元的组态模块化 MES 生产执行系统的使用方法；
（3）掌握不同车间角色使用智能 MES 的操作流程</td></tr>
<tr><td>实训时长</td><td>3 课时</td></tr>
<tr><td colspan="2">实训基础</td></tr>
<tr><td colspan="2">先修课程：制造系统及自动化、现代制造系统、先进制造系统、计算机集成制造系统、生产计划与控制、软件工程等</td></tr>
<tr><td colspan="2">实训内容</td></tr>
<tr><td colspan="2">（1）车间 MES 生产执行系统的组成、特点、功能；
（2）基于服务单元的组态模块化 MES 生产执行系统的使用方法；
（3）以不同车间角色使用智能 MES 进行生产执行操作</td></tr>
<tr><td colspan="2">评分标准</td></tr>
<tr><td colspan="2">根据学生实训中的操作规范程度、实训过程情况、实训任务完成情况和实训报告进行综合评分</td></tr>
<tr><td colspan="2">实训设备及工具</td></tr>
<tr><td colspan="2">硬件资源：计算机、小型立式三轴加工中心、小型五轴数控加工中心、视觉检测台、激光打标机、智能立体库、堆垛机、仓储管理系统、AGV 小车、协作机器人、上下料机器人等设备。
软件资源：智能 MES</td></tr>
</table>

表 6-7　MES 生产执行实训项目 2

<table>
<tr><td>实训项目名称</td><td>MES 生产执行实训项目</td></tr>
<tr><td>实训层次类型</td><td>□基础技能型　■专业技术型　□创新研究型</td></tr>
<tr><td>实训对象</td><td>专业技术型人才：高等院校本科生</td></tr>
<tr><td colspan="2">实训目标</td></tr>
<tr><td colspan="2">（1）理解车间 MES 生产执行系统的组成、特点、功能及原理；
（2）理解基于服务单元的组态模块化 MES 生产执行系统的构建原理与方法；
（3）掌握不同车间角色使用智能 MES 的操作流程及使用方法；
（4）能够利用 MES 生产执行系统对制造系统进行生产执行管理与调度安排</td></tr>
<tr><td>实训时长</td><td>3 课时</td></tr>
<tr><td colspan="2">实训基础</td></tr>
<tr><td colspan="2">先修课程：制造系统及自动化、现代制造系统、先进制造系统、计算机集成制造系统、生产计划与控制、软件工程等</td></tr>
<tr><td colspan="2">实训内容</td></tr>
<tr><td colspan="2">（1）车间 MES 生产执行系统的组成、特点、功能及原理；
（2）基于服务单元的 MES 生产执行系统的构建原理与方法；
（3）以不同车间角色使用智能 MES；
（4）MES 生产执行系统对制造系统进行生产执行管理与调度安排</td></tr>
<tr><td colspan="2">评分标准</td></tr>
<tr><td colspan="2">根据学生实训中的操作规范程度、实训过程情况、实训任务完成情况和实训报告进行综合评分</td></tr>
<tr><td colspan="2">实训设备及工具</td></tr>
<tr><td colspan="2">硬件资源：计算机、小型立式三轴加工中心、小型五轴数控加工中心、视觉检测台、激光打标机、智能立体库、堆垛机、仓储管理系统、AGV 小车、协作机器人、上下料机器人等设备。
软件资源：智能 MES</td></tr>
</table>

表 6-8 MES 生产执行实训项目 3

<table>
<tr><td>实训项目名称</td><td>MES 生产执行实训项目</td></tr>
<tr><td>实训层次类型</td><td>□基础技能型 □专业技术型 ■创新研究型</td></tr>
<tr><td>实训对象</td><td>创新研究型人才：高等院校硕士、博士研究生</td></tr>
<tr><td colspan="2">实训目标</td></tr>
<tr><td colspan="2">（1）掌握车间 MES 生产执行系统的组成、特点、功能及原理；
（2）掌握基于服务单元的 MES 生产执行系统的构建原理与开发方法；
（3）利用 MES 生产执行系统对制造系统进行生产执行管理与调度安排；
（4）掌握 MES 与其他工业软件数据交互集成技术</td></tr>
<tr><td>实训时长</td><td>3 课时</td></tr>
<tr><td colspan="2">实训基础</td></tr>
<tr><td colspan="2">先修课程：制造系统及自动化、现代制造系统、先进制造系统、计算机集成制造系统、生产计划与控制、软件工程、人工智能算法</td></tr>
<tr><td colspan="2">实训内容</td></tr>
<tr><td colspan="2">（1）车间 MES 生产执行系统的组成、特点、功能及原理；
（2）基于服务单元的 MES 生产执行系统的构建原理与开发方法；
（3）MES 生产执行系统对制造系统进行生产执行管理与调度安排；
（4）MES 与其他工业软件数据交互集成，实现数据交互</td></tr>
<tr><td colspan="2">评分标准</td></tr>
<tr><td colspan="2">根据学生实训中的操作规范程度、实训过程情况、实训任务完成情况和实训报告进行综合评分</td></tr>
<tr><td colspan="2">实训设备及工具</td></tr>
<tr><td colspan="2">硬件资源：计算机、小型立式三轴加工中心、小型五轴数控加工中心、视觉检测台、激光打标机、智能立体库、堆垛机、仓储管理系统、AGV 小车、协作机器人、上下料机器人等设备。
软件资源：智能 MES、数据采集软件、AGC 调度系统等</td></tr>
</table>

第三节　MES 生产执行实训项目过程

一、实训案例描述

生产执行系统实训：基于模块化可重构思想，建立基于服务单元的组态模块化 MES 生产执行系统，能够利用 MES 生产执行系统对制造系统进行生产执行管理与调度安排，从而培养学生对车间 MES 生产执行系统的使用能力。

二、实训设备与工具

智能 MES 软件、智能制造系统实训教材、智能 MES 操作手册、Vision Master 算法平台用户手册。

三、实训过程与方法

（1）车间管理员登录系统进入车间资源管理模块，录入车间基础资源信息，如图 6-20 所示。

图 6-20　车间基本信息管理

（2）车间管理员登录系统进入虚拟车间生产组织管理模块，根据布局实训结果配置生产服务单元信息，如图 6-21 所示。

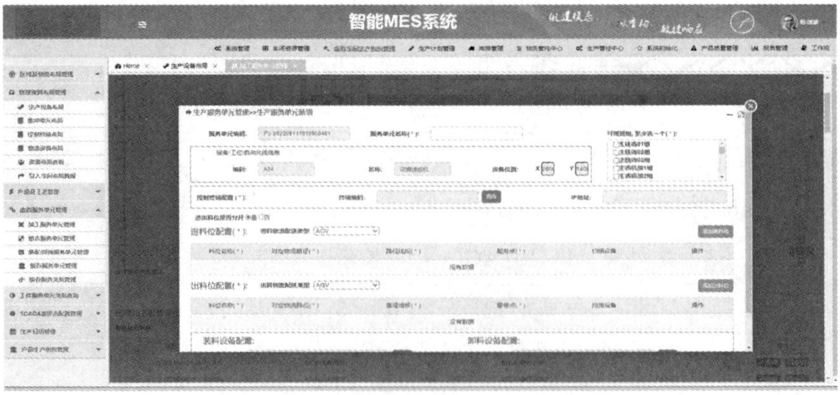

图 6-21　生产服务单元管理

（3）计划调度人员登录系统进入生产计划管理模块，导入生产计划，进行生产任务的排程操作，如图 6-22 所示。注意：不同的机床具有不同的加工能力，实训过程中要根据机床可加工的工序进行任务排程。

（a）

（b）

图 6-22　生产计划管理

（4）工人登录工位端系统，根据产品工艺信息进行产品的生产与加工。工件分为三道工序，分别在不同的机床上进行加工。

（5）质量检验员根据生产情况，严格按照检验标准对半成品、成品进行检验并填写检验记录，如图 6-23 所示。

（6）若生产过程中出现加工工件质量异常，则工人登录工位端进行质量上报，并由质量管理人员进行异常情况处理，进行生产的重调度，消除生产过程中的异常事件，如图 6-24 ~ 图 6-26 所示。

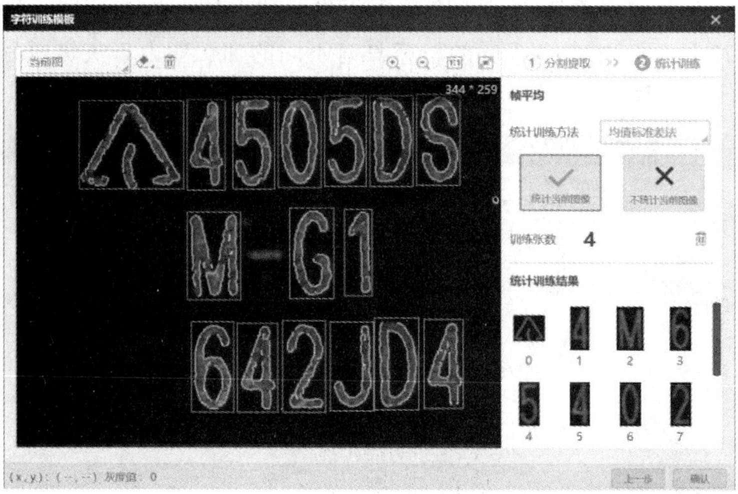

图 6-23　质量检验

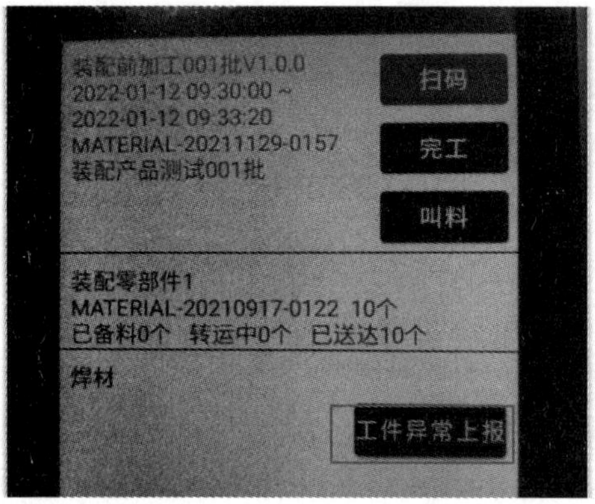

图 6-24　工件异常上报

图 6-25　设备异常

图 6-26　生产重调度

（7）加工完成后由工人进行报工，完成相应的产品加工任务，如图 6-27 所示。

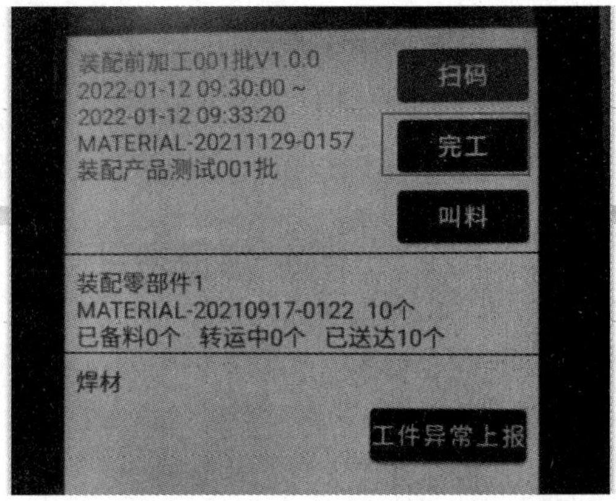

图 6-27　完工

四、实训输出与处理

完成产品的加工，如图 6-28 所示。

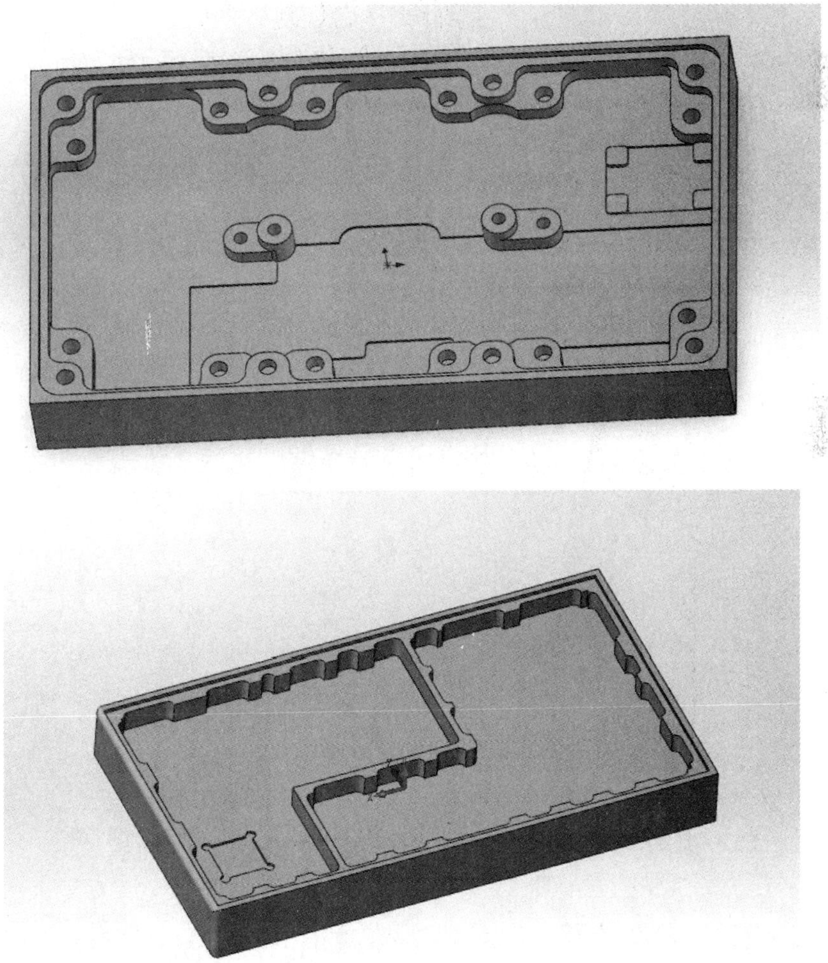

图 6-28　完成的产品

五、实训报告撰写

实训后学生需要完成实训报告，实训报告内容包括实训项目名称、学生姓名、班号、实训地点、日期、实训目的、实训内容、实训设备、实训方法和步骤以及实训结果。

第四节　实训项目题目

（1）利用智能 MES 平台 aDMiS-MES，完成车间资源台账导入、设备布局、服务单元配置等，完成车间虚拟组织操作实训操作。

（2）利用智能 MES 平台 aDMiS-MES，基于第五章生产计划与排程实训项目实训结果，以数控机床操作工人角色完成一个壳体产品的生产执行开工报工实训。

（3）利用智能 MES 平台 aDMiS-MES，以物流操作工人角色完成一个壳体产品的生产执行过程中物流转运操作实训。

第七章　车间数据采集实训项目

第一节　实训项目相关背景知识

一、生产车间数据采集与应用体系

如图 7-1 所示，制造系统数据采集与应用体系按层次可以分为设备层、采集层、传输层、适配层及应用层五个部分。

设备层是数据采集中最基础的一环，由生产车间中各生产设备资源组成。这些资源在运行过程中会产生各种物理变化，包括信号触发、运动等，这些变化则相应地体现在电流、电压、位移、速度与加速度等物理量上面。

采集层主要完成设备层物理量的收集，分为内部采集区与外部采集区。内部采集通常包括设备内部的控制系统与设备提供的外接数据通信传输接口，便于生产数据的直接传输。外部采集主要依靠各类传感器完成。

采集完成的数据依靠传输层进行信息传递，各数据源所提供的数据通信接口各不相同，通信方式主要包含面向物理设备采集（通过串口通信、TCP/IP、RFID 等）和面向信息系统集成（通过数据库、消息中间件、文件系统、ETL 工具等）两种，数据通过通信协议统一采集至上层系统并进行管理。此外，底层数据也能通过 SCADA、DCS 等工控系统对底层数据进行间接集成；产线执行、车间管理等业务数据则通过适配 MES、ERP、PDM 等信息系统提供的数据接口来获取。

基于通信适配层技术，上述数据传输至客户端接口（Kafka、MySQL、Oracle、Hbase 等）进行适配。适配层根据数据接口类别对其共性业务流程进行抽象，可抽象为通信协议、数据库、消息中间件与文件系统四类，根据不同的通信开发包再派生出不同通信协议的适配器，通过对多种数据接口的适配和管理，实现对设备、产线、车间多层次数据的增量集成，从而保证监控数据源的丰富性，并降低数据接口的开发和维护成本。

通过对各层相互作用采集的数据进行清洗、整理与分析，应用层可对生产运行状况、设备利用率等参数进行监测，也能进行设备寿命管理活动，进而帮助生产故障分析与排除。

二、采集层数据采集方法

制造车间中的设备控制系统可以通过外加传感器来感知数据，具体的方法包括以下几种：

（1）内部测量系统数据感知与传输：许多设备控制系统内部都配备有测量系统，能够实时检测设备的各项参数，如设备的位置、速度、加速度、温度、压力、转速等，并将数据传输到控制系统中。例如，CNC 机床的测量系统可以检测机床的位置、速度、加速度等参数，并将数据传输到控制系统中。其数据传输步骤如下。

① 设备内置传感器测量：设备内部测量系统通过内置的传感器，对设备进行各种参数的测量，如温度、速度、压力、加速度、转速等。这些传感器会将测量结果转换为电信号，并传输给数据采集模块。

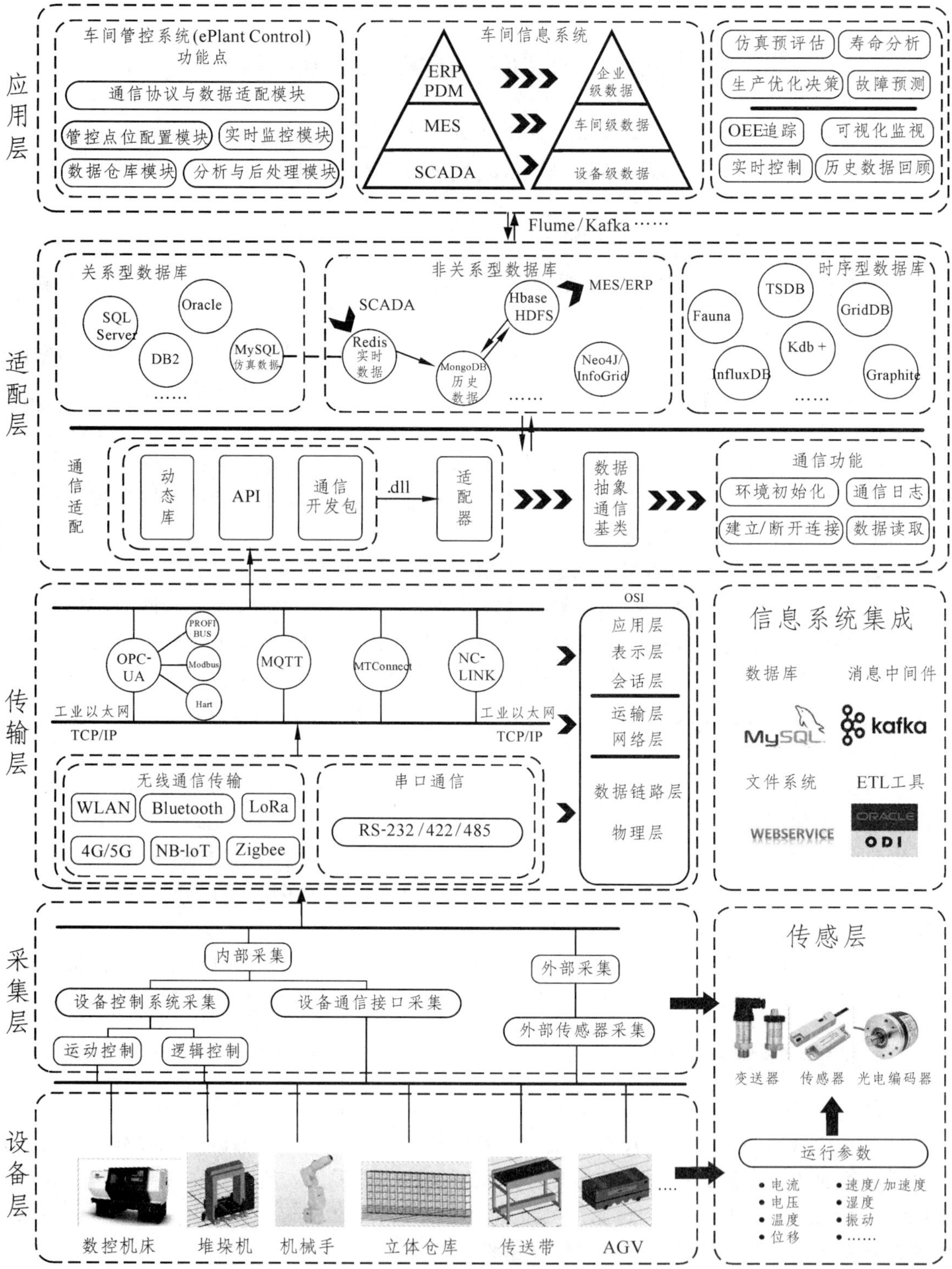

图 7-1 制造系统数据采集与应用体系

② 数据采集模块接收数据：设备内部测量系统的数据采集模块接收传感器传来的信号，并将这些信号转换为数字信号，以便于数字化处理。

③ 数据数字化处理：采集模块将数字信号传输给设备内部的控制系统，然后将这些数据与设备的参数进行比较和计算，进行相应的控制和调整。

④ 数据存储：采集模块会将数据存储在内部存储器或外部存储器中。这些数据可以用于后续分析和检测，以便于优化设备的运行状况和进行预防性维护。

⑤ 数据传输：数据采集模块可以将数据传输给其他设备，如上位机、PLC 等设备，以进行更高级的数据处理和分析，从而优化设备的性能和生产效率。

（2）数字化设备接口数据感知与传输：许多设备控制系统可以通过数字化接口与计算机、工控机等数字化设备进行通信。通过数字化设备接口，可以实现设备的状态监测和数据采集。例如，PLC 控制系统可以通过以太网或 RS485 接口与计算机进行通信，将设备状态和数据传输到计算机中。

（3）外加传感器数据感知与传输：制造车间通常会外加传感器以感知控制系统中缺失的数据，如温度传感器、压力传感器、速度传感器、加速度传感器等。这些传感器可以实时监测设备的状态和环境参数，将采集到的数据传输到采集设备中。

在感知数据时，需要注意设备传感器的安装位置、数量和采样频率等因素，以保证采集到的数据准确、全面、实时，并能够满足设备控制系统的要求。同时，应采取合适的措施，确保数据采集的安全性和可靠性，避免数据被篡改或丢失。

三、传输层数据传输方法

（一）TCP 与 UDP

1. TCP/IP

TCP/IP（Transmission Control Protocol/Internet Protocol，传输控制协议/网际协议）是一种协议簇，它定义了互联网中计算机之间数据传输和通信的规则和标准，实现了计算机网络中的数据包传输和路由等功能，是互联网通信的基础协议。TCP/IP 协议不仅仅指的是 TCP 和 IP 两个协议，而是指一个由 FTP、SMTP、TCP、UDP、IP 等协议构成的协议簇，只是因为在 TCP/IP 协议中 TCP 协议和 IP 协议最具代表性，所以被称为 TCP/IP 协议。

如图 7-2 所示，在 IOS/OSI 参考模型中，TCP/IP 主要包含了传输层和网络层。

此外，针对工业组网场景特点，现场总线对 IOS/OSI 参考模型进行了简化，舍去了表示层、会话层、传输层和网络层，从而降低传输延时和建设成本，提高可靠性。

2. TCP 与 UDP

用户数据报协议（User Datagram Protocol，UDP）是 OSI 参考模型中面向无连接的传输层协议，提供面向事务的快速且不进行安全反馈的信息传送服务。其报文在分成数据帧进行传输后没有可靠性保证、顺序保证和流量控制字段等，可靠性不强。但 UDP 协议的控制选项使它在数据传输过程中延迟小、数据传输效率高。UDP 协议主要应用在强调传输性能，而不是传输完整性的场合（如多媒体数据流的传输）以及数据传输时间短且速度要求高的场合。

与之相比较的是，同为 OSI 参考模型中面向连接的传输层协议——传输控制协议（Transmission Control Protocol，TCP），TCP 具有高可靠性，确保传输数据的正确性，不出现丢失或乱序；UDP 在传输数据前不建立连接，不对数据报进行检查与修改，无须等待对方的应答，所以会出现分组丢失、重复、乱序，此时应用程序需要负责传输可靠性方面的所有工作；UDP 具有较好的实时性，工作效率较 TCP 协议高；UDP 段结构比 TCP 段结构简单，因此网络开销也小。TCP 协议可以保证接收端毫无差错地接收到发送端发出的字节流，为应用程序提供可靠的通信服务。对可靠性要求高的通信系统往往使用 TCP 传输数据。

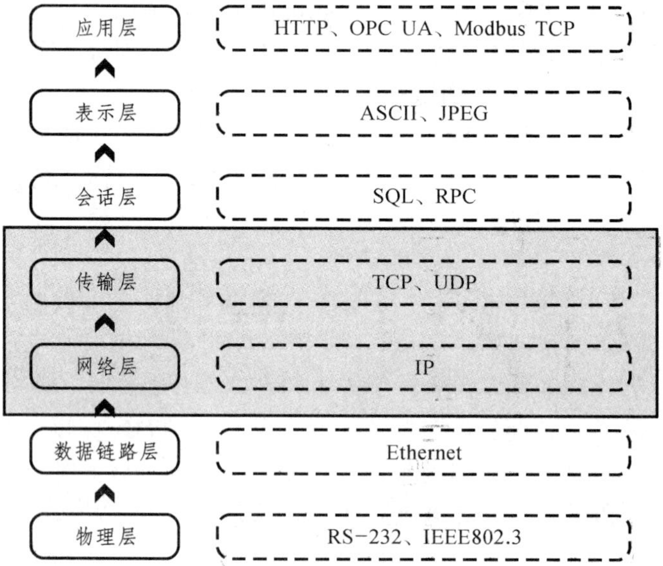

图 7-2　IOS/OSI 参考模型中的 TCP/IP

（二）Modbus 通信协议

1. 概　述

Modbus 协议目前已经成为工业领域通信协议的业界标准之一，是工业电子设备之间最常用的连接方式。自 1979 年出现工业串行链路的事实标准以来，Modbus 使成千上万的自动化设备能够通信。

Modbus 传输包括 ASCII、RTU、TCP 三种报文类型，如图 7-3 所示，工业主要采用 RTU 与 TCP。

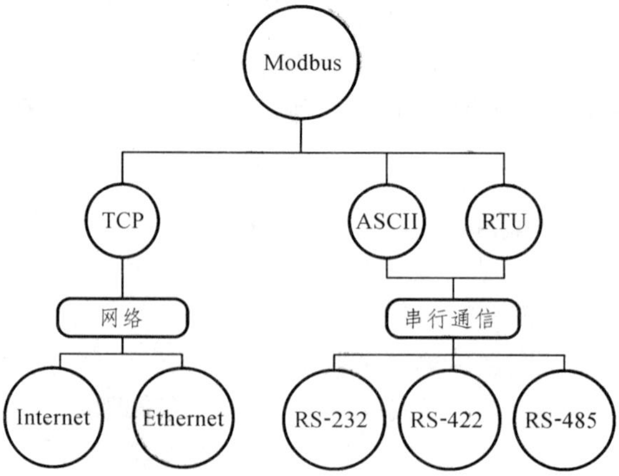

图 7-3　Modbus 协议报文类型

Modbus RTU 与 Modbus TCP 设备使用 Modbus 协议的方式分别为直连和非直连两种方式，组网方案如图 7-4 和表 7-1 所示。

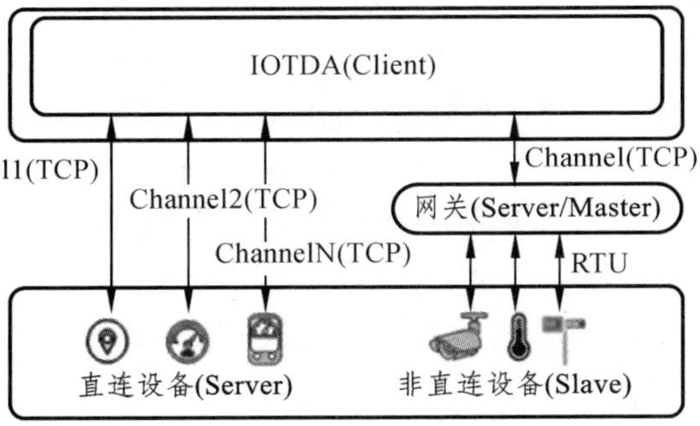

图 7-4　Modbus 采集形式

表 7-1　Modbus 接入方式

接入方式	方案说明	适用场景
直连	Modbus 设备直接与数据采集平台连接，通过 TCP 协议通信。数据采集平台作为客户端，Modbus 设备作为服务端进行连接。该方式中，在传输通道绑定设备时，数据采集平台与 Modbus 设备之间的通道只能绑定一个设备	Modbus 设备具备 TCP 能力，但如果 IP 资源比较受限，无法为每一个 Modbus 设备分配一个 IP 地址，也可采用非直连方式连接组网
非直连	Modbus 设备通过 RTU 串口与网关进行连接，然后数据采集平台通过 TCP 协议与网关进行通信。网关作为 Master 节点，Modbus 设备作为 Slave 节点进行连接。该方式中，在传输通道（数据采集平台与网关之间的 TCP 传输通道）绑定设备时，需要将该网关下的 Modbus 设备绑定到指定的通道，并且在同一个传输通道中，通过“从站号”区分不同的 Modbus 设备	Modbus 设备不具备 TCP 通信能力，只能通过 RTU（串口）方式进行通信

2. Modbus-RTU

RTU 一般采用 RS-232/RS-422/RS-485 作为物理接口进行串口通信，如图 7-5 所示。

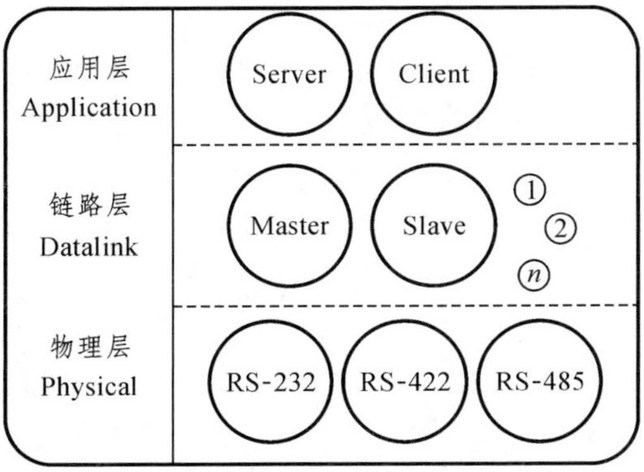

图 7-5　Modbus-RTU OSI 模型

Modbus 工作原理：Modbus 采用主从（Master-Slave）通信模式，仅有主设备能对传输进行初始化，从设备根据主设备的请求进行应答。客户机作为主站，向服务器（从站）发送请求，待服务器接收到请求后进行分析并做出应答。

Modbus 是一主多从的通信协议。通信中只有一个设备可以发送请求，其他从设备接收主机发送的数据来进行响应。从机可以是任何外围设备，如 I/O 传感器、阀门、网络驱动器或其他测量类型的设备，从站处理信息并使用 Modbus 将其数据发送给主站。Modbus 不能同步进行通信，主机在同一时间内只能向一个从机发送请求，总线上每次只有一个数据进行传输，即主机发送，从机应答，主机不发送，总线上就没有数据通信。从机不会自己发送消息给主站，只能回复从主机发送的消息请求。

Modbus 报文是指主机发送给从机的一帧数据，其中包含着从机的地址、主机想执行的操作、校验码等内容。

（1）从机地址：每个从机都有唯一的地址，占用一个字节，范围为 0～255，其中有效范围是 1～247，255 是广播地址（广播就是对所有从机发送应答）。

（2）功能码：占用一个字节，可以查询从机的数据，也可以修改从机的数据，所以不同功能码对应不同的功能。

（3）数据：根据功能码的不同，有不同的功能，如功能码是查询从机的数据，则可以查询数据的地址和查询字节数等。

（4）校验：在数据传输过程中，数据会发生错误，CRC 检验检测接收到的数据是否正确。

3. Modbus-TCP

TCP 一般以 Ethernet 作为物理接口进行网口通信，用 Internet 或者 Ethernet 连接传输数据。在该模式下，从机地址被 IP 地址取代，且 TCP 数据包中已经存在校验，Modbus 的 CRC 校验可以忽略。

TCP 模式是为了让 Modbus 数据顺利地在以太网上传输产生的，使用 TCP502 端口。

在应用层，发送端将 Modbus 协议修改后封装进接收端。接收端将该 TCP 数据包拆封后，重新获得原始 Modbus 帧，然后按照 Modbus 协议规范进行解析，并将返回的数据包重新封装进 TCP 协议中，返回到发送端。与串行链路传输的数据格式不同，TCP 模式去除了附加地址和校验，增加了报文头。

1）客户机/服务器模型

Modbus 报文传输服务提供设备之间的客户机/服务器通信，这些设备连接在一个 Ethernet（以太网）TCP/IP 网络上。设备对应服务器，数据采集平台对应客户机。

该客户机/服务器模式，基于 4 种类型报文（见图 7-6）：

#Modbus 请求

#Modbus 证实

#Modbus 指示

#Modbus 响应

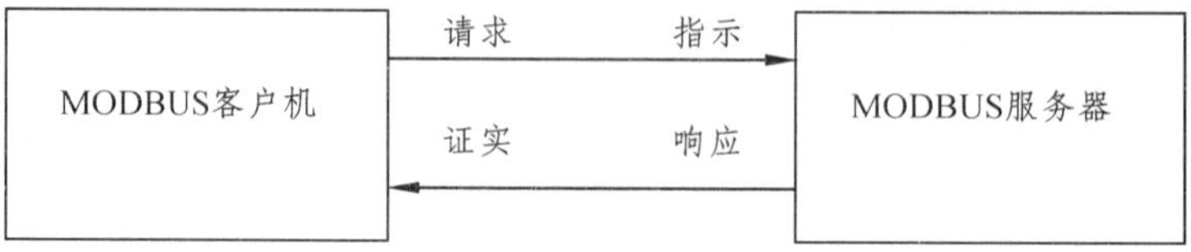

图 7-6　4 种类型报文

① Modbus 请求是客户机在网络上发送用来启动事务处理的报文。

② Modbus 指示是服务端接收的请求报文。

③ Modbus 响应是服务器发送的响应信息。

④ Modbus 证实是在客户端接收的响应信息。

2）TCP/IP 上的 Modbus 应用数据单元

在 TCP/IP 上使用一种专用报文头识别 Modbus 应用数据单元。将这种报文头称为 MBAP 报文头（Modbus 协议报文头），如图 7-7 所示。

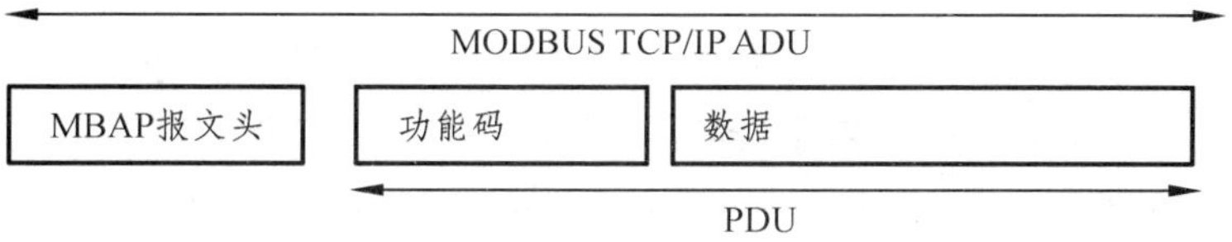

图 7-7　TCP/IP 上的 Modbus 的请求/响应

3）MBAP 报文头描述

报文头为 7 个字节长，其描述如表 7-2 所示。

表 7-2　MBAP 报文头描述

域	长度	描述
事务元标识符	2 个字节	MODBUS 请求/响应事务处理的识别码
协议标识符	2 个字节	0=MODBUS 协议
长度	2 个字节	以下字节的数量
单元标识符	1 个字节	串行链路或其他总线上连接的远程从站的识别码

① 事务处理标识符：用于事务处理配对。在响应中，Modbus 服务器复制请求的事务处理标识符。

② 协议标识符：用于系统内的多路复用。通过值 0 识别 Modbus 协议。

③ 长度：长度域是下一个域的字节数，包括单元标识符和数据域。

④ 单元标识符：专门用于通过以太网 TCP-IP 网络和 Modbus 串行链路之间的网关对 Modbus 或 Modbus+串行链路从站的通信。Modbus 客户机在请求中设置这个域，在响应中服务器必须利用相同的值返回这个域。

4）Modbus 组件结构模型

Modbus 组件结构模型如图 7-8 所示。

一个 Modbus 设备可以提供一个客户机和/或服务器 Modbus 接口，可提供一个 Modbus 后台接口，允许间接地访问用户应用对象。

此接口由四部分组成：离散量输入、离散量输出（线圈）、寄存器输入和寄存器输出，如图 7-9 所示。此接口与用户应用数据之间的映射必须加以定义（本地问题）。

（1）Modbus 客户机。

Modbus 客户机允许用户控制与远端设备的信息交换。Modbus 客户机根据用户应用向 Modbus 客户接口发送的需求生成一个 Modbus 请求。

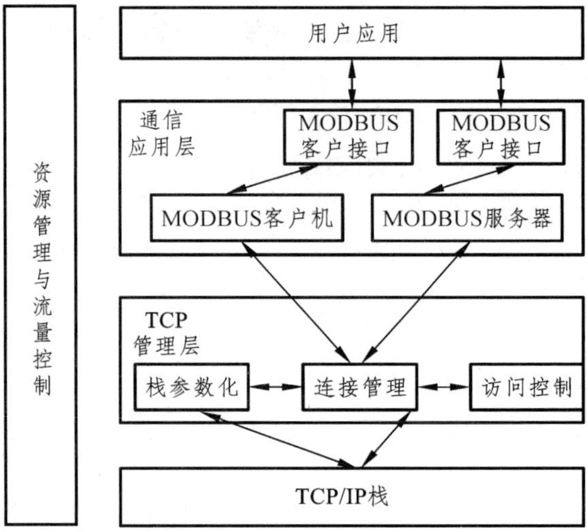

图 7-8　Modbus 组件结构模型

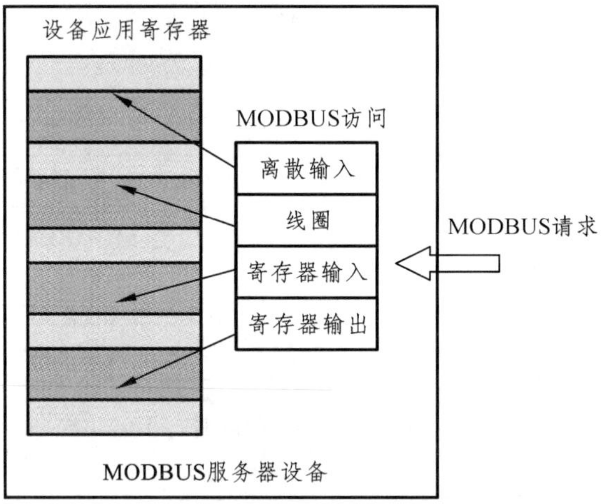

图 7-9　MODBUS 服务器设备

Modbus 客户机调用一个 Modbus 的事务处理，事务处理管理包括 Modbus 证实的等待和处理。

（2）Modbus 客户机接口。

Modbus 客户机接口提供一个接口，使得用户应用能够生成对访问 Modbus 应用对象在内的各类 Modbus 服务的请求。

（3）Modbus 服务器。

在收到一个 Modbus 请求后，模块激活一个本地操作进行读、写或完成其他操作。这些操作的处理对应用程序开发人员来说都是透明的。Modbus 服务器的主要功能是等待来自 TCP502 口的 Modbus 请求，并处理这一请求，然后生成一个 Modbus 应答，应答取决于设备状况（场景）。

（三）OPC 通信协议

OPC 协议定义了工业过程控制设备的标准交互接口，它基于微软的 OLE/COM 技术，采用 C/S 架构，广泛应用于生产设备、产线和车间各异构设备的数据采集与传输。硬件开发商提供支持 OPC 接口的服务器,使得任何带有 OPC 接口的客户程序都可采用统一方式读写不同硬件厂商的设备，使软件开发商不必为每个硬件产品单独开发驱动程序接口。OPC 的标准化和适用性大大提高了设备控制系统与管理层应用程序的互操作程度。

OPC 通信包括两个部分：OPC 服务器和 OPC 客户端。其中，服务器端由硬件厂商提供，开发者根据自身需求开发相应的客户端，建立数据通信连接。OPC 客户端的开发可以使用 OPC 自动化接口动态库 OPCDAAuto.dll。该动态库封装了 OPC 通信所需的基本 API 函数，很大程度上降低了开发难度，缩短了 OPC 客户端的开发周期。

OPC 是为了连接数据提供源（OPC 服务器）和数据使用者（OPC 应用程序）之间的软件接口标准。数据提供源可以是 PLC、DCS、RFID 等控制设备。按控制系统构成的不同，作为数据提供源的 OPC 服务器既可以是和 OPC 应用程序在同一台计算机上运行的本地 OPC 服务器，也可以是在另外的计算机上运行的远程 OPC 服务器。如图 7-10 所示，OPC 接口既适用于通过网络把最下层的控制设备的原始数据提供给作为数据使用者（OPC 应用程序）的 HMI/SCADA、批处理等自动化程序，以至更上层的历史数据库等应用程序，也适用于应用程序通过部署在生产设备上的 OPC 服务器和生产设备的直接连接。所以 OPC 协议适用于系统的很多场合，具有高度柔软性的接口标准。

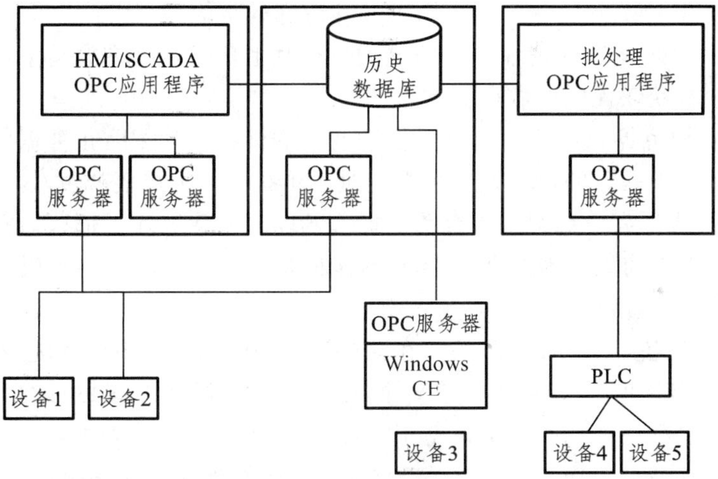

图 7-10　OPC 运行原理

基于上述对 OPC 技术及其数据通信方式的分析，OPC 客户端应该按以下开发流程实现：

① 连接到 OPC Server，调用 OPC 连接函数，输入参数为 IP 地址和服务器名称，返回连接状态。

② 创建 OPC 组（Group），调用 OPC 创建组函数，输入参数为组名。根据需要，可以依次创建“工序数据、环境数据、电能数据、窑炉数据、除湿机数据”共 5 个 OPC 组。

③ 创建 OPC 项（Item），调用 OPC 创建项函数，输入参数为监控数据名称。根据需要，可将近 3 000 个数据项按照组别依次添加到相应组，并返回通信状态。

④ 添加读写事件，调用 OPC 读数据项函数，实时读取 OPC 数据项的数值；输入参数为服务器指针，读取 Item 数目、服务器端句柄数组，获得 Item 的数值、状态、时间戳等。

⑤ 断开 OPC 连接。

1. OPC DA

OPC 技术包括多个标准，这些标准描述了用于特定目的的一组功能。其中，OPC DA（数据访问）是最常见的标准，它描述了一组与 PLC、DCS、HMI、CNC 和其他设备进行实时数据交换的功能。OPC 数据采集端通过串口、以太网、板卡采集到的数据作为 OPC 服务器，以便 OPC 客户端进行访问。OPC DA 服务器在客户端程序（通常是 SCADA 系统）和终端设备之间提供数据交换（写入和读取），其中的数据是具有某些属性的标签变量，变量可以是 OLE 中允许的任何类型。必须具备的变量属性如下：

① 变量的当前值、类型和访问权限（读和/或写）。

② 变量的质量取决于超出动态范围的测量值、数据缺失、通信错误和其他参数。通常采用值：好/坏/不确定和附加信息。

③ 该时间戳报告时可改变收到的给定值的时间。

④ OPC 服务器轮询变量的频率，设置了更新变量值的时间。

⑤ 变量描述，其中包含有关此变量的用户信息。

此外，可以指定可选属性阈值的变化范围、测量单位和其他自定义参数。可以使用多种模式从 OPC 服务器读取数据。

① 同步模式：客户端向服务器发送请求并等待它的响应。

② 异步模式：客户端发送请求并立即继续执行其他任务。处理完请求后，服务器向客户端发送通知，客户端获取提供的数据。

③ 订阅模式：服务器只向客户端发送发生变化的标签。为了防止数据的噪声被误认为标签的变化，引入了“死区”的概念，它稍微超过了干扰的最大可能幅度。

④ 数据刷新模式：客户端调用所有活动标签的同时读取。除了那些被指定为“被动”的标签外，所有标签都被称为主动标签。标签的这种划分通过更新从物理设备接收到的数据来减少处理器的负载。

由于 OPC DA 是基于 COM 技术的，在支持远程访问的要求下必须配置支持 RPC 服务，借助 RPC 通道或服务来间接使用 OPC DA 的访问；同时局限于 Windows 的使用，对实现嵌入式设备的数据采集也存在极大的困难，基于 COM/DCOM 技术有着不可根除的缺点。在数据交换各方面需求的提高上，OPC 基金会在 2008 年发布了新的规范——OPC UA。

2. OPC UA

OPC UA（统一架构）是工业网络中数据传输的现代标准。它提供设备之间安全可靠的通信，同时独立于硬件和平台，允许不同操作系统的设备之间进行通信，是一种基于服务的、跨越平台的解决方案。同时，OPC UA 规范不再是基于 COM/DCOM 技术，因此其除了在 Windows 平台实现外，还能在 Linux 以及其他嵌入式平台实现。

OPC UA 的技术特性如下：

（1）所有基于 COM 的 OPC 规范中的功能都映射到了 OPC UA 中。

（2）支持从嵌入式的微控制器到基于云的分散式控制架构。

（3）信息加密、互访认证以及安全监听。

（4）定义了统一的数据和服务模型，使数据组织更为灵活。

（5）可定义复杂的信息，而不再是单一的数据。

（6）相对于传统的 OPC，OPC UA 的变化除了上述所提及特性之外，对新功能的支持还体现在：

① 网络发现：自动查询本 PC 机与当前网络中可用的 OPC Server。

② 地址空间优化：所有的数据都可以分级结构定义，使得 OPC Client 不仅能够读取并利用简单数据，也能访问复杂的结构体。

③ 数据订阅：针对 OPC Client 不同的配置与标准，提供数据/消息的监控，以及数值变化时的变化报告。

OPC 基金会使用 OPC UA 在控制器和 SCADA 系统之间传输数据，同时在现场级别从传感器和物联网设备到控制器，以及从云中的本地系统传输数据，如图 7-11 所示。

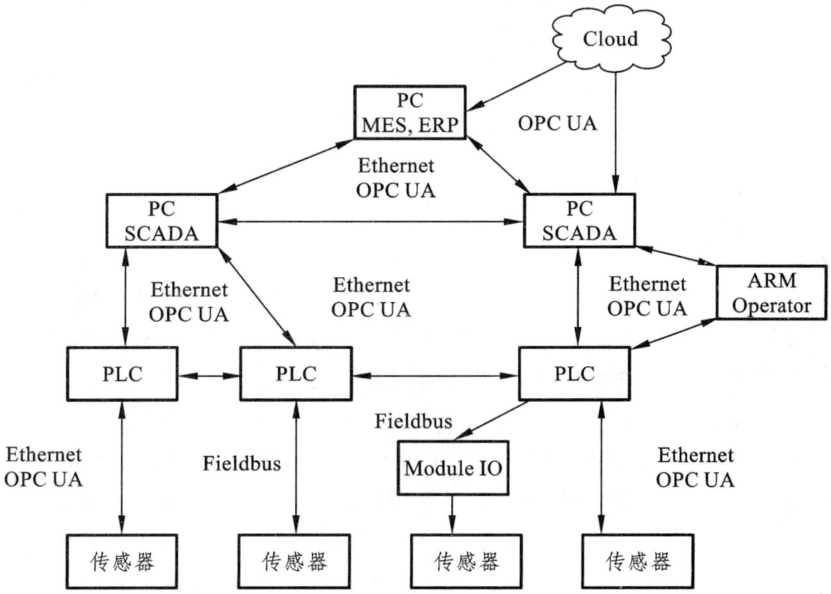

图 7-11　OPC 参与的数据传输体系

OPC UA 当前主要应用于设备产线层的信息建模，基于 OPC UA 建立生产设备的信息模型，主要包含对象属性抽象、信息建模和模型实例化三个部分。

1）对象属性抽象

基于 OPC UA 进行数据建模首先要对建模对象深入调研，从对象的层次结构、基本信息、监控属性等角度，抽象出模型的结构和状态特征，按照逻辑树状图的形式进行表示，并用 OPC UA 中相应的节点进行映射，通过该部分完成地址空间模型的定义。

2）信息建模

结合上文，通过向基本对象节点模型添加目的模型对象的共性属性以建立基类信息模型，各种特定子类模型只需在基类模型上补充表明其特征的个性属性，从而生成各种子类信息模型。子类模型共享父类模型的共性属性，该过程可以用 UML 语言来进行表述，通过该部分完成地址空间模型中各节点类的定义。

3）模型实例化

通过 OPC UA 提供的 API，建立 OPC Server 应用，通过专业插件将信息模型实例化为实际的接口，并使用 XML 格式进行表述。在应用程序中，创建地址空间模型（元模型）和接口

（节点），将创建的 OPC Server 部署到目的生产对象上进行数据接入和模型映射，即得到生产对象的实例化信息模型。各服务器间、服务器和客户端间可通过统一的数据格式和通信协议进行交互。

（四）HTTP 通信协议

超文本传输协议（Hyper Text Transfer Protocol，HTTP）是一个简单的请求-响应协议，通常运行在 TCP 之上。它指定了客户端可以发送给服务器什么样的消息以及得到什么样的响应。请求和响应消息的头以 ASCII 形式给出；而消息内容则具有一个类似 MIME 的格式。HTTP 基于客户端和服务器进行通信，客户端发送请求消息（如 GET、POST），而服务端则响应客户端的消息。例如当我们在浏览器输入一个网址，此时浏览器就会给对应的服务器发送一个 HTTP 请求，对应的服务器收到这个请求之后，经过计算处理，就会返回一个 HTTP 响应。这种方式常用于 Web 端网站的浏览，也有部分厂家将这种协议应用在工业设备上，如国内凯恩帝数控就通过 HTTP 协议提供机床数控系统的对外接口。

四、车间异构协议适配与数据存储方法

车间自动化设备，如机床、机器人等，一般除了提供自身功能外，还支持其运行状态、运行参数的采集。然而，由于设备及其数控系统来源于不同厂家，其通信协议、数据接口往往不尽相同。例如，西门子系统一般支持 OPC 通信协议，而 FANUC 系统则支持 FOCAS 通信协议。新设备的接入往往会带来新的通信协议，进而不得不频繁更改应用程序源码，不利于应用程序的维护与稳定运行。

因此，本书基于数据适配的思想，设计了异构设备数据适配器，其基本原理如图 7-12 所示。数据适配的本质是基于面向对象思想对通信协议基本业务流程进行抽象，建立数据通信基类，封装基本的通信功能，如创建数据连接、读取数据、通信日志、断开数据连接等。而具体的数据通信协议类则继承自该基类，基于各类不同通信协议提供的通信开发包、动态库、API 等对具体方法进行实现，派生出不同通信协议的适配器，如 OPC 适配器、FOCAS 适配器等。上层应用调用基类的抽象接口，基于多态原理实现了子类方法的自动调用，从而实现了上层应用与底层数据的分离。

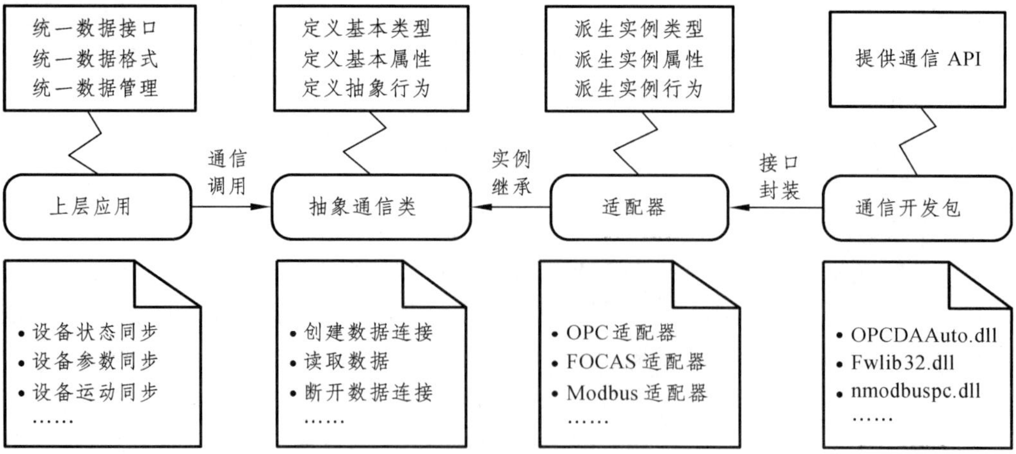

图 7-12　数据适配原理图

数据适配的益处在于其具有可重用、易拓展和易维护等特点。一方面，通过对常见数据通信协议的封装，可以实现代码重用，减少非必要的重复性工作。另一方面，后续新的数据通信协议的接入，不需要修改上层应用程序源码，便于后期功能拓展与维护。

基于上述通信适配基本原理，利用 UML 的类图对数据适配器进行设计与实现，如图 7-13 所示。对应图中的抽象通信类，设计监控数据管理类 MonitorManager 和监控数据源类 MonitDataSource。MonitorManager 一方面负责与上层应用进行数据交互，另一方面对不同的数据源进行管理。MonitorManager 主要包括数据源类指针 m_pDataSource 和车间监控点队列 aAllMonitor 两个私有成员。m_pDataSource 用于间接调用 MonitDataSource 中的抽象方法，而 aAllMonitor 用于车间所有监控点的管理。MonitorManager 还具有 getMonitDataSource() 和 addMonitorData() 两个接口，分别用于获取 m_pDataSource 和向 aAllMonitor 中添加监控数据项。MonitDataSource 依赖于 MonitorManager，包括实时数据接收器、接收器大小等私有成员以及实时数据读取接口 getRealTimeData()。OPC_Adapter、UDP_Adapter 等适配器类则派生自 MonitDataSource。以 OPC_Adapter 为例，其按照通信逻辑流程将 OPCDAAuto.dll 中客户端通信类接口 AddGroup()、AddItems() 等封装到其 getRealTimeData() 接口中，实现抽象接口的具象化，从而完成抽象接口对各类通信开发包的统一适配。

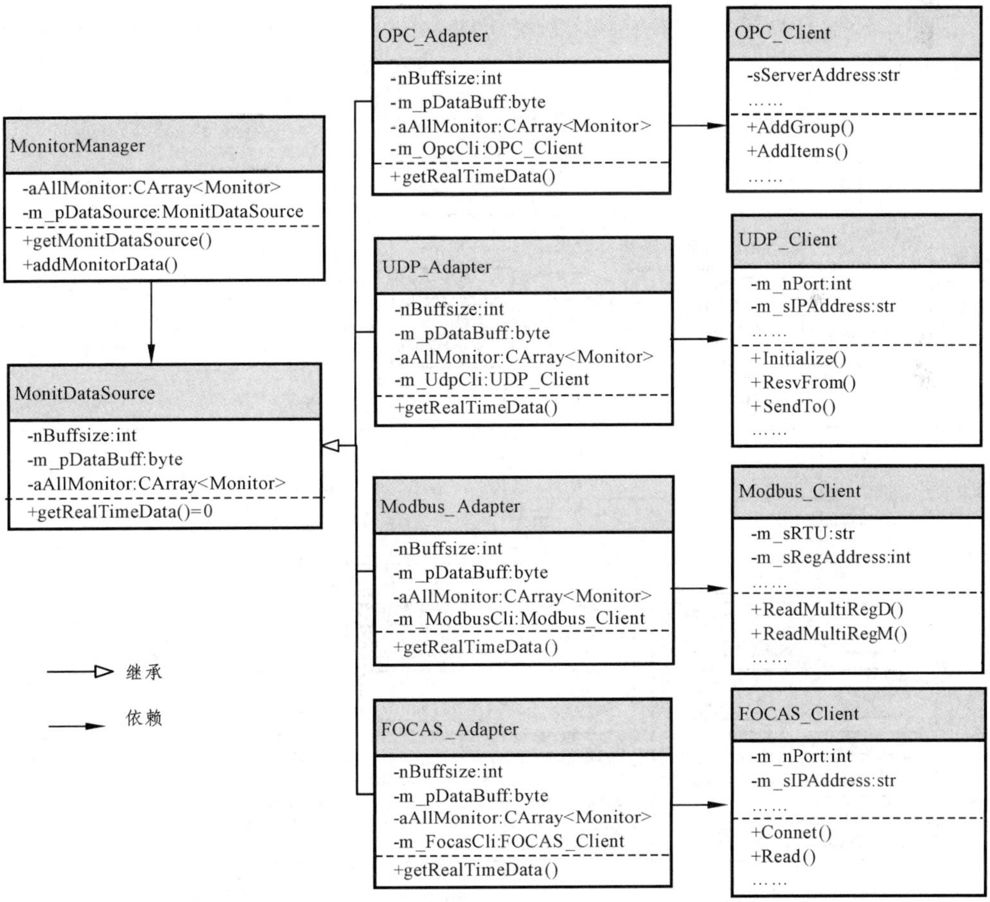

图 7-13　数据适配器设计与实现

车间数据包括设备实时运行参数、生产过程管理数据以及仿真系统运行数据等，上述数据在数据规模、数据结构、数据用途等方面均具有明显差异，应根据不同数据特点选用合适的数据库。例如，设备实时运行参数刷新频率快，在秒甚至毫秒级别，读写频繁，要求数据库具有快速读写能力；而车间运行过程形成的历史数据，则要求数据库具有大规模数据存储与分析能力。表 7-3 给出了不同类型数据库的特点及适应场景。

表 7-3　不同类型数据库特点及适应场景

数据库	类　型	特　点	适应场景
Redis	非关系型、键-值数据库	高性能、读写速度快	实时数据存储与读写
MongoDB	非关系型、文件数据库	高性能、易部署、易使用	半结构化数据存储与读写
HDFS	Hadoop 分布式文件系统	高吞吐量、高容错性	非结构化大规模数据存储
MySQL	关系型数据库	支持多线程、多处理器	结构化、业务数据存储

基于表 7-3 的分析，选用“Redis-MongoDB-HDFS”数据存储架构以满足不同类型数据的存储需求，如图 7-14 所示。基于数据适配获取异构设备数据，并转换成统一的格式，存入实时数据库 Redis，同时同步迁入文件数据库 MongoDB，构建设备历史数据库；基于 Hadoop 及其组件，如 HDFS、HBase 等，集成异构系统（如 MES、SCADA、仿真系统等）信息，进行数据分析与应用。

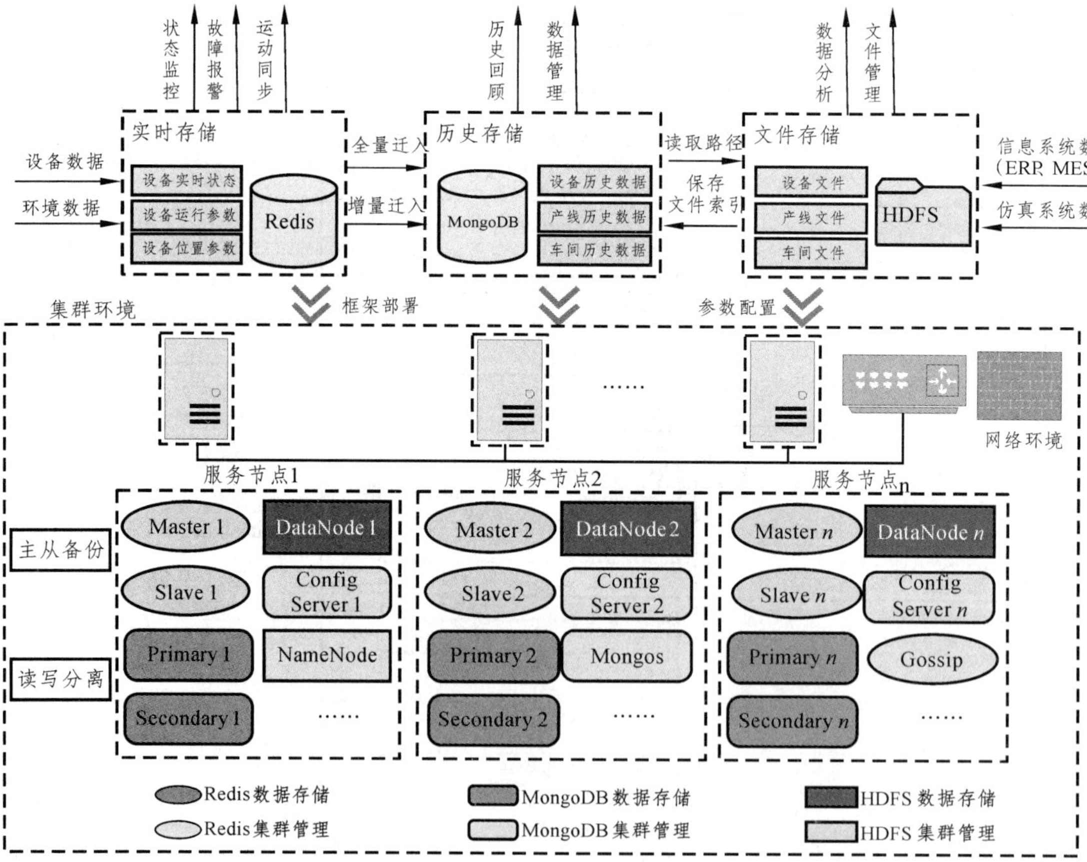

图 7-14　基于“Redis-MongoDB-HDFS”的数据存储框架

该数据存储架构包含集群环境、实时数据存储、历史数据存储和文件存储 4 个模块，将数据适配层集成得到的数据按照一定的组织关系进行分类存储，为上层应用，如状态监控、运动同步、过程复现、数据分析等，提供数据支持。

集群环境模块为整个存储框架提供了硬件运行环境，基于交换机、虚拟路由等网络硬件将多台服务器或虚拟终端的网络地址设置到同网段中，实现信息互通；将指定版本 Redis、MongoDB、Hadoop 的数据存储服务、集群管理服务部署到各服务节点上，在单一节点内通过配置文件的形式设置主从角色、读写权限等参数，实现集群的数据备份，保证生产数据的安全存储；并将读写操作定向到同一节点的不同数据存储服务上，提升集群的读写速度。同时，集群通过线性增加服务节点，实现存储容量和读写吞吐量的水平拓展。

实时数据存储模块为生产实时数据提供缓存和高速读取服务，通过 Redis 实时数据库实现。在存储结构上，选择 String 结构，以 Key-Value 对进行存储。键名 Key 采用监控对象 ID。键值 Value 对应通信适配层的数据输出格式，是包含内嵌结构的 JSON 串，有 Timestamp 和 Entity 等多个 Map 对象。其中，Timestamp 为当前时间戳，Entity 为监控对象包含的实体名，其值为实体包含的所有属性集合。属性集合的层次结构由实例对象模型决定，其格式如表 7-4 所示。上层应用调用数据适配层中的方法，将原始数据转换成上述 JSON 格式并写入 Redis 服务器中完成过程数据的实时存入。为保证生产过程信息的实时展示，Redis 集成的最新实例对象数据会覆盖历史数据，使在内存中始终保存各监控实例对象最新的属性信息，从而保证服务器的读取性能。

表 7-4　Redis 中实时数据存储格式

Key	Value
Object ID	{Timestamp: Value, Entity_1: {Attr_1: Value_1, Attr_2: Value_2, …, Attr_n: Value_n}, Entity_2: {...}, …}

历史数据存储模块负责构造生产历史数据集并提供查询分析服务，借助 MongoDB 数据库实现。首先对历史数据的存储组织结构进行定义，基于车间、产线、设备三个监控层次建立 Workshop、Production-line、Equipment 三个 Database；根据监控实例模型的结构在 Database 中创建相应 Collection，并按照一定频率读取并解析 Redis 中实例对象的 Timestamp 和 Data，全量地插入对应的 Collection 中，完成历史数据写入。

文件存储模块为设备历史数据、生产管理数据、仿真数据提供存储、读取和分析服务，借助 HDFS 实现。在 HDFS 的根目录上建立车间、产线、设备三个文件夹；各文件夹中每天以当前日期为文件名添加新文件夹；在新建日期文件夹中创建运行数据、管理数据、仿真数据等子文件夹，各子文件夹可根据实际情况继续嵌套，完成生产文件树的构建。集成得到的生产文件以“监控层次_日期_文件内容”的格式重命名并存放到相应的文件夹中，获得该文件的索引，将索引、文件名、文件路径信息作为一条 Document 插入 MongoDB 中，方便根据文件名快速查找到文件。

第二节　车间数据采集实训项目设计

车间数据采集实训：基于生产车间数据采集软件 aDMiS-Courier，对示范线设备进行通信协议参数配置，设置数据通道，接入数据并能对数据进行对象关联、存储，培养学生对工业场景数据采集工具的使用能力。

主要针对基础技能型人才培养、专业技术型人才培养、创新研究型人才培养，分为基础认知型、专业技能型、创新研究型三层次阶梯式的实训，如表 7-5～表 7-7 所示。

表 7-5　车间数据采集实训项目 1

实训项目名称	车间数据采集实训项目
实训层次类型	■基础技能型　□专业技术型　□创新研究型
实训对象	基础技能型人才：高职院校专科生、企业技术人员
实训目标	
（1）掌握制造系统中各类通信协议的功能、特点和原理； （2）掌握制造系统的数据体系、采集过程和存储原理； （3）掌握车间数据采集软件的使用，能利用采集软件实现实时数据的采集	
实训时长	3 课时
实训基础	
先修课程：制造系统及自动化、现代制造系统、先进制造系统、计算机集成制造系统、工业总线与物联网、工业大数据导论、大数据采集与预处理等	
实训内容	
（1）了解制造系统中各类通信协议的功能、特点和原理； （2）了解制造系统的数据体系、采集过程和存储原理； （3）利用车间数据采集软件，对车间中的 OPC、Modbus TCP 等协议进行解析和数据采集	
评分标准	
根据学生实训中的操作规范程度、实训过程情况、实训任务完成情况和实训报告进行综合评分	
实训设备及工具	
硬件资源：计算机与图形工作站、小型立式三轴加工中心、小型五轴数控加工中心、视觉检测台、激光打标机、智能立体库、堆垛机、仓储管理系统、AGV 小车、协作机器人、上下料机器人等硬件设备，以及采集网关、车间局域网。 软件资源：采集软件 Courier、网关控制软件等	

表 7-6　车间数据采集实训项目 2

<table>
<tr><td>实训项目名称</td><td>生产过程仿真实训项目</td></tr>
<tr><td>实训层次类型</td><td>□基础技能型　■专业技术型　□创新研究型</td></tr>
<tr><td>实训对象</td><td>专业技术型人才：高等院校本科生</td></tr>
<tr><td colspan="2">实训目标</td></tr>
<tr><td colspan="2">（1）掌握制造系统中各类通信协议的功能、特点和原理；
（2）掌握制造系统的数据体系、采集过程和存储原理；
（3）掌握车间数据采集软件的使用，能利用采集软件实现实时数据的采集和存储；
（4）掌握车间大数据平台的使用，能够将数据发送至大数据平台进行解析存储</td></tr>
<tr><td>实训时长</td><td>8 课时</td></tr>
<tr><td colspan="2">实训基础</td></tr>
<tr><td colspan="2">先修课程：制造系统及自动化、现代制造系统、先进制造系统、计算机集成制造系统、工业总线与物联网、工业大数据导论、大数据采集与预处理等</td></tr>
<tr><td colspan="2">实训内容</td></tr>
<tr><td colspan="2">（1）了解制造系统中各类通信协议的功能、特点和原理；
（2）了解制造系统的数据体系、采集过程和存储原理；
（3）利用车间数据采集软件，对车间中的 OPC、Modbus TCP 等协议进行解析和数据采集，对本地保存数据进行分析；
（4）利用车间大数据平台的中间件，将实时采集的数据进行存储，并对数据进行分类、标记</td></tr>
<tr><td colspan="2">评分标准</td></tr>
<tr><td colspan="2">根据学生对通信协议的认知熟悉程度、对车间大数据体系的了解程度、对采集软件和大数据平台的掌握程度、实时数据的采集综合进行评价打分</td></tr>
<tr><td colspan="2">实训设备及工具</td></tr>
<tr><td colspan="2">硬件资源：计算机与图形工作站、小型立式三轴加工中心、小型五轴数控加工中心、视觉检测台、激光打标机、智能立体库、堆垛机、仓储管理系统、AGV 小车、协作机器人、上下料机器人等硬件设备，以及采集网关、车间局域网。
软件资源：采集软件 Courier、网关控制软件、大数据平台等</td></tr>
</table>

表 7-7　车间数据采集实训项目 3

<table>
<tr><td>实训项目名称</td><td>生产过程仿真实训项目</td></tr>
<tr><td>实训层次类型</td><td>□基础技能型　□专业技术型　■创新研究型</td></tr>
<tr><td>实训对象</td><td>创新研究型人才：高等院校硕士、博士研究生</td></tr>
<tr><td colspan="2">实训目标</td></tr>
<tr><td colspan="2">（1）掌握制造系统中各类通信协议的功能、特点和原理；
（2）掌握制造系统的数据体系、采集过程和存储原理；
（3）掌握车间数据采集软件的使用，能利用采集软件实现实时数据的采集和存储；
（4）掌握车间大数据平台的使用，能够将数据发送至大数据平台进行解析存储；
（5）掌握大数据预处理方法，能够对数据进行清洗、降重、去噪，提取数据关键信息</td></tr>
<tr><td>实训时长</td><td>16 课时</td></tr>
<tr><td colspan="2">实训基础</td></tr>
<tr><td colspan="2">先修课程：制造系统及自动化、现代制造系统、先进制造系统、计算机集成制造系统、工业总线与物联网、工业大数据导论、大数据采集与预处理等</td></tr>
<tr><td colspan="2">实训内容</td></tr>
<tr><td colspan="2">（1）根据各类数据的特点建立制造系统中的大数据体系；
（2）利用车间数据采集软件，对车间中的 OPC、Modbus TCP 等协议进行解析和数据采集，对软件进行二次开发以适应更多协议；
（3）利用车间大数据平台的中间件，将实时采集的数据进行预处理，开发数据预处理算法并注册，实现数据的优化</td></tr>
<tr><td colspan="2">评分标准</td></tr>
<tr><td colspan="2">根据研究生实训中的仿真理论和实操的掌握熟练程度与深入程度、实际制造系统的仿真逼真程度、仿真优化方案、仿真模块开发能力、智能仿真优化算法的实现效果等进行综合评分。
根据研究生实训中的车间大数据采集理论和实操的掌握程度与深入程度、实际采集过程的采集速度、集成协议的数量、预处理算法的效果等进行综合评分</td></tr>
<tr><td colspan="2">实训设备及工具</td></tr>
<tr><td colspan="2">硬件资源：计算机与图形工作站、小型立式三轴加工中心、小型五轴数控加工中心、视觉检测台、激光打标机、智能立体库、堆垛机、仓储管理系统、AGV 小车、协作机器人、上下料机器人等硬件设备，以及采集网关、车间局域网。
软件资源：采集软件 Courier、网关控制软件、大数据平台、二次开发接口、C++或 JAVA 等开发工具</td></tr>
</table>

第三节　车间数据采集实训项目过程

一、实训案例描述

智能制造示范线包括凯恩帝数控机床、六自由度机械手、堆垛机、AGV、视觉监测设备。上述设备的组网场景如图 7-15 所示，各设备通信协议类型如表 7-8 所示，需要对相关协议进行解析以实现设备数据采集。

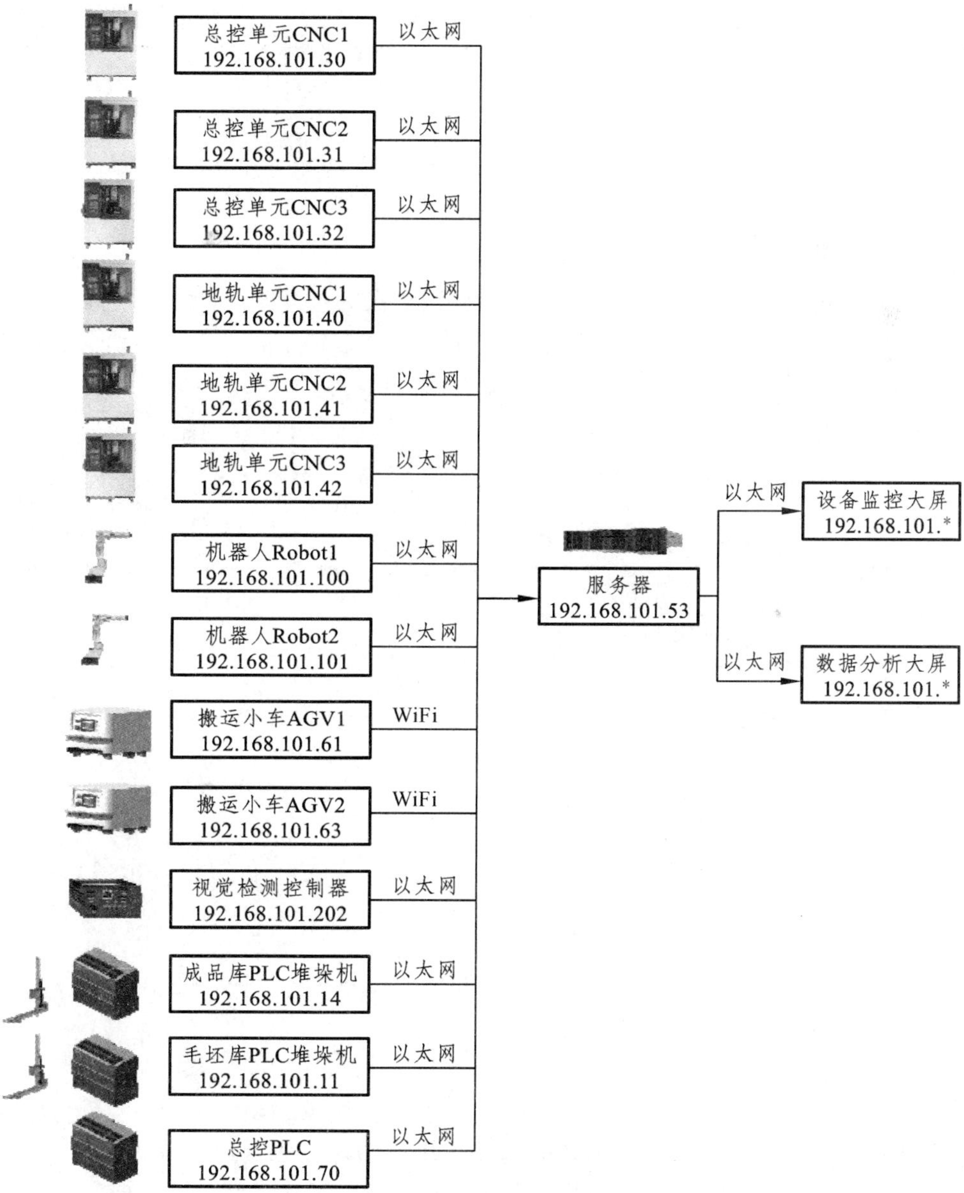

图 7-15　组网场景

表 7-8 设备通信协议类型

设备	通信协议
KND 数控机床	HTTP
工业机器人	Modbus TCP
堆垛机	OPC DA
AGV	Socket
CCD 视觉检测设备	Socket

二、实训设备与工具

aDMiS-Courier 车间数据采集与处理软件、智能制造系统实训教材。

三、实训过程与方法

如图 7-16 所示，创建一个本地场景，场景层次结构为：车间-单元-设备-传感器-属性。在车间、单元或设备节点上，创建一个传感器并添加属性，输入属性名称、语义、数据类型、数据最大值、最小值、所述传感器，形成一个数据模板。

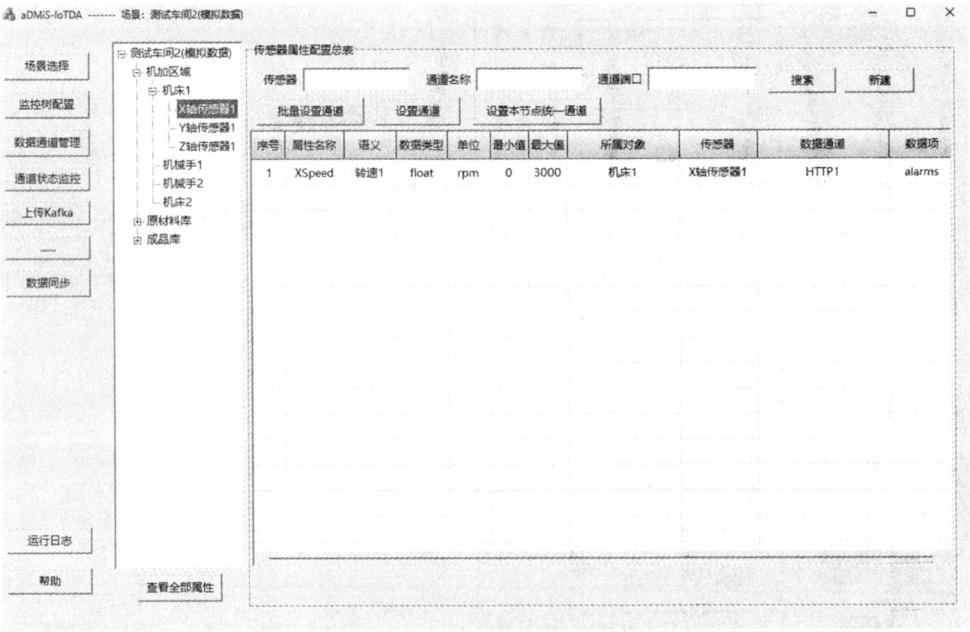

图 7-16 创建本地场景

创建数据通道，数据通道定义为数据来源、传输协议、包含数据项。创建一个数据源接口，根据场景分析，该数据源可能是某个具体的传感器、设备、网关、数据库。创建的同时，绑定 TCP/UDP 地址和端口号，建立连接。创建完成后，进行连通性测试。如图 7-17 所示，打开数据通道管理模块，点击【创建数据通道】。

图 7-17　创建数据通道

选择协议类型，输入相应的通信参数，如图 7-18 所示。

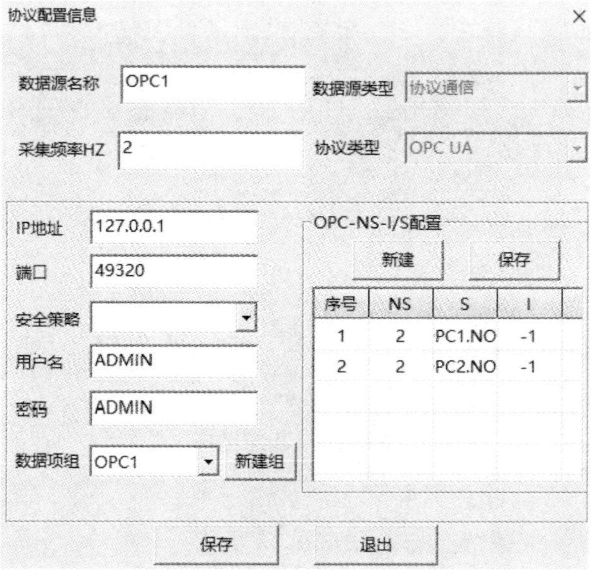

图 7-18　输入通信参数

点击数据项组右边的【新建组】按钮，进行连接测试；点击【获取数据】，检查是否正确获取到设备的数据内容，如图 7-19 所示。

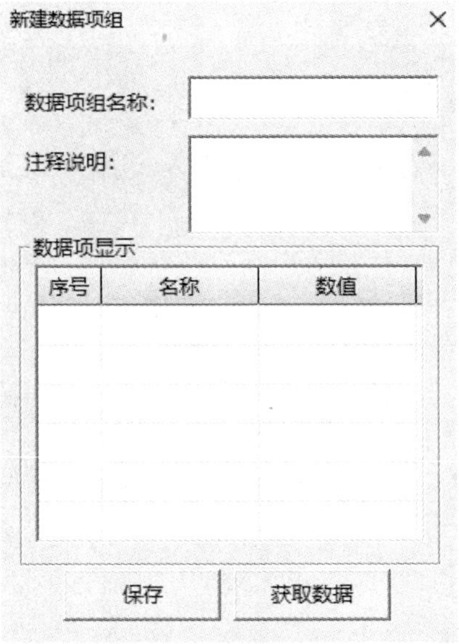

图 7-19　新建数据项组

获取成功后，点击【保存】，存为一个数据项组。

然后回到“监控树配置”界面，将刚才定义的属性进行通道配置，选择通道内的数据项进行匹配，完成数据的采集配置，如图 7-20 所示。

打开上传 Kafka 界面，输入 Kafka 消息中间件部署的地址和端口，并上传消息的 Topic，如图 7-21 所示。

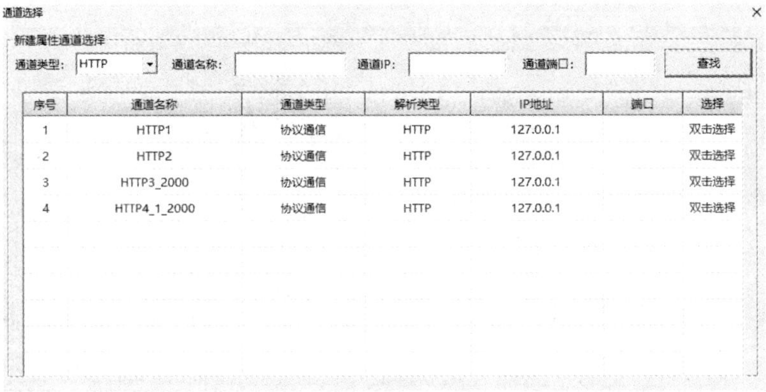

图 7-20　通道选择

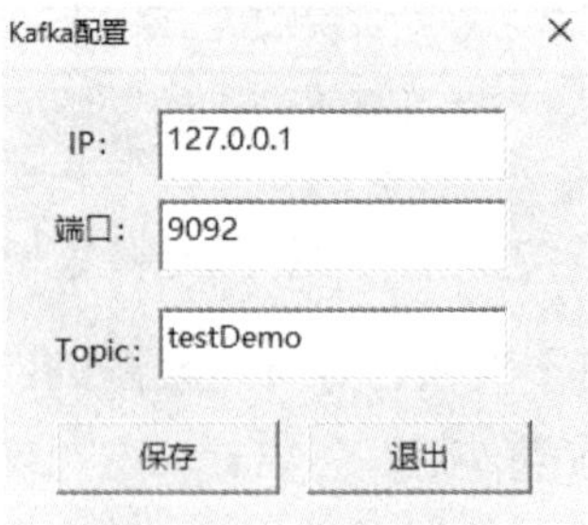

图 7-21　Kafka 配置

完成上述工作后，在通道管理界面打开采集开关，上传 Kafka 开关和本地保存开关，系统启动采集，如图 7-22 所示。

图 7-22　通道管理界面

四、实训输出与处理

完成一系列配置工作并开启采集后，如图 7-23 所示，应能在通道状态监控界面监控到实时数据的采集情况。

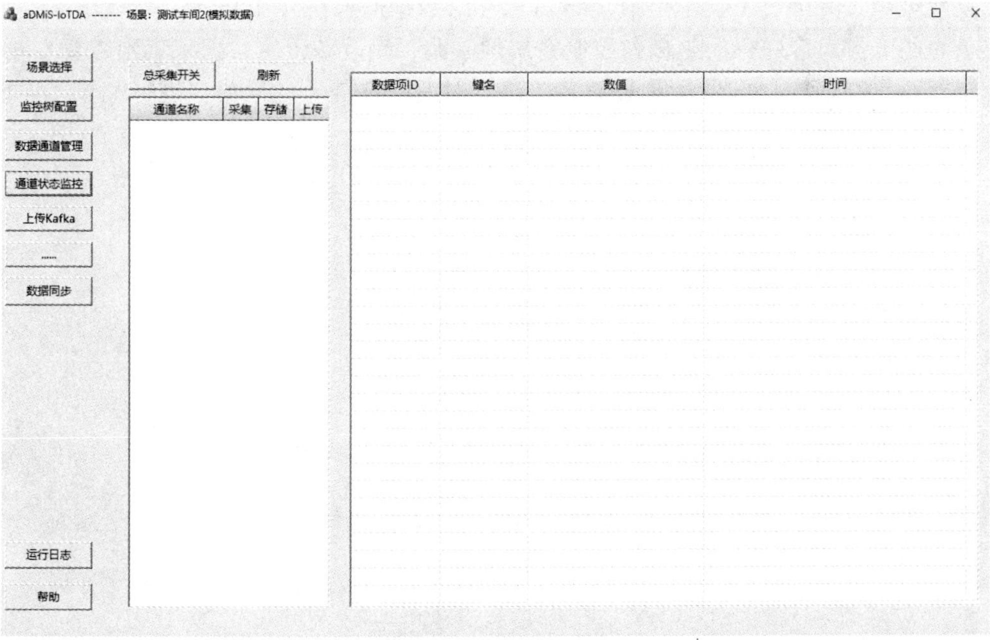

图 7-23　数据采集界面

Courier 本地文件夹中，LogData 内能够看到采集的一系列数据。其中，数据名为定义的属性 ID，而数据值则为实时采集值，如图 7-24 所示。

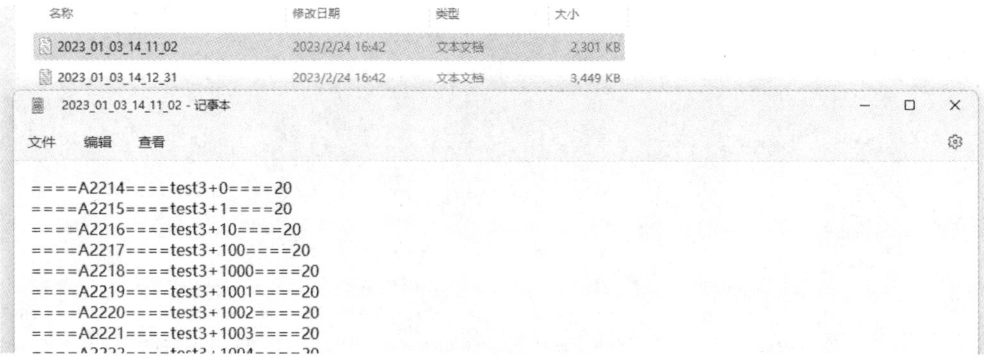

图 7-24　采集到的数据

五、实训报告撰写

实训后学生需要完成实训报告，实训报告内容包括实训项目名称、学生姓名、班号、实训地点、日期、实训目的、实训内容、实训设备、实训方法和步骤以及实训结果。

第四节　实训项目题目

（1）利用 aDMis-Courier，完成包含 3 种以上设备的数据采集、上传和保存，并在 Kafka 中观察所采集的数据，记录数据频率、1 分钟内数据的大小等。

（2）启动物理设备，采集该设备运行过程中的所有数据，将这些数据进行手动处理，抽取出相关数据项，并通过 Excel 或 Matlab 等软件对数据进行折线图绘制。

（3）上述工作大多进行的是设备控制系统的采集，而设备传感数据采集则需要 Courier 与采集仪进行连接，所需要配置的参数繁多，试着对实验室部署的采集仪进行配置、连接和数据采集，观察传感数据与控制数据内容和形式的异同。

第八章　车间可视化管控实训项目

第一节　实训项目相关背景知识

车间生产过程可视化管控系统是基于车间已有的数字化管理系统，从设备执行、产线调度、车间计划等多个维度对生产车间关键资源要素进行实时监测、分析、预警，并根据分析结果对生产车间资源给予有效调整的信息系统。在制造系统转型升级的背景下，车间生产过程管控系统被广泛用于生产线数字化、信息化集中、生产关键信息与生产效益关系密切的大中型制造企业，如航天、能源、汽车等领域。

一、离散车间生产过程业务流程分析

实现车间生产过程数据模型构建，首先应明确建模的问题域，即定义车间生产过程的边界范围。本章基于项目实践和文献查阅，将离散车间生产过程限定为以车间生产计划为起点、设备生产执行为终点的制造周期，包含车间计划、产线调度、设备生产三大阶段，经由生产计划部门、工艺部门、物料管理部门、质检部门、维护部门、工控中心、生产设备等生产单位和 ERP、产品数据管理（Product Data Management，PDM）、CAPP、MES、SCADA 等车间数字化系统协同完成产品制造。

在明确问题域的基础上，本章对离散车间生产过程进行简化梳理，抽象出共性的业务流程，用关键过程数据流表示各业务部门间的业务交互，分析了生产过程数据业务流。各生产过程阶段的主要业务活动及其流程关系如图 8-1 所示。

该流程以离散车间生产过程三大阶段为线索，包含车间生产的核心业务部门及其部署的信息系统，同时忽略各业务部门中信息系统的内部业务数据，只暴露其关键输入/输出信息，用以表达业务部门间的业务交互。分析生产过程数据业务流旨在将车间生产业务与关键过程数据相映射，实现车间生产过程的数字化表达。

车间计划过程：产品制造的基础环节，由生产计划部门、工艺部门协同完成。车间生产计划部门 MES 接受来自企业管理层 ERP 的车间生产计划，并结合车间生产资源情况和实际生产能力等客观要素，制订产线作业计划，经生产决策者审定后下发到各产线排程调度部门。同时，生产计划部门将企业管理层 PDM 下发的产品设计 BOM、产品设计图纸等产品信息传递到工艺部门 CAPP 中，工艺部门根据产品详细设计信息，结合设备和生产组织水平进行工艺路线和材料定额的确定，生成 PBOM，在此基础上进行详细工艺设计，如铸造工艺设计、机加工艺设计等，以工艺 BOM、工艺卡片等形式下发到产线排程调度部门。

产线调度过程：产品制造的核心环节，主要由产线排程调度部门、资产维护部门、质检部门、物料管理部门协同完成。各产线排程调度部门 MES 在接收产线生产计划和详细工艺信息后，进行生产排程并仿真优化排程结果，结合产线设备、物料等资源情况将优化的排程结

果经由生产调度模块分解为作业任务下发到工控中心各工作单元。在组织生产执行的同时，产线执行部门 MES 将物料需求、质检计划、维护计划下达到物料管理、质检、维护等部门，组织生产物料/工装准备、在制品/成品质检、生产资源运维等活动，实现产线内生产准备-调度执行-质量管理-运行维护的协同运行。在此基础上，产线排程调度部门实时监听各部门反馈的物料信息、生产过程状态信息、质检报告、运维报告等信息，及时响应排程调度中的异常情况，进行作业任务重调度。

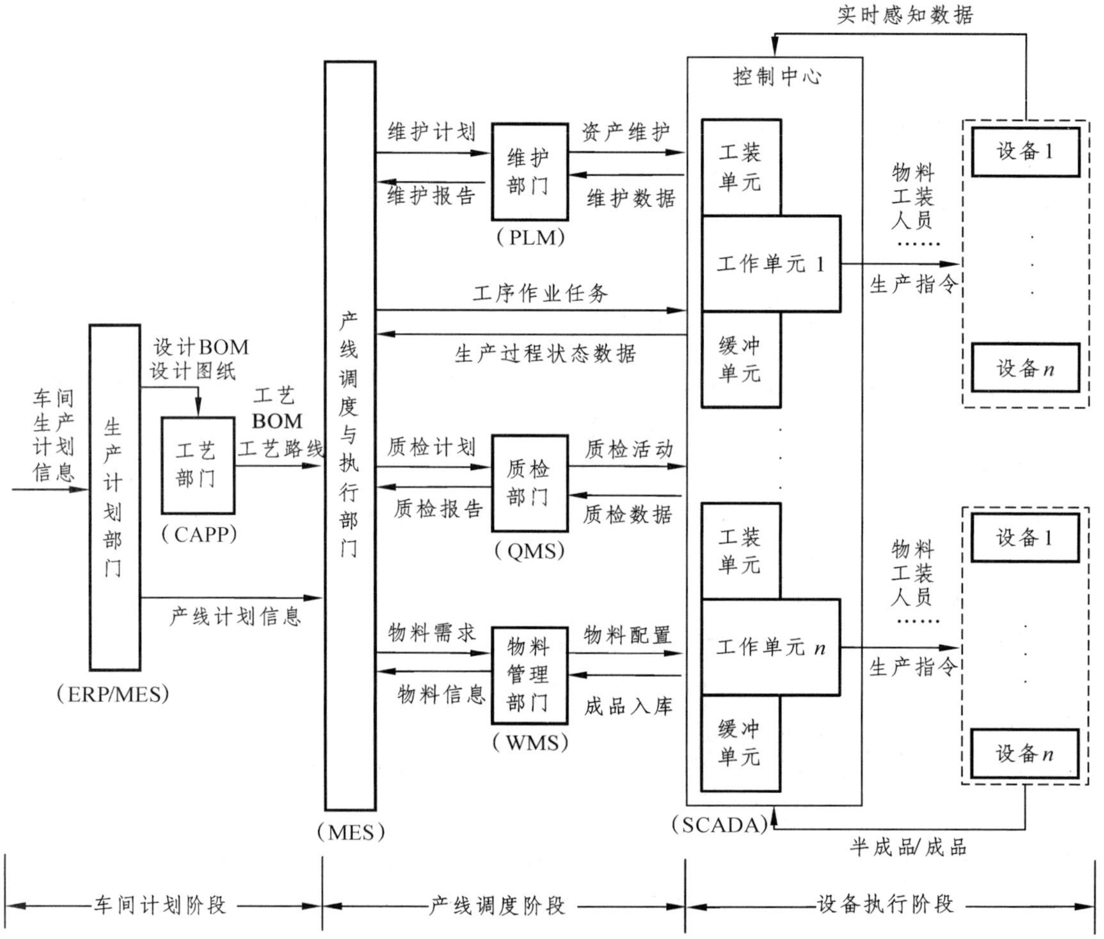

图 8-1　离散车间生产过程业务活动流程

设备执行过程：产品制造的关键环节，由现场工控中心、生产设备、物流设备、加工人员等协同完成。工控中心 SCADA 在收到调度部门下发的作业任务后，核查开工条件是否满足，如生产资料是否具备、物料是否到位等，若不满足，则上报产线调度部门进行物料/资源调度。确认任务需要的物料/资源/人员到位后，工控单元下发生产指令到现场生产设备，启动产品生产。同时，需借助底层感知设备对加工过程中的设备运行信息、物料使用信息、加工环境信息、生产异常信息等实时过程数据进行采集并上传到加工中心，为生产自适应控制提供信息支撑。加工结束后，需在质检部门、维护部门的组织下，进行产品完工报检、自检和设备/工装管理维护等活动，并将结果反馈到对应部门。

二、离散车间生产过程数据体系梳理

面向车间不同层次的信息系统展开数据集成是生产过程管控系统实现生产过程多维度状态监控的关键。然而，数据集成并非“拷贝式”地照搬，需对目标信息系统的业务数据进行针对性提取。结合上述思路，本章基于生产过程执行阶段，将生产过程数据建模的问题域划分为数个子问题域，对各子问题域中核心信息系统的业务数据进行筛选、归类、整合，明确生产过程管控系统要监控的主要资源对象，以构建生产过程数据体系。

数据体系设有“过程阶段-监控对象-对象属性集”三个层次，各层次间呈树形结构关系。过程阶段即为车间计划、产线调度、设备执行三个阶段。监控对象为各过程阶段中的关键生产活动类或资源要素类。各监控对象中又包含多个对象属性集，对象属性集从不同角度描述监控对象状态。下面将从车间计划、产线调度和设备执行三个过程阶段分别构建生产过程数据体系。

1. 车间计划层数据体系

离散车间通过 ERP、CAPP、PDM 等信息系统的业务协同完成车间计划阶段的生产活动管理，本章对上述系统的关键业务数据进行筛选，建立车间计划层数据体系，如图 8-2 所示。车间计划层数据体系包含订单信息、生产计划信息、工艺信息、产品信息四个监控对象。

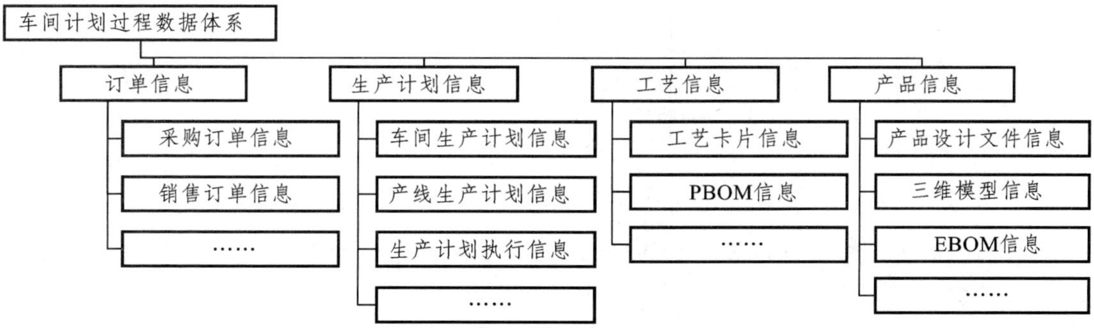

图 8-2　车间计划层数据体系

订单信息对原材料采购/产品销售订单的基本信息及执行状态进行描述，用于订单明细和跟踪展示，包含采购订单信息、销售订单信息等对象属性集。生产计划信息用于生产计划基本信息展示和执行进度追踪，包含车间生产计划信息、产线生产计划信息、生产计划执行信息等对象属性集。产品信息对产品设计内容及其物料配置信息进行描述，包含 EBOM 信息、产品设计文件信息、三维模型信息等。工艺信息主要指工件加工流程及其资源配置方案，包含工艺卡片信息、PBOM 信息等对象属性集。

2. 产线调度层数据体系

通过对 MES 中关键业务数据进行筛选，构建了产线调度层数据体系，如图 8-3 所示。产线调度层数据体系包含人员信息、物料信息、生产排程信息、环境信息、质量信息、仓储信息、作业任务信息 7 个监控对象。

人员信息用于描述工作人员的基本信息和工作状态，包含人员基本信息、工作技能信息、实时状态信息等对象属性集。

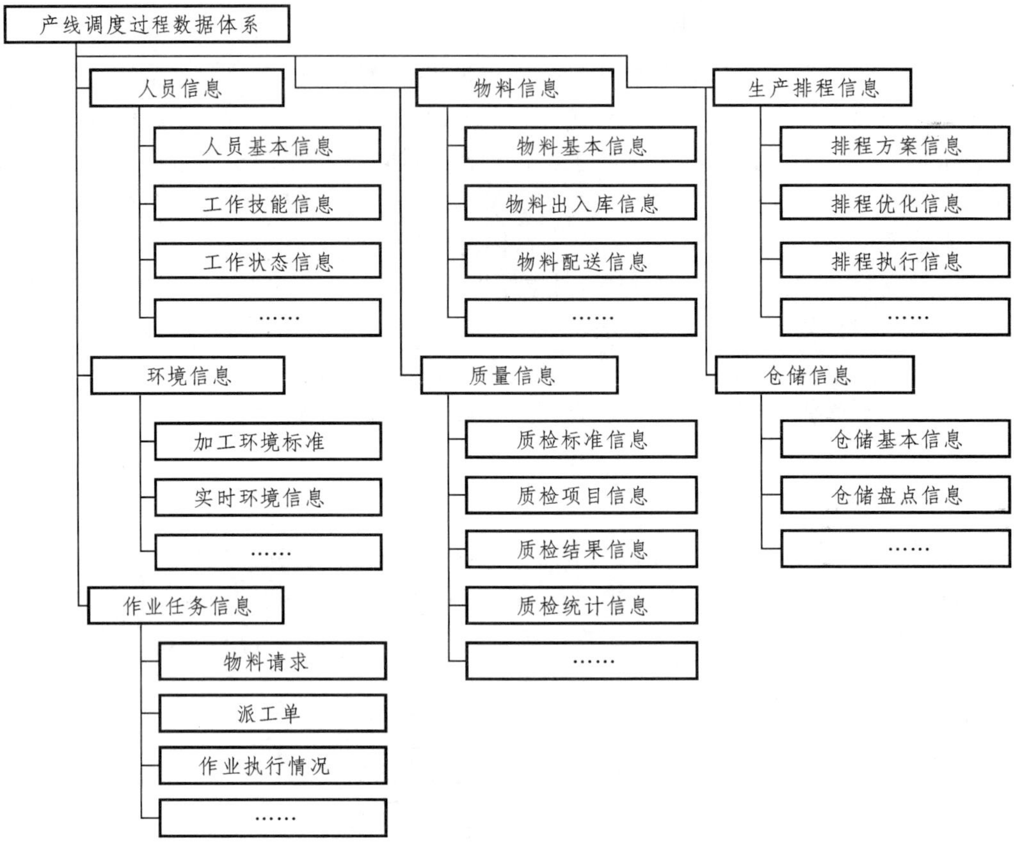

图 8-3 产线调度层数据体系

物料信息描述了车间物料的固有信息和配置使用状态，包含物料基本信息、物料出入库信息、物料配送信息等。

生产排程信息用于车间生产排程方案及其方案执行情况的实时展示，包含排程方案信息、排程优化信息、排程执行信息等。

作业任务信息对作业任务执行情况和资源调度情况进行描述，包含物料请求信息、派工单、作业执行情况等对象属性集。

环境信息描述了影响产品加工质量的物理环境参数，用于车间加工环境的监测和预警，包含加工环境标准、实时环境信息等。

质量信息对质检活动的检测内容、检测结果进行描述，包含质检项目信息、质检标准信息、质检结果信息、质量统计信息等对象属性集。

仓储信息用于物料总库、线边库中仓库基本信息管理和实时状态监控，包含仓储基本信息、仓储盘点信息等对象属性集。

3. 设备执行层数据体系

离散车间借助 SCADA 实现对设备执行阶段的监控和管理。本章对 SCADA 的关键业务数据进行整合，构建了设备执行层数据体系，包含加工设备信息、物流设备信息、测量设备信息、工装设备信息 4 个监控对象，如图 8-4 所示。

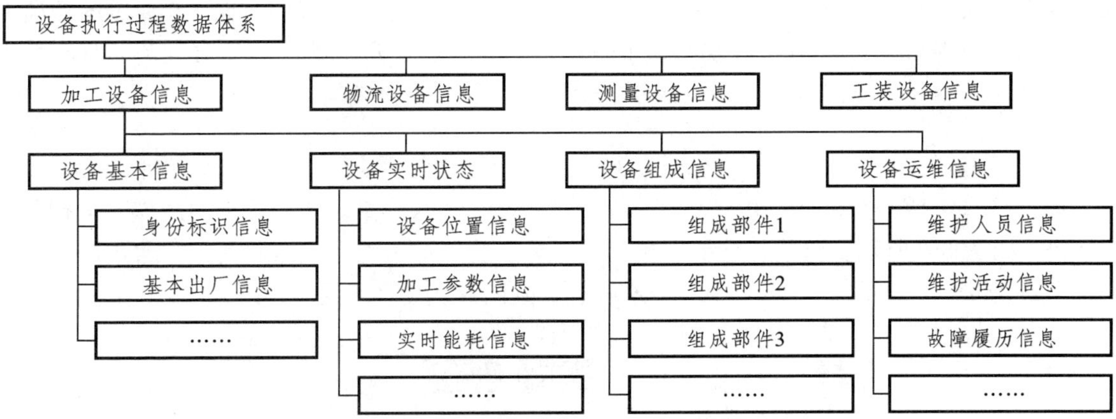

图 8-4　设备执行层数据体系

各监控对象均具有设备基本信息、设备实时状态、设备组成信息及设备运维信息 4 个对象属性集。设备基本信息包含设备出厂固有（或生产系统建立时已配置好）且长期保持不变的属性；设备实时状态包含设备随生产实时变动的属性，能反映设备在生产中的加工状态、工艺参数、能耗情况等，是设备监控的重要部分；设备组成信息包含组成设备的机构及其测控系统的基本信息、状态信息、拓扑结构、模型信息等；设备运维信息包含设备服役后的故障及维护信息。

三、基于虚拟监控点的数据映射

底层数据主要来源于设备的运行参数，主要有如下特点：① 参数类型多样，有离散点、连续量和开关量等；② 数据来源不同，即来源于传感器、数控系统、设备控制系统等；③ 不同设备关注数据不同，不同设备监控数据在数量和类型上都不相同，甚至同种设备的监控数据也不尽相同。

因此，提出“虚拟监控点”的概念，提取底层生产系统各生产资源监控数据的共性，抽象为形式统一的、属性可配置的数据结构，并通过监控模型树和监控数据表将所有数据统一管理起来，便于数据增删改查。监控点的定义方式如图 8-5 所示。

序号	生产线	监控对象	监控部件	监控物理量	数据类型	数据单位	取值下限	取值上限	报警下限	报警上限	状态属性	关键属性
1	1#	3车间_01_配料	前驱体	Three_前驱体原料仓物料重量_1	Float	kg						否
2	1#	3车间_01_配料	碳酸锂	Three_碳酸锂原料仓物料重量_1	Float	kg						否
3	1#	3车间_01_配料	前驱体	Three_前驱体计量仓物料重量_1	Float	kg						否
4	1#	3车间_01_配料	碳酸锂	Three_碳酸锂计量仓物料重量_1	Float	kg						否
5	1#	3车间_01_配料	前驱体	Three_前驱体加料目标值_1	Float	kg						否
6	1#	3车间_01_配料	碳酸锂	Three_碳酸锂加料目标值_1	Float	kg						否
7	1#	3车间_01_配料	前驱体	Three_前驱体加料实际值_1	Float	kg						否
8	1#	3车间_01_配料	碳酸锂	Three_碳酸锂加料实际值_1	Float	kg						否
9	1#	3车间_01_配料	前驱体	Three_前驱体放料值_1	Float	kg						否
10	1#	3车间_01_配料	碳酸锂	Three_碳酸锂放料值_1	Float	kg						否
11	1#	3车间_01_配料	前驱体	Three_前驱体加料螺杆电机启停_1	Bool						0：电机停止$$1：电机启动	否
12	1#	3车间_01_配料	碳酸锂	Three_碳酸锂加料螺杆电机启停_1	Bool						0：电机停止$$1：电机启动	否

图 8-5　监控点的定义方式

其中，生产线编号约定了生产线或生产单元；监控数据对象名称约定了监控设备或工序，如图 8-5 中的“3 车间_01_配料”；监控部件约定了监控设备的具体部件；数据类型、数据单位、取值范围、报警范围和状态属性为监控数据属性值，可以为空；关键属性约定了该变量是否在可视化界面抬头显示，默认为否。

四、车间可视化管控主要功能

车间可视化管控重点在于对车间各资源的实时运行状况进行精确感知和状态监控，为决策人员提供及时的现场信息。通过 aDMiS-Courier 对车间数据进行采集存储，并通过虚拟监控点进行数据映射后，可以将这些数据用于一系列车间可视化管控功能。如对设备的状态数据进行处理与显示，以图片、仪表盘、进度条、列表等方式显示数据。

（一）设备实时状态监控

设备状态包括“关机、待机、故障、运行、调试”，至少应包括“关机、故障、运行”三种状态，如图 8-6 所示。设备状态从监控变量获取，若无法采集到设备状态，则通过制定规则来判断设备状态，如设备当前能耗低于阈值时，判断其为空闲状态。

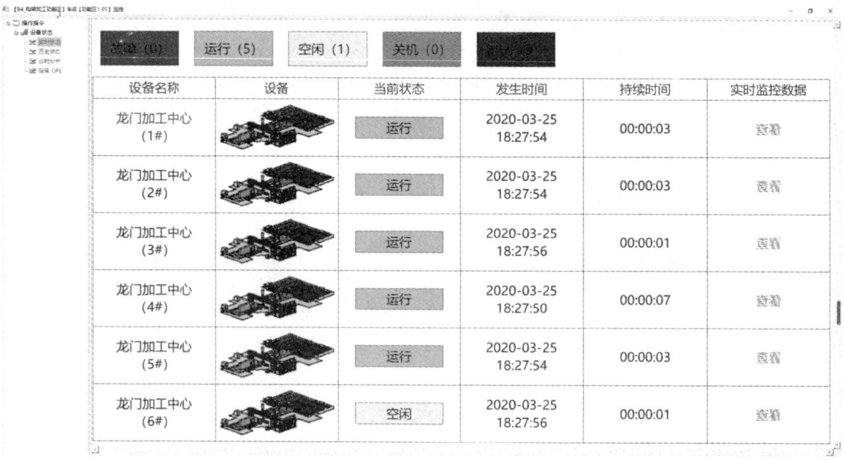

图 8-6　设备状态

（二）设备状态参数统计

1. 时序图

时序图反映每时刻设备的状态，可以以天为单位，也可以以小时、分钟为单位，可以支持不同粒度的缩放，如按小时、分钟查看，如图 8-7 所示；支持任一时刻状态的拾取和查看。

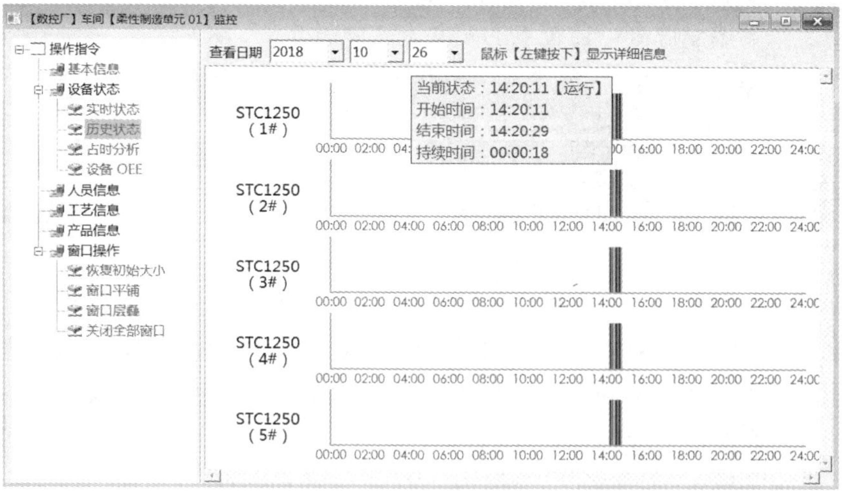

图 8-7　时序图

2. 柱状图

柱状图可以显示任一天中设备不同状态所占时间的百分比，如图 8-8 所示；设备各状态累加应为 100%。除了柱状图外，饼状图也可以用于设备状态统计。

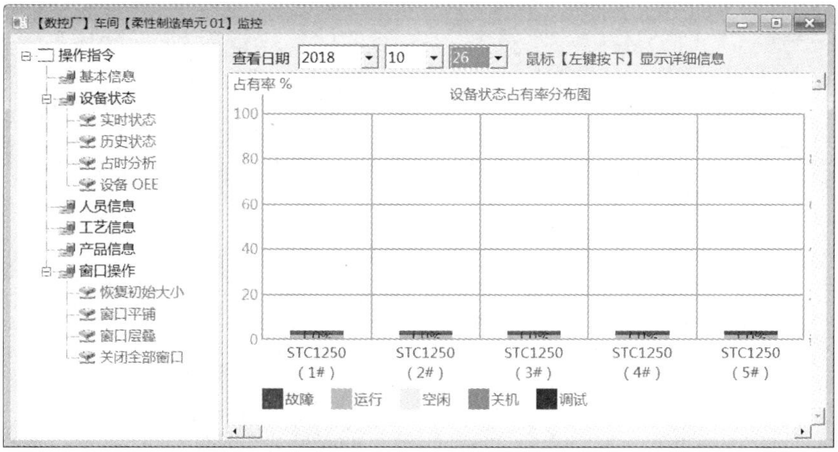

图 8-8　柱状图

（三）加工设备 OEE 统计分析

OEE（设备综合效率），反映了设备运行过程中的使用情况，由时间开动率、性能开动率、合格品率构成，如图 8-9 所示。OEE 计算公式如下：

$$OEE = \eta_t \times \eta_P \times \eta_Q \tag{8-1}$$

其中，η_t 为时间开动率，$\eta_t = T_o / T_L$，T_o 为设备开动时间，而 T_L 为设备负荷时间，即除了设备日历工作时间减去计划停机时间；η_P 为性能开动率，$\eta_t = \eta_P / \eta_V$，η_P 为净开动率，即实际正在加工的时间与设备开机时间之比，而 η_V 为速度开动率，即理论加工周期（工艺规划的时间）与实际加工周期（实际加工时间）之比；η_Q 为合格品率。

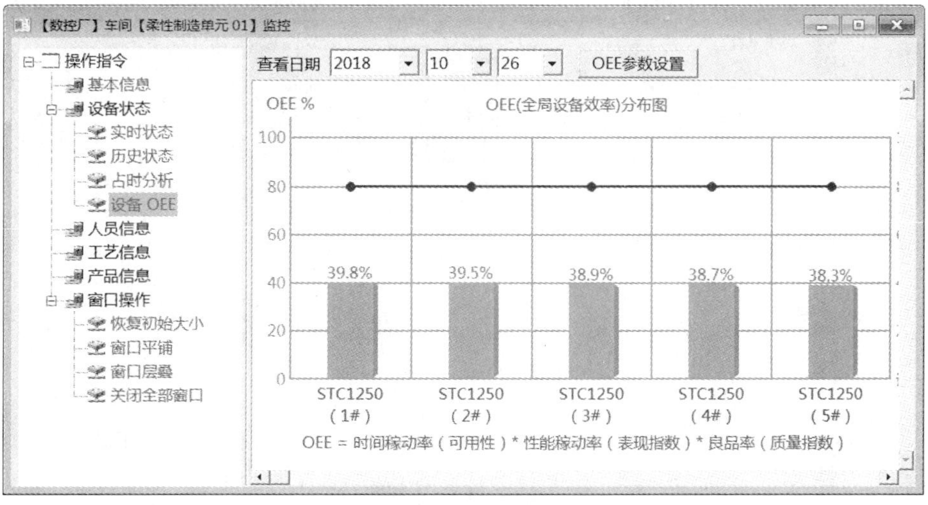

图 8-9　设备 OEE

（四）监控数据的存储和回放

在历史数据支撑下，车间管控可以支持对指定区间数据进行读取和回放，以进行进一步分析工作情况，如指定时刻 1 到时刻 2 间的机床主轴温度，如图 8-10 所示。

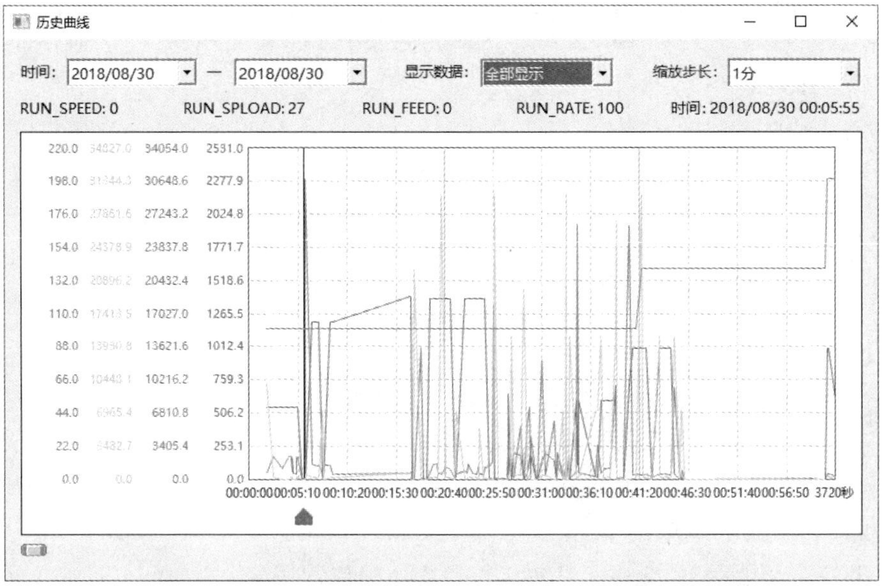

图 8-10　历史曲线

（五）设备运行参数实时监控

当具体到设备某一参数时，车间可视化管控可以以折线图形式实时显示相关参数，也可以将多个监控变量显示在同一折线图中，同时进行折线图上点的拾取和查看，以及显示折线图最值和均值等，如图 8-11 所示。

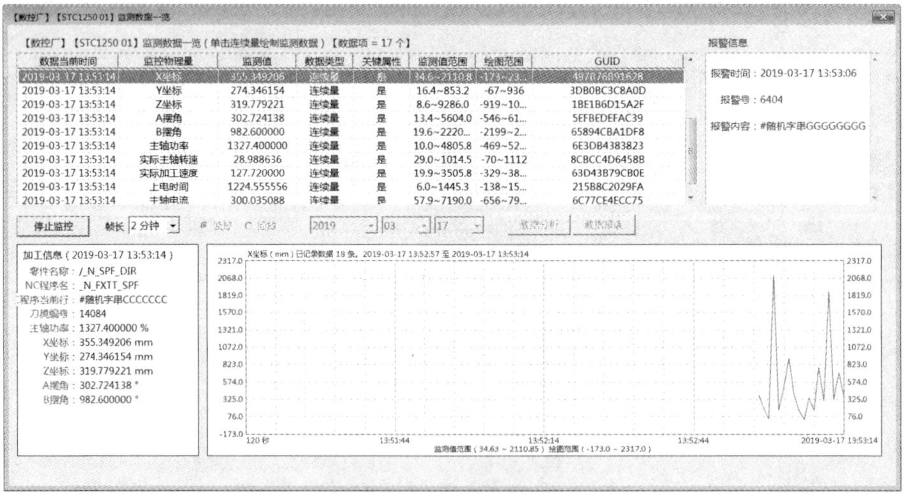

图 8-11　设备参数折线

（六）运动参数和设备状态与三维模型的同步

车间可视化管控的重要特点是模型跟随设备参数进行同步运动，这需要模型具备同步机制。在车间可视化管控中同步机制包括关键点同步（只在事件发生，导致状态变化时同步）和时钟同步（设置时钟，以一定批次更新一次数据），如图 8-12 所示；同步频率应与参数刷新频率相匹配。

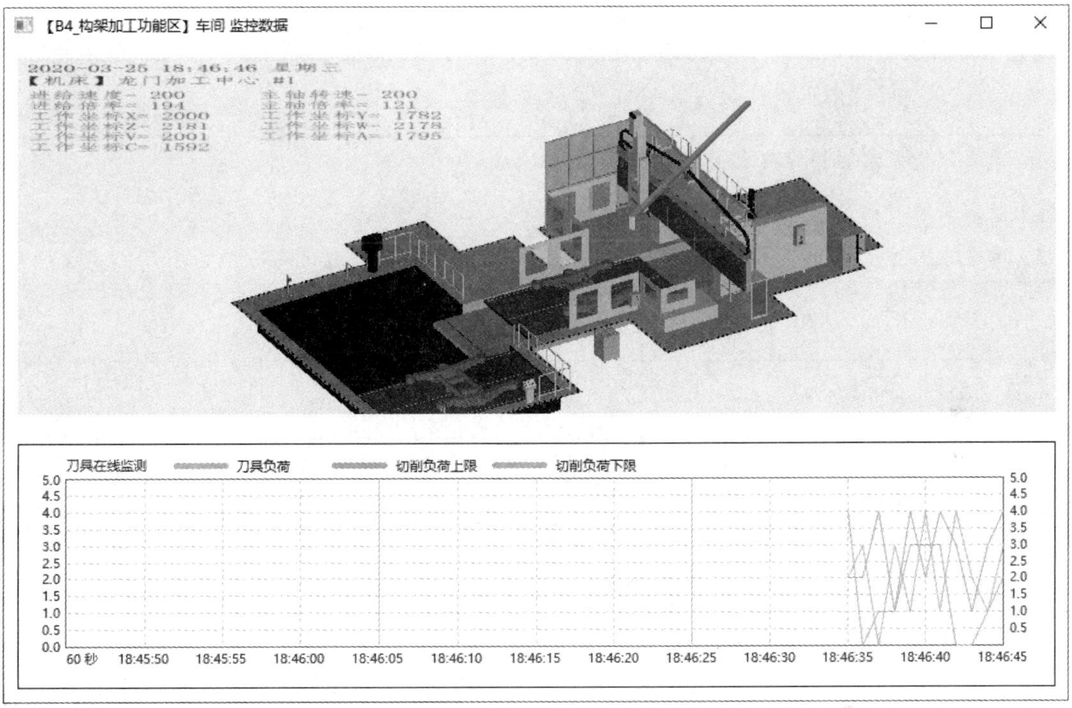

图 8-12　运行参数和设备状态与三维模型同步

第二节　车间可视化管控实训项目设计

通过车间可视化管控实训模块，培养学生对车间的设备参数分析、状态监控等应用的了解。能够利用车间生产管控软件对车间进行可视化监控。让学生了解车间运行过程中数据与设备的关系。

主要针对基础技能型人才培养、专业技术型人才培养、创新研究型人才培养，分为基础认知型、专业技能型、创新研究型三层次阶梯式的实训，如表 8-1～表 8-3 所示。

表 8-1 车间可视化管控实训项目 1

<table>
<tr><td>实训项目名称</td><td>车间可视化管控实训项目</td></tr>
<tr><td>实训层次类型</td><td>■基础技能型 □专业技术型 □创新研究型</td></tr>
<tr><td>实训对象</td><td>基础技能型人才：高职院校专科生、企业技术人员</td></tr>
<tr><td colspan="2">实训目标</td></tr>
<tr><td colspan="2">（1）掌握制造系统管控的需求、难点和价值；
（2）掌握制造系统监控过程的重构方法；
（3）掌握车间可视化管控软件的使用，能利用采集的数据对车间进行实时监控</td></tr>
<tr><td>实训时长</td><td>3 课时</td></tr>
<tr><td colspan="2">实训基础</td></tr>
<tr><td colspan="2">先修课程：制造系统及自动化、现代制造系统、先进制造系统、计算机集成制造系统、系统建模与仿真、工业大数据等</td></tr>
<tr><td colspan="2">实训内容</td></tr>
<tr><td colspan="2">（1）了解制造系统管控的需求、难点和价值，以及车间可视化管控软件的主要功能；
（2）利用车间可视化管控软件制造系统对车间采集数据进行重构，绑定模型实现虚实同步；
（3）利用车间可视化管控软件和数据采集软件，将实时数据接入实现实时监控</td></tr>
<tr><td colspan="2">评分标准</td></tr>
<tr><td colspan="2">根据学生实训中的操作规范程度、实训过程情况、实训任务完成情况和实训报告进行综合评分</td></tr>
<tr><td colspan="2">实训设备及工具</td></tr>
<tr><td colspan="2">硬件资源：计算机与图形工作站、小型立式三轴加工中心、小型五轴数控加工中心、视觉检测台、激光打标机、智能立体库、堆垛机、仓储管理系统、AGV 小车、协作机器人、上下料机器人等，以及采集网关、车间局域网等硬件设备。
软件资源：采集软件 Courier、车间可视化管控软件等</td></tr>
</table>

表 8-2　车间可视化管控实训项目 2

<table>
<tr><td>实训项目名称</td><td>车间可视化管控实训项目</td></tr>
<tr><td>实训层次类型</td><td>□基础技能型　■专业技术型　□创新研究型</td></tr>
<tr><td>实训对象</td><td>专业技术型人才：高等院校本科生</td></tr>
<tr><td colspan="2">实训目标</td></tr>
<tr><td colspan="2">（1）掌握制造系统管控的主要应用方法，以及管控软件在智能制造体系中的角色；
（2）掌握制造系统实时运行指标的计算评价方法；
（3）掌握车间可视化管控软件的使用，对车间关键指标进行计算和分析</td></tr>
<tr><td>实训时长</td><td>8 课时</td></tr>
<tr><td colspan="2">实训基础</td></tr>
<tr><td colspan="2">先修课程：制造系统及自动化、现代制造系统、先进制造系统、计算机集成制造系统、系统建模与仿真、工业大数据等</td></tr>
<tr><td colspan="2">实训内容</td></tr>
<tr><td colspan="2">（1）了解制造系统管控的主要应用方法，了解管控系统与其他信息系统之间的交互过程；
（2）利用采集到的数据，对制造系统实时运行指标进行计算和评价；
（3）利用车间可视化管控软件接入实时数据，并对车间关键指标进行计算，比对软件计算结果与手动计算结果的差异</td></tr>
<tr><td colspan="2">评分标准</td></tr>
<tr><td colspan="2">根据学生对车间可视化管控的认知熟悉程度、对车间运行指标评价体系的了解程度、对车间可视化管控系统的掌握程度、管控该系统运行效果综合进行评价打分</td></tr>
<tr><td colspan="2">实训设备及工具</td></tr>
<tr><td colspan="2">硬件资源：计算机与图形工作站、小型立式三轴加工中心、小型五轴数控加工中心、视觉检测台、激光打标机、智能立体库、堆垛机、仓储管理系统、AGV 小车、协作机器人、上下料机器人等，以及采集网关、车间局域网等硬件设备。
软件资源：采集软件 Courier、车间可视化管控软件、Matlab 软件等</td></tr>
</table>

表 8-3 车间可视化管控实训项目 3

实训项目名称	车间可视化管控实训项目
实训层次类型	□基础技能型 □专业技术型 ■创新研究型
实训对象	创新研究型人才：高等院校硕士、博士研究生
实训目标	
（1）掌握制造系统管控的应用和设计方法； （2）掌握制造系统实时指标的计算方法，能够设计相应的指标并集成； （3）掌握制造系统管控软件的二次开发方法； （4）掌握制造系统资源状态建模方法，能够建立算法对资源状态进行判断和预测，并将算法集成到管控软件中	
实训时长	16 课时
实训基础	
先修课程：制造系统及自动化、现代制造系统、先进制造系统、计算机集成制造系统、系统建模与仿真、工业大数据等	
实训内容	
（1）了解制造系统管控的应用方法，掌握生产管控软件的功能需求制定和设计方法； （2）根据对制造系统的理解，建立制造系统运行评价指标体系，能够设计相应的指标计算方法； （3）利用制造系统管控软件的二次开发接口，对管控软件的指标评价模块进行开发，集成所设计的评价指标； （4）利用采集到的制造系统资源数据对资源进行状态建模，对资源数据进行大数据分析和挖掘，建立算法，对资源状态进行判断和预测，并将算法集成到管控软件中	
评分标准	
根据研究生实训中的管控理论和软件的掌握熟练程度与深入程度、实际制造系统评价指标的合理性、管控模块开发能力、状态判断和预测算法的实现效果等进行综合评分。 根据研究生实训中的车间大数据采集理论和实操的掌握程度与深入程度、实际采集过程的采集速度、集成协议的数量、预处理算法的效果等进行综合评分	
实训设备及工具	
硬件资源：计算机与图形工作站、小型立式三轴加工中心、小型五轴数控加工中心、视觉检测台、激光打标机、智能立体库、堆垛机、仓储管理系统、AGV 小车、协作机器人、上下料机器人等，以及采集网关、车间局域网等硬件设备。 软件资源：采集软件 Courier、车间可视化管控软件、Matlab 软件、二次开发接口、C++或 JAVA 等开发工具	

第三节　车间可视化管控实训项目过程

一、实训案例描述

前期已经对智能制造示范线进行了场景建模和生产仿真的工作，同时也制订了生产计划，在示范线运行的过程中需要对示范线的实时状态进行监测，为此需要通过车间孪生管控软件 aDMiS-Twin 接入实时数据来进行实时监控。

二、实训设备与工具

aDMiS-Twin 车间孪生管控软件、智能制造系统实训教材。

三、实训过程与方法

首先打开 aDMiS-Twin 软件，加载创建的智能制造示范线模型，如图 8-13 所示。

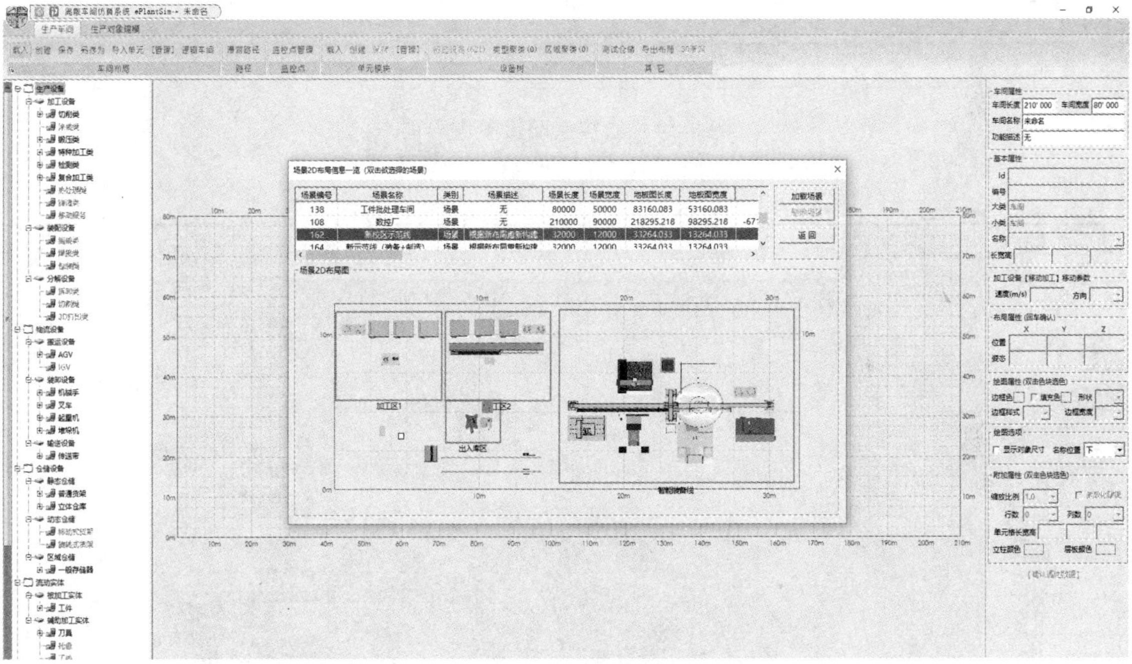

图 8-13　加载模型

点击【结构树节点】，进行监控点配置。切换到三维模式，选择节点，右键点击【虚拟监控点配置】，如图 8-14 所示。

虚拟监控点与虚拟模型的匹配与关联。完成配置后，回到三维界面，检查数据是否可正常刷新，模型是否运动，如图 8-15 所示。

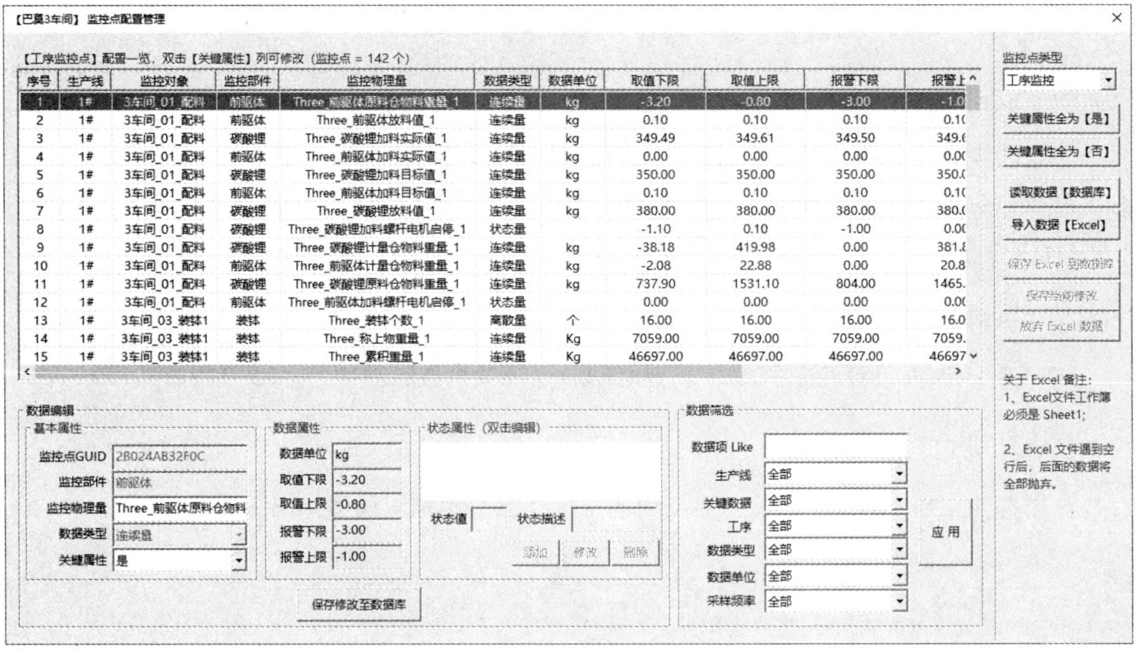

图 8-14　监控点配置参考界面

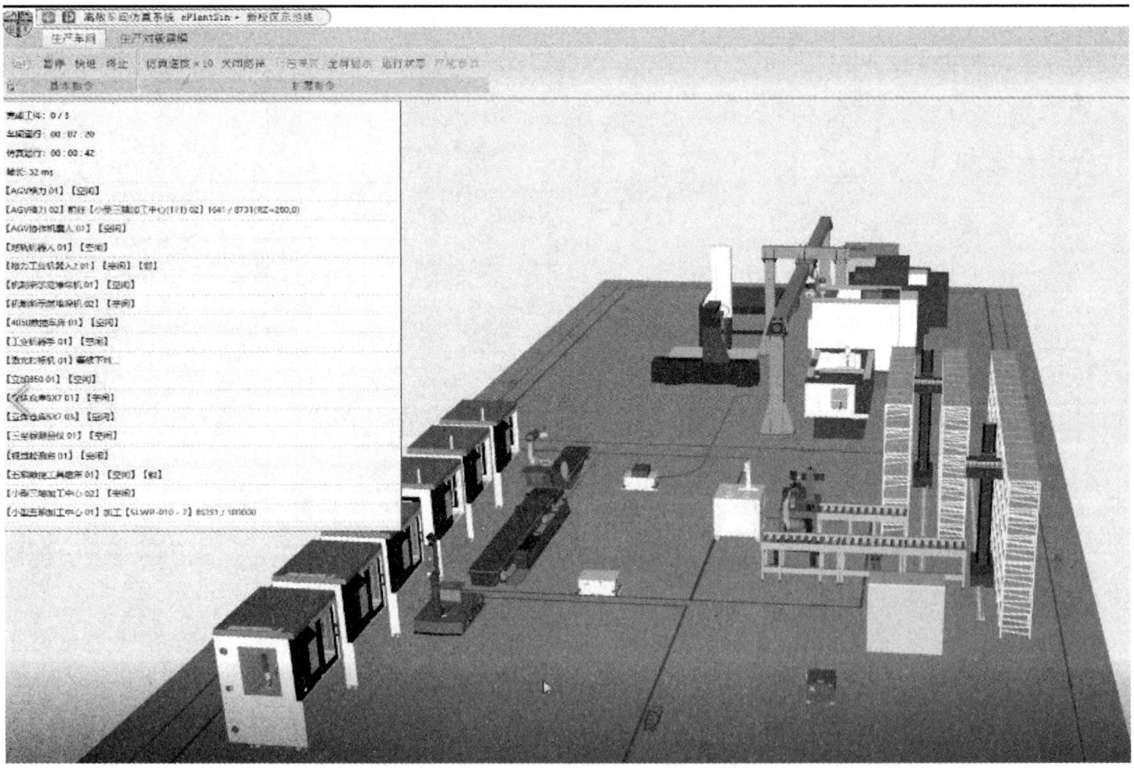

图 8-15　产线可视化管控界面

四、实训报告撰写

实训后学生需要完成实训报告，实训报告内容包括实训项目名称、学生姓名、班号、实训地点、日期、实训目的、实训内容、实训设备、实训方法和步骤以及实训结果。

第四节　实训项目题目

（1）利用车间可视化管控平台，建立一个单台设备场景，对一台设备的所有数据进行采集和可视化管控。

（2）运行设备，观察设备的数据变化、模型变化，记录设备实际运行过程与模型同步过程之间的延迟，观察是否有模型跳动、卡顿情况。

（3）针对传感器数据，思考如何将传感器上传的高频数据转为低频数据接入管控系统中，绘制实现思路图，并设计一个数据采样算法。

第九章　动态事件调度实训项目

第一节　实训项目相关背景知识

一、动态调度问题描述

在实际生产中，往往会发生静态排程所无法预估的动态因素，导致静态排程所得到的结果是较劣解，甚至是不可执行的，由此诞生了动态调度问题。动态调度问题可分为两种模式，即预反调度、实时调度。

实时调度所获得的信息仅为局部信息，其优化能力较差，但它具有更强的响应能力和灵活性。由此在较为稳定的生产系统中采用预反调度会得到更优化的结果，提高了设备的利用率和生产能力；而对于高度不稳定的生产系统，采用实时调度会避免计算的浪费和更快得到较优的调度结果。

实际生产中最常见的动态因素及两种调度的处理方式如下：

（1）紧急插单：是在生产的执行过程中，有紧急的生产任务下达所引发的调度，在预反调度的模式中，需要延后部分已调度生产任务来调整原有调度结果。而实时调度则只是按照其调度方式来处理紧急插单，仅在下一个决策时刻将紧急插单的生产任务分配最高的优先级。

（2）故障：在生产的执行过程中，生产任务所需要的生产资源在某段时间内变为不可用的状态所引发的调度。在预反调度中，会调整故障时间内的相应生产任务分配其他可替代资源，而实时调度下如果在故障时间内有已开工任务分配了故障资源，则与预反调度处理一致，否则只需在下个决策时刻到故障恢复前排除故障资源的分配即可。

（3）资源匮乏：此动态因素仅限于不可更新资源（如原材料、辅料等），在整个生产过程中，由于部分不可更新资源的消耗至零而引发的调度。在预反调度中，会调整原有调度结果，优先加工资源满足的生产任务，而在实时调度中，由于决策时刻是已知资源信息，所以此动态因素不影响实时调度模式。

（4）分单组单：由紧急插单、资源故障、资源匮乏等直接因素所引发的间接动态调度，仅会出现在批量生产模式中。由于任务的生产顺序或分配的资源发生变化，为了达到更优的结果，将原有的生产任务批量分解或组合，从而弥补加工中的空闲时间。

在静态排程的目标基础上，动态调度会额外关注两个目标：鲁棒性和响应时间。鲁棒性指标更加常见于预反调度的方法中，要求动态调度的结果与静态排程的偏差足够小，而实时调度由于不存在预先全局调度，使其本身鲁棒性就较强。而响应时间可以等效于方法的计算复杂度，动态调度常常需要快速响应，由此更加倾向于选取迭代较少的调度方法。

在动态调度中，除了基本的方法外，驱动策略也是一个重要组成部分，而常见的驱动策略分为以下三种：

（1）周期驱动：在调度前预先设定的一个固定周期，每隔一个周期会检测生产环境的变化，从而执行调度。此类方法会在周期内多个（不同类型）动态因素的积累影响下才执行调度，具有较高的鲁棒性。但其及时性较差，可能出现在调度前结果已经不可执行的情况。

（2）事件驱动：当生产系统中动态因素发生时执行调度。此类驱动方式具有较高的及时性，能够及时应对动态因素所产生的变化，但事件驱动在高度动态环境下会带来较为频繁的变化，从而鲁棒性较差。

（3）混合驱动：在此类驱动方式下往往会设计一个判别阈值，在造成较大影响的事件下，会采用事件驱动的方式，而较小影响的事件会积累到下一个周期执行调度。混合性驱动是一种合理的驱动模式，但其阈值的大小及与驱动周期的关系是需要单独设计才能达到较优的效果，从而降低了它的适应性。

二、动态调度问题数学模型

由以上内容可知，动态调度分为实时调度和预反调度两种模式，但无论是哪种动态调度模式，均是在静态排程的基础上进行扩展。实时调度和预反调度所需要的生产元素完全一致，与静态排程不同的是，动态调度只会处理未加工或正在加工的工序和工件。而针对调度目标，实时调度和预反调度的目标有一些差异。

实时调度：其目标可与静态排程完全一致，但实时调度所获取的信息是局部信息，即只有当实时任务到达或其他动态因素发生时才能获取其相关信息，由此相同目标实时调度的结果要劣于静态排程，但其调度的鲁棒性及灵活性是静态调度无法达到的。

预反调度：不同于实时调度，预反调度是建立在静态排程的结果之上的。由于资源分配和加工顺序的变化会影响生产中的物流配送、仓库、质检等一系列后续活动，预反调度的目标会更加偏重于鲁棒性，即调度结果和原调度的偏差最小，以最小完工时间为例，其调度目标如式（9-1）所示：

$$\min(\max E_{o,j} - \max E'_{o,j}) \text{ or } \sum(E_{o,j} - E'_{o,j}) \quad j \in J, o \in O_j \tag{9-1}$$

式中，$E'_{o,j}$ 表示调度后的工序 $O_{o,j}$ 的完工时间。

式（9-1）表示此类目标的两种表达形式：① 调度后所有工件的最晚完工时间和调度前的偏差最小，从而更好地控制与客户满意度相关的目标；② 各个工序的完工时间和调度前的偏差和最小，从而能够使调度带来最小的工序变化，有利于生产进行。

除了生产元素和生产目标之外，动态调度会在静态排程的约束基础上扩展相关约束，其扩展的约束与动态因素具有一定的关系。

1. 紧急插单

紧急插单下的动态调度约束和静态排程的约束是一致的，紧急插单仅改变了调度的任务输入，而属于插单的任务优先级往往要高于其他正常任务。

2. 故　障

在故障下，由于故障资源会置为不可使用的状态。当故障时，资源上存在正在加工的工件，通常有两种处理方式：一是工件不会因为中断加工而报废，这样会将该个/批工件拆分为两部分，剩余部分将转移到其他可替代资源上，从而打破静态排程的假设；二是正在加工的工件会受到中断加工的影响而报废，在此情况下会额外增加插单任务。无论是上述哪种情况，在预反式故障动态调度中，常常会给予一个故障持续时间，以便故障结束后为任务分配故障资源。所以在故障下的动态调度中，故障持续时间内不可为任务分配，即约束式（9-2）。

$$W_{m,\text{start}} = W_{m,\text{end}} \quad m \in M_f \tag{9-2}$$

式中，$W_{m,\text{start}}$ 和 $W_{m,\text{end}}$ 分别表示故障开始时刻和故障预计结束时刻机器 m 的已加工负荷量；M_f 表示所有的故障资源在故障时间内不会被分配任务。

3. 资源匮乏

在此类动态因素下执行调度会提前将资源满足优先级较高的活动，而资源匮乏的任务的开始时间不得早于资源满足的到货时间，即约束式（9-3）。

$$S_{o,j,m} \geqslant AT_{o,j} \quad j \in J_a, o \in O_j, m \in M \tag{9-3}$$

式中，J_a 表示资源缺乏的工件集合；$AT_{o,j}$ 表示工件 j 的工序 o 所需资源的预计到达时间。

4. 分单组单

在批量调度中，当发生其他直接动态因素时，会改变部分任务的批量，而增加的相关约束主要包括对子批次批量的限制以及子批次批量关系，如式（9-4）和式（9-5）所示。

$$1 \leqslant B_{j,sub} \leqslant B_j \quad j \in J \tag{9-4}$$

$$\sum B_{j,sub} = B_j \quad j \in J \tag{9-5}$$

式中，$B_{j,sub}$ 表示第 sub 子批次的批量。

式（9-4）表示工件 j 的子批次批量不能超过工件 j 的总量，式（9-5）表示各子批量之和等于总批量。

第二节　动态事件调度实训项目设计

通过车间动态事件调度实训，培养学生对车间的急件插队、加工设备故障、加工质量问题、物料不足、人员变化、任务变化、批量变化等现场扰动因素时的实时动态调度分析，能够利用车间生产调度软件对各类动态事件进行合理调度与管控，培养学生车间动态事件影响下的调度反应能力。

主要针对基础技能型人才培养、专业技术型人才培养、创新研究型人才培养，分为基础认知型、专业技能型、研究创新型三层次阶梯式的实训，如表 9-1 ~ 表 9-3 所示。

表 9-1　动态事件调度实训项目 1

实训项目名称	动态事件调度实训项目
实训层次类型	■基础技能型　□专业技术型　□创新研究型
实训对象	基础技能型人才：高职院校专科生、企业技术人员
实训目标	
（1）了解车间生产调度方法的基本类型、特点和原理； （2）了解车间生产调度软件模块的使用方法； （3）了解车间的急件插队、加工设备故障、加工质量问题、物料不足、人员变化、任务变化、批量变化等现场扰动时的实时动态调度与管控方案	
实训时长	3 课时
实训基础	
先修课程：制造系统及自动化、现代制造系统、先进制造系统、计算机集成制造系统、生产计划与控制等	
实训内容	
（1）车间生产调度方法的基本类型、特点和原理； （2）车间生产调度软件模块的使用方法； （3）车间的急件插队、加工设备故障、加工质量问题、物料不足、人员变化、任务变化、批量变化等现场扰动时的实时动态调度与管控知识	
评分标准	
根据学生实训中的操作规范程度、实训过程情况、实训任务完成情况和实训报告进行综合评分	
实训设备及工具	
硬件资源：计算机、小型立式三轴加工中心、小型五轴数控加工中心、视觉检测台、激光打标机、智能立体库、堆垛机、仓储管理系统、AGV 小车、协作机器人、上下料机器人等设备。 软件资源：智能 MES	

表 9-2　动态事件调度实训项目 2

<table>
<tr><td>实训项目名称</td><td>动态事件调度实训项目</td></tr>
<tr><td>实训层次类型</td><td>□基础技能型　■专业技术型　□创新研究型</td></tr>
<tr><td>实训对象</td><td>专业技术型人才：高等院校本科生</td></tr>
<tr><td colspan="2">实训目标</td></tr>
<tr><td colspan="2">（1）掌握视觉缺陷检测系统的类型、组成、功能、特点和原理；
（2）掌握机器臂设备和系统的操作与使用方法；
（3）掌握车间生产调度方法的基本类型、特点和原理；
（4）掌握车间的急件插队、加工设备故障、加工质量问题、物料不足、人员变化、任务变化、批量变化等现场扰动时的实时动态调度与管控知识</td></tr>
<tr><td>实训时长</td><td>3 课时</td></tr>
<tr><td colspan="2">实训基础</td></tr>
<tr><td colspan="2">先修课程：制造系统及自动化、现代制造系统、先进制造系统、计算机集成制造系统、生产计划与控制、机器视觉、图形信号处理、视觉检测基础、机器人原理等</td></tr>
<tr><td colspan="2">实训内容</td></tr>
<tr><td colspan="2">（1）视觉缺陷检测系统的类型、组成、功能、特点和原理；
（2）机器臂设备和系统的操作与使用方法；
（3）车间生产调度方法的基本类型、特点和原理；
（4）车间的急件插队、加工设备故障、加工质量问题、物料不足、人员变化、任务变化、批量变化等现场扰动时的实时动态调度与管控知识</td></tr>
<tr><td colspan="2">评分标准</td></tr>
<tr><td colspan="2">根据学生实训中的操作规范程度、实训过程情况、实训任务完成情况和实训报告进行综合评分</td></tr>
<tr><td colspan="2">实训设备及工具</td></tr>
<tr><td colspan="2">硬件资源：计算机、小型立式三轴加工中心、小型五轴数控加工中心、视觉检测台、激光打标机、智能立体库、堆垛机、仓储管理系统、AGV 小车、协作机器人、上下料机器人等设备等。
软件资源：智能 MES、视觉检测软件</td></tr>
</table>

表 9-3　动态事件调度实训项目 3

<table>
<tr><td>实训项目名称</td><td>动态事件调度实训项目</td></tr>
<tr><td>实训层次类型</td><td>□基础技能型　□专业技术型　■创新研究型</td></tr>
<tr><td>实训对象</td><td>创新研究型人才：高等院校硕士、博士研究生</td></tr>
<tr><td colspan="2">实训目标</td></tr>
<tr><td colspan="2">（1）掌握车间生产调度方法的基本类型、特点和原理；
（2）能够开发不同动态因素下的动态调度智能优化算法；
（3）掌握视觉缺陷检测系统的类型、组成、功能、特点和原理；
（4）掌握产品质量评价指标以及反馈机制；
（5）掌握车间的急件插队、加工设备故障、加工质量问题、物料不足、人员变化、任务变化、批量变化等现场扰动时的实时动态调度与管控知识</td></tr>
<tr><td>实训时长</td><td>3 课时</td></tr>
<tr><td colspan="2">实训基础</td></tr>
<tr><td colspan="2">先修课程：制造系统及自动化、现代制造系统、先进制造系统、计算机集成制造系统、生产计划与控制、机器视觉、图形信号处理、视觉检测基础、机器人原理等</td></tr>
<tr><td colspan="2">实训内容</td></tr>
<tr><td colspan="2">（1）车间生产调度方法的基本类型、特点和原理；
（2）开发不同动态因素下的动态调度智能优化算法；
（3）视觉缺陷检测系统的类型、组成、功能、特点和原理；
（4）产品质量评价指标以及反馈机制；
（5）车间的急件插队、加工设备故障、加工质量问题、物料不足、人员变化、任务变化、批量变化等现场扰动时的实时动态调度与管控知识</td></tr>
<tr><td colspan="2">评分标准</td></tr>
<tr><td colspan="2">根据学生实训中的操作规范程度、实训过程情况、实训任务完成情况和实训报告进行综合评分</td></tr>
<tr><td colspan="2">实训设备及工具</td></tr>
<tr><td colspan="2">硬件资源：计算机、小型立式三轴加工中心、小型五轴数控加工中心、视觉检测台、激光打标机、智能立体库、堆垛机、仓储管理系统、AGV 小车、协作机器人、上下料机器人等设备。
软件资源：智能 MES、视觉检测软件</td></tr>
</table>

第三节　动态事件调度实训项目过程

一、实训案例描述

车间动态事件调度实训：通过车间智能动态调度实训模块，对车间的急件插队、加工设备故障、加工质量问题、物料不足、人员变化、任务变化、批量变化等现场扰动因素时的实时动态调度分析，使学生能够利用车间生产调度软件对各类动态事件进行合理调度与管控，培养学生车间动态事件影响下的调度反应能力。

二、实训设备与工具

智能 MES 软件、智能制造系统实训教材、智能 MES 操作手册。

三、实训过程与方法

1. 生产异常类型

生产过程中根据造成生产异常的原因不同可以分为设备异常、工件异常、刀具异常、工装异常、质量异常和其他异常六种异常类型。

（1）设备异常：机械、电气、控制系统的故障，或设备、零部件的损坏和停机。

（2）工件异常：在运输过程或加工过程中造成的工件裂纹或变形。

（3）刀具异常：由于加工过程或保管过程中操作不当导致刀具不能正常使用。

（4）工装异常：在加工过程中工装出现损坏导致无法正常使用。

（5）质量异常：经过质检过后质量检验不合格的工件/产品。

（6）其他异常：如由温度或噪声过高导致的环境异常等。

2. 生产异常处理流程

MES 系统从 SCADA 中采集到现场实时数据后，通过异常判定规则对现场实时数据进行异常数据判定，并将 SCADA 和工控端上报的异常数据在生产管控中心进行显示，由生产管控中心对所有异常进行管控，针对不同类型的生产异常采用不同的处理流程。通常对于设备异常信息，分三步流程：① 先下派鉴定员对设备的异常原因和影响进行鉴定；② 根据鉴定结果上报维修并进行重调度处理；③ 由维修人员前去维修，修好后通过填写维修单改变设备状态从而消除异常。而对于工件、刀具、工装和质量异常信息，则分为以下四步流程：① 下派工人及时在操作员面板上申请换新，增加一条紧急的物流配送任务，将所需物料送至现场，可在第一时间维持车间的运行秩序；② 下派鉴定员对异常原因和影响进行鉴定，决定在制品继续维修还是报废处理；③ 维修完成并进行检验后填写维修单，改变异常件为正常状态，或者进行报废单填写；④ 将报废入库或维修好的在制品进行后续加工或入库处理，以减小生产异常对整个生产过程造成的影响。异常事件处理流程如图 9-1 所示。

3. 重调度执行

异常信息为从 SCADA 中采集经判定后的异常数据或由操作员面板模块进行上报的异常数据。将异常数据汇集在生产过程管控中心模块进行实时监控并进入已制定好的异常处理流程进行异常处理，对异常的设备、工装、刀具等进行维修或报废处理，将维修好的设备、工装、刀具等资源处理信息推送至车间资源管理模块进行资源台账维护，更新资源状态并消除异常。对于设备损坏严重的情况，需进行重调度处理并将调度结果推送至生产计划管理与排程模块的排程结果表管理中，更新排程结果信息，消除设备异常信息。对于工装、工件、刀具损坏严重的情况，在异常发生时直接在操作员面板模块进行申请换新，由物流管控中心模块生成转运任务进行紧急配送，所有异常处理的进度由流程定制框架进行流程执行监控，并将质量异常处理进度信息推送到质量管理模块进行监控。重调度流程如图 9-2 所示。

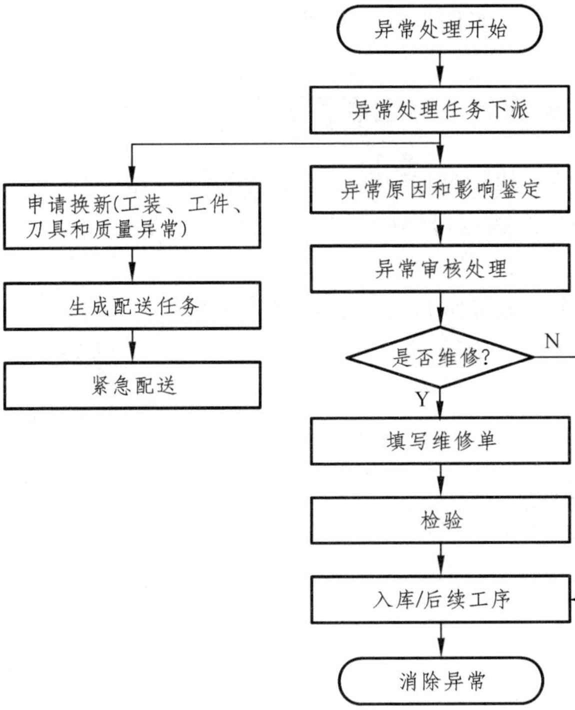

图 9-1　异常事件处理流程

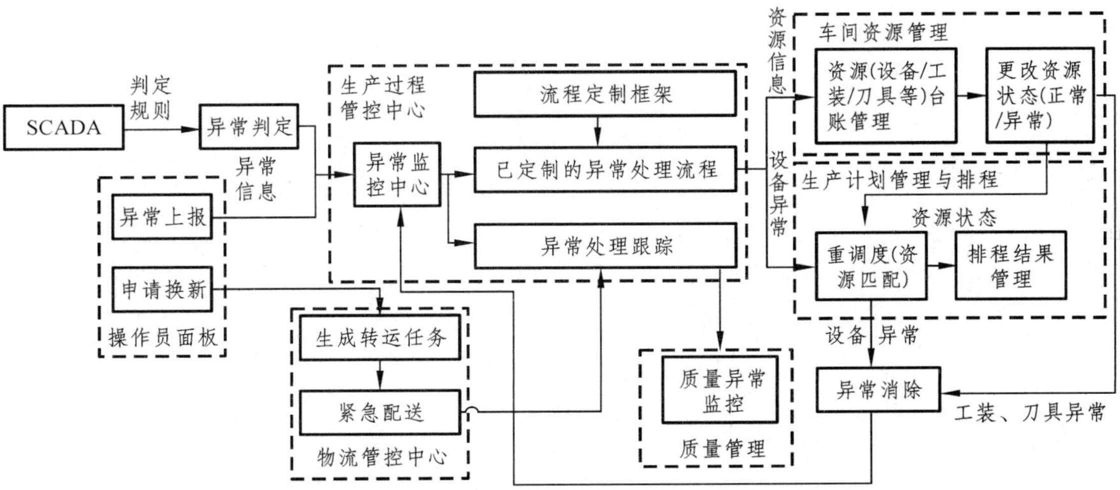

图 9-2　重调度流程

四、实训输出与处理

根据生产过程中不同的生产异常事件，及时做出相应的异常处理，完成待加工产品的正常生产。记录动态事件调度的输入与输出，记录优化后的动态调度方案。

五、实训报告撰写

实训后学生需要完成实训报告，实训报告内容包括实训项目名称、学生姓名、班号、实训地点、日期、实训目的、实训内容、实训设备、实训方法和步骤以及实训结果。

第四节　实训项目题目

（1）利用智能 MES 平台，在生产执行过程中以工人角色完成设备故障异常上报操作实训。

（2）利用智能 MES 平台，在生产执行过程中以质量管理人员角色完成工件质量异常上报操作实训。

（3）利用视觉检测平台，完成质量异常自动化上报操作实训。

（4）利用智能 MES 平台，以车间管理员身份完成异常扰动发生后的异常处理流程，并执行异常扰动后的重调度。

参考文献

[1]《中国制造 2025》与工程技术人才培养研究课题组.《中国制造 2025》与工程技术人才培养[J]. 高等工程教育研究，2015（6）：6-10，82.

[2] 李晶，陈雪峰，周光辉，等. 智能制造学科交叉实验平台建设与应用[J]. 实验技术与管理，2019，36（6）：88-93.

[3] 李培根，高亮. 智能制造概论[M]. 北京：清华大学出版社，2021.

[4] 冯毅萍，荣冈，赵久强，等. 面向工程教育的智能制造教学工厂[J]. 实验技术与管理，2018，35（5）：167-173.

[5] 刘洋，谢胜利，杜玉晓，等. 面向新工科的工业 4.0 实验基地课程体系与平台构建[J]. 实验技术与管理，2018，35（11）：229-233.

[6] 王书亭，谢远龙，尹周平，等. 面向新工科的智能制造创新人才培养体系构建与实践[J]. 高等工程教育研究，2022，196（5）：12-18.

[7] 王书亭，李昕，张芬，等. 面向大工程观培养的智能制造实践教学体系构建[J]. 机械工程学报，2022，58（18）：319-332.

[8] 封志明，郑亮，费凌，等. 新工科背景下地方高校智能制造人才培养改革探索[J]. 实验技术与管理，2021，38（7）：23-29，35.

[9] 陶飞. 数字孪生车间[M]. 北京：清华大学出版社，2022.

[10] 朱海平，生产系统建模与仿真[M]. 北京：清华大学出版社，2022.

[11] 张洁，吕佑龙，汪俊亮. 智能车间的大数据应用[M]. 北京：清华大学出版社，2020.

[12] 黄培，许之颖，张荷芳. 智能制造实践[M]. 北京：清华大学出版社，2021.

[13] 陶飞，戚庆林，张萌，等. 数字孪生及车间实践[M]. 北京：清华大学出版社，2021.

[14] 李新宇，张利平，牟健慧. 智能调度[M]. 北京：清华大学出版社，2022.

[15] 饶运清. 制造执行技术及应用[M]. 北京：清华大学出版社，2022.